安徽师范大学教材建设基金资助

数字逻辑电路设计实践教程

主　编　陈付龙　齐学梅

副主编　程桂花　沈　展　董　燕

科学出版社

北　京

内 容 简 介

　　本书以 Xilinx 公司的 Vivado FPGA 设计套件为开发工具,以 Verilog 硬件描述语言为编程方法,以 Xilinx 公司的 Basys 3 和 Nexys 4 开发板为实验平台,将数字逻辑电路原理分析与设计方法相结合,从实验环境和设计语言介绍开始,循序渐进地介绍了数字逻辑电路中常用组合逻辑电路和时序逻辑电路设计的基本过程和方法。本书主要内容包括数字逻辑电路实验环境、Verilog HDL 基础、门电路、组合逻辑电路、触发器、时序逻辑电路、有限状态机、存储逻辑电路等。书中包含大量的设计实例,内容翔实、系统、全面,可操作性强。请访问科学商城 www.ecsponline.com,检索图书名称,在图书详情页"资源下载"栏目中获取全书代码资源。

　　本书可作为高等院校计算机类、电子信息类专业"数字逻辑"课程的实验教材,也可作为 IC 设计工程师和技术人员的参考书,还可作为高等学校成人教育的培训教材和自学参考书。

图书在版编目(CIP)数据

数字逻辑电路设计实践教程/陈付龙,齐学梅主编. —北京:科学出版社,2020.2

　　ISBN 978-7-03-063699-7

　　Ⅰ.①数… Ⅱ.①陈… ②齐… Ⅲ.①数字电路–逻辑电路–电路设计–高等学校–教材 Ⅳ.①TN790.2

　　中国版本图书馆 CIP 数据核字(2019)第 281396 号

责任编辑:许 蕾 曾佳佳/责任校对:彭珍珍
责任印制:霍 兵/封面设计:许 瑞

科 学 出 版 社 出版
北京东黄城根北街 16 号
邮政编码:100717
http://www.sciencep.com
石家庄继文印刷有限公司印刷
科学出版社发行 各地新华书店经销
*
2020 年 2 月第 一 版 开本:787×1092 1/16
2024 年 8 月第七次印刷 印张:21 1/4
字数:500 000

定价:89.00 元
(如有印装质量问题,我社负责调换)

序

    在全球开启计算机体系结构黄金时代的大背景下，国内的"新工科"计算机系统能力人才培养不仅是当前计算机专业教育改革的重点方向，更是我国实现核心技术自主可控国家战略的提前布局。《数字逻辑电路设计实践教程》一书作为计算机系统能力培养课程群中的核心基础实践课程教材，着力根据计算机类普通高校本科专业类教学质量国家标准和工程教育专业认证总体要求进行编写，将理论、仿真与真实硬件三者实现有机结合并呈现给学习者。该书中选用的开发环境、仿真工具以及部署硬件均是工业界主流使用的领先平台，其中选用的Basys 3 以及 Nexys 4 DDR 等 FPGA 硬件板卡被全球上万名工程师以及 2000 多所高校应用于计算机相关科研与教学工作中，便于读者能够"跨国界""跨地域""跨专业"地与全球学习者无缝交流。该书通过实例化计算机基本逻辑元件、时序电路、寄存器、存储器等部件为衔接后续系统能力培养课程以及实现整个计算机系统设计奠定了坚实的逻辑基础。该书作为教育部-DIGILENT（迪芝伦）科技有限公司产学合作协同育人项目的落地成果，内容组织图文并茂，表达通俗易懂，叙述简明流畅，不仅适用于在校学生，更推荐给正在实施新时代教学改革的高校教师以及更多对计算机数字逻辑设计实践感兴趣的工程师和个人学习者。

美国 DIGILENT 科技大中华区总经理

教育部首批全国万名优秀创新创业导师

李甫成

2019 年 7 月 19 日

前　言

随着大规模数据中心的建立和个人移动设备的大量普及与使用，计算机人才培养强调的"程序性开发能力"也正转为更加重要的"系统设计能力"。为了能够应对各种复杂应用，编写出高效率的程序，应用开发人员必须了解不同系统平台的底层架构，并熟练掌握其中的技术和工具，培养在相应的技术领域具有总体系统观，能够进行软硬件协调设计的贯通能力是关键。在异构计算的时代，程序员必须对于算法和硬件模型融会贯通，才能写出高质量的代码，因此未来的程序员还必须懂硬件。CPU、操作系统和编译系统是计算机系统的核心基础，也是我国信息技术中的薄弱部分，其主要原因在于我国高校的计算机专业没有规模化培养出能够深入理解并掌握这些核心技术的人才。因此，成规模地培养出具备计算机系统能力的毕业生是计算机专业高素质创新人才培养的关键标志。为建立面向系统能力培养的计算机类专业核心课程体系、提高计算机类专业人才的培养质量和学科建设水平，教育部高等学校计算机类专业教学指导委员会于 2010 年启动了"高等院校计算机系统能力培养"研究项目，并规划了支撑系统能力培养的课程体系。国内已有一批高校开展系统能力培养专业综合改革和课程改革。为主动应对新一轮科技革命与产业变革，支撑服务创新驱动发展、"中国制造 2025"等一系列国家战略，积极推进新工科和一流本科建设，加强计算机类专业大学生系统能力培养，推进计算机硬件基础课程实验教学改革与"金课"建设，以生为本，实现"因材施教、分类培养"，切实满足学生个性化学习实际需求，根据计算机类普通高等学校本科专业类教学质量国家标准和工程教育专业认证总体要求进行编写本教材。

本教材内容循序渐进，以实验环境介绍和硬件描述语言学习开始导入，覆盖"数字逻辑"课程中组合逻辑和时序逻辑两大类型逻辑电路设计，并扩展学习有限状态机和存储逻辑电路设计，全书共 8 章。每章中的每个实验均着力提示原理，启发思路，引导设计，给出详尽的技术和方法介绍，并给出部分实验电路和实验程序，由实验者自己完善后进行仿真完成实验，在培养高素质、创新型人才方面，做了有益尝试。本教材内容新颖、适当，主要内容包括数字逻辑电路实验环境、Verilog HDL 基础、门电路、组合逻辑电路、触发器、时序逻辑电路、有限状态机、存储逻辑电路等。不仅向读者介绍了数字逻辑的基础知识，而且响应了计算机系统的设计与实现对数字逻辑课程的要求，包括基础的逻辑元件、时序电路以及寄存器和存储器的实现等。这一部分是设计整个计算机系统的逻辑基础。采用了最新的 FPGA 和 EDA工具及技术，利用 Verilog HDL 完成各项验证性和综合性实验，同时引导读者进行一些自主创新性设计。各章内容如下。

第 1 章首先介绍电子设计自动化基础知识，然后介绍 ModelSim 工具使用方法，接着介绍 Basys 3 和 Nexys 4 两种 Xilinx FPGA 开发板，最后重点介绍 Xilinx Vivado 工具使用方法，并通过完整实例介绍从设计输入到编程下载的设计全过程。本章由陈付龙编写。

第 2 章首先介绍 Verilog HDL 的基本知识，重点介绍结构化、数据流级和行为级三种建模与验证方法，使读者对使用 Verilog HDL 进行数字逻辑电路设计有基本的认识。本章由董燕编写。

第 3 章主要介绍开关级、门级以及 UDP 等基本逻辑电路建模与验证方法，使读者了解如何从晶体管构造逻辑门，利用逻辑门完成中小规模逻辑电路设计。本章由徐德琴编写。

第 4 章主要介绍数值比较器、加法器、编码器、译码器、多路选择器、分配器等基本组合逻辑电路设计，并在此基础上设计复杂组合逻辑电路。本章由陈付龙编写。

第 5 章主要介绍 RS 触发器、D 触发器、JK 触发器和 T 触发器等触发器逻辑电路设计，使读者了解构造时序逻辑电路的基本元素设计方法。本章由程桂花编写。

第 6 章主要介绍寄存器和计数器等时序逻辑电路设计，并扩展介绍 Fibonacci 数列、最大公约数求解和二进制−十进制转换等复杂时序逻辑电路。本章由沈展编写。

第 7 章主要介绍有限状态机的相关概念、状态机的编码方式以及利用状态机设计技术进行相关控制器数字电路的设计。本章由齐学梅编写。

第 8 章从寄存器和寄存器堆入手，使学生了解常用的基本寄存器以及处理设计中需要的寄存器堆。然后介绍随机存储器和只读存储器的建模与验证，为未来学习计算机组成原理课程做好知识准备。本章由陈付龙编写。

全书结构合理、逻辑清晰、详略得当、图文并茂，理论分析与实验任务安排相辅相成，注重计算机系统能力的全面培养和实际应用，是一本典型的讲授与自学相结合的数字逻辑电路设计实验教程。本教材突出开放性，拓展创新思维。本教材统筹规划各个实验，是对数字逻辑理论课程所学内容的综合运用，可以作为课程实验内容，也可以作为期末考试型或课程设计实验项目，还可以作为学生课外开放实验的选题项目，满足指导学生开展课程设计和课外创新实践活动的需要。

本教材的电子材料已经在编者所在单位计算机类本科专业近五年的"数字逻辑"、"计算机组成原理"、"计算机体系结构"和"硬件描述语言"以及计算机科学与技术硕士专业的"电子设计自动化"等课程的实验教学中使用，实验内容和平台获得美国 DIGILENT 公司支持，为教育部计算机类专业教学指导委员会系统能力培养专业综合改革及课程建设项目试点院校项目和教育部产学合作协同育人项目"面向计算机系统能力培养的数字逻辑、计算机组成与体系结构实践教学"成果。本教材获得安徽师范大学教材建设基金资助。

我们在开展计算机系统能力培养课程改革过程中，得到了北京航空航天大学的马殿富教授、高小鹏教授，华中科技大学的秦磊华教授、谭志虎教授，同济大学的王力生教授，东南大学的汤勇明教授，浙江大学的陈文智教授，中国科学技术大学的张昱教授，合肥工业大学的胡学钢教授、安鑫副教授等的大力支持，在此表示诚挚的感谢！

同时，在教学实验改革过程中还得到很多同仁和研究生的支持和帮助，在此仅列出他们的姓名并致以谢意：刘奎、陶陶、陈乃金、万家华、黄勇、陈洁、李东勤、刘路路、孙道清、秦忠基、冯年荣、卞维新、刘永斌、刘扬、张亭亭、刘毅杨、张娜。

由于编者水平有限，书中难免存在疏漏，敬请广大读者批评指正。

编　者

2019 年 7 月

目　　录

第1章 数字逻辑电路实验环境

本章导言

传统的数字逻辑电路实验平台多采用中小规模集成电路，进行连接组合，可完成简单数字逻辑的验证性实验和综合性实验，但在进行复杂数字逻辑实验的时候，则显得复杂和困难，不利于重复利用设计结果，设计的效率极低。以 Altera、Xilinx 为代表的半导体公司推出了可编程逻辑器件技术（programmable logic device，PLD），例如复杂可编程逻辑器件（complex programmable logic device，CPLD）和现场可编程门阵列（field programmable gate array，FPGA）等，并提供了电子设计自动化（electronic design automation，EDA）软件，使用 Verilog、VHDL 等硬件描述语言（hardware description language，HDL）进行逻辑设计，高效且便于验证，可实现大规模复杂数字逻辑系统设计。本章介绍电子设计自动化基本知识、ModelSim 工具使用方法、Basys 3 和 Nexys 4 两种 Xilinx FPGA 开发板、Xilinx Vivado 工具使用方法，并通过完整实例介绍从设计输入到编程下载的设计全过程。

1.1 电子设计自动化

1.1.1 电子设计自动化简介

1. EDA 技术

第一代集成电路（integrated circuit，IC）的门数非常少，称为小规模集成电路（small scale integrated circuit，SSI）。随着制造工艺技术的发展，设计者可以在单个芯片上布置数百个逻辑门，我们称之为中规模集成电路（medium scale integrated circuit，MSI）。随着大规模集成电路（large scale integrated circuit，LSI）的出现，数千个逻辑门能够集成在一起。设计过程由此开始变得非常复杂，设计者希望某些设计阶段能够自动完成。因此，如何利用设计技术将所需要的系统功能从概念变成现实，即设计实现，在数字电路设计中是一个重要环节，如图 1-1 所示。

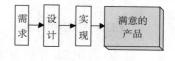

图 1-1 设计实现过程

正是这种需要促进了 EDA 的出现和发展。EDA 的范围包括了 CAD（computer aided design，计算机辅助设计）和 CAE（computer aided engineering，计算机辅助工程），为了简单起见，我们把所有的设计工具都称为 EDA 工具。从技术角度看，CAD 工具这个术语指的是设计后端使用的工具，这些工具可以完成布局、布线和芯片的版图绘制等工作。CAE 工具这个术语指的是设计前端使用的工具，如 HDL 仿真、逻辑综合和时序分析。此外，CAM（computer aided manufacturing，计算机辅助制造）和 CAT（computer aided testing，计算机辅助测试）也是 EDA 所涉及的环节。

EDA 技术包括狭义 EDA 技术和广义 EDA 技术。狭义 EDA 技术，指依赖功能强大的计算机，以大规模可编程逻辑器件为设计载体，以硬件描述语言为系统逻辑描述的主要表达方式，以计算机、大规模可编程逻辑器件的开发软件及实验开发系统为设计工具，通过有关的开发软件，自动完成用软件方式设计的电子系统到硬件系统的逻辑编译、逻辑化简、逻辑分割、逻辑综合及优化、逻辑布局布线、逻辑仿真，直至对于特定目标芯片的适配编译、逻辑映射、编程下载等工作，实现既定的电子线路系统功能，最终形成集成电子系统或专用集成芯片的一门新技术，或称为 IES/ASIC 自动设计技术。广义 EDA 技术，是通过计算机及其电子系统的辅助分析和设计软件，完成电子系统某一部分的设计过程。因此，广义 EDA 技术除了包含狭义的 EDA 技术外，还包括计算机辅助分析（computer aided analysis，CAA）技术（如 PSpice、EWB、MATLAB 等），印刷电路板计算机辅助设计（PCB-CAD）技术（如 Protel、OrCAD 等）及其他高频和射频设计与分析的工具等。EDA 技术具有以下几个特点：

（1）用软件的方式设计硬件。

（2）用软件方式设计的系统到硬件系统的转换是由有关的开发软件自动完成的。

（3）设计过程中可用有关软件进行各种仿真。

（4）系统可现场编程，在线升级。

（5）整个系统可集成在一个芯片上，体积小、功耗低、可靠性高。

（6）高层次综合与优化的理论与方法取得进展。

（7）其结果大大缩短了复杂的 ASIC 的设计周期，同时改进了设计质量。

（8）采用硬件描述语言（HDL）来描述 10 万门以上的设计，形成了国际通用硬件描述语言 VHDL。它们均支持不同层次的描述，使得复杂 IC 的描述规范化，便于传递、交流、保存与修改，并可建立独立的工艺设计文档，便于设计重用。

（9）开放式的设计环境（各厂家均适合）。

（10）自顶向下的算法。

（11）丰富的元器件模元库。

（12）具有较好的人机对话界面与标准的 CAM 接口。

（13）建立并行设计工程框架结构的集成化设计环境，以适应当今 ASIC 的特点：规模大而复杂，数字与模拟电路并存，硬件与软件并存，产品上市更新快。

因此，EDA 技术是现代电子设计的发展趋势。

2. EDA 系统的发展

自 20 世纪 70 年代以来，集成电路设计自动化 EDA 系统的发展，大致可以分为以下三个阶段。

1）20 世纪 70 年代的第一代 EDA，为计算机辅助设计 CAD 系统

随着集成电路的出现和应用，硬件设计进入发展的初级阶段。初级阶段的硬件设计大量选用中小规模标准集成电路。

在此阶段，人们开始将产品设计过程中高度重复性的繁杂劳动，如布图布线工作，用二维图形编辑与分析的 CAD 工具替代，最具代表性的产品就是美国 ACCEL 公司开发的 Tango 布线软件。20 世纪 70 年代，是 EDA 技术发展初期，由于 PCB 布图布线工具受到计算机工作平台的制约，其支持的设计工作有限且性能比较差。

该阶段以交互式图形编辑设计规则为特点。逻辑图输入、逻辑模拟、电路模拟、版图设计及版图验证是分别进行的，人们需要对两者的结果进行多次的比较和修改后才能得到正确

的设计。第一代 CAD 系统的引入使设计人员摆脱烦琐、容易出错的手工画图的传统方法，大大提高了效率，因而得到了迅速的推广。但它不能够适应规模较大的设计项目，而且设计周期长、费用高。有时在投片以后发现原设计存在错误，不得不返工修改，其代价是昂贵的。

2）20 世纪 80 年代的第二代 EDA 系统，常称为计算机辅助工程 CAE 系统

随着微电子工艺的发展，相继出现了集成上万只晶体管的微处理器、集成几十万直到上百万储存单元的随机存储器和只读存储器。此外，支持定制单元电路设计的晶体管逻辑、掩模编程的门阵列，如标准单元的半定制设计方法以及可编程逻辑器件（PAL 和 GAL）等一系列微结构和微电子学的研究成果都为电子系统的设计提供了新天地。因此，可以用少数几种通用的标准芯片实现电子系统的设计。

随着 VLSI 和多层 PCB 的设计要求，计算机图形工作站的问世和 PC 机的发展，进入初级的具有自动化功能的 EDA 时期，产生了电路图编辑和仿真的 CAE 系统。CAD 工具代替了设计工作中绘图的重复劳动，CAE 工具则代替了设计师的部分工作，对保证电子系统的设计，制造出最佳的电子产品起着关键的作用。到了 80 年代后期，EDA 工具已经可以进行设计描述、综合与优化和设计结果验证，CAE 阶段的 EDA 工具不仅为成功开发电子产品创造了有利条件，而且为高级设计人员的创造性劳动提供了方便。但是，大部分从原理图出发的 EDA 工具仍然不能适应复杂电子系统的设计要求，而具体化的元件图制约着优化设计。

第二代 EDA 系统集逻辑图输入、逻辑模拟、测试码生成、电路模拟、版图输入、版图验证等工具于一体，构成了一个较完整的设计系统。工程师以输入线路的方式开始设计集成电路，并在工作站上完成全部设计工作。以 32 位工作站为硬件平台，支持全定制电路设计，同时支持门阵列、标准单元的自动设计。对于门阵列、标准单元等电路，系统可完成自动布局、自动布线功能，因而大大减轻了设计版图的工作量。

支持一致性检查。在 CAE 系统中重要的是引入了版图与电路之间的一致性检查工具。此工具对版图进行版图寄生参数提取（layout parasitic extraction，LPE）得到相应的电路图，并将此电路图与设计所依据的原电路图进行比较，从而可发现设计是否有错。

具有后模拟功能。将 LPE 得到的版图寄生参数引入电路图，作一次电路模拟以进一步检查电路的时序关系和速度（在引入这些寄生参数后）是否仍符合原来设计要求。这些功能的引入有力地保证一次投片成功率。但是一致性检查和后模拟功能是在设计的最后阶段才加以实施的，因而如果一旦发现错误，还需修改版图或修改电路，仍然要付出相当大的代价。

3）20 世纪 90 年代的第三代 EDA 系统，特点是高层次设计的自动化

为了满足千差万别的系统用户提出的设计要求，最好的办法是由用户自己设计芯片，让他们把想设计的电路直接设计在自己的专用芯片上。微电子技术的发展，特别是可编程逻辑器件的发展，使得微电子厂家可以为用户提供各种规模的可编程逻辑器件，使设计者通过设计芯片实现电子系统功能。EDA 技术的发展，又为设计师提供了全线 EDA 工具。EDA 技术已经渗透到电子系统与集成电路设计的各个环节，发展十分迅速。形成了一种区别于传统设计的思想和方法，可以说是电子设计的一个革命。

20 世纪 90 年代，芯片的复杂程度越来越高，数万门及数十万门的电路设计需求越来越多。单靠原理图输入的方式已经无法让大家接受，采用硬件描述语言（HDL）的设计方式就应运而生，设计工作从行为级、功能级开始，EDA 向设计的高层次发展。这样就出现了第三代 EDA 系统，其特点是高层次设计的自动化。引入的硬件描述语言一般有两种，即 VHDL

和 Verilog 语言，同时引入了行为综合和逻辑综合工具。采用较高的抽象层次进行设计，并按照层次式方法进行管理，大大提高了处理复杂设计的能力，设计所需的周期也大幅度地缩短。综合优化工具的采用使芯片的品质，如面积、速度、功耗等获得了优化，第三代 EDA 系统得到了迅速推广和应用。高层次设计与具体生产技术是无关的，亦即与工艺无关。一个 HDL 源码可以通过逻辑综合工具综合成为一个现场可编程门阵列，即 FPGA 电路，也可综合成某一工艺所支持的专用集成电路，即 ASIC 电路。HDL 源码对于 FPGA 和 ASIC 是完全一样的，仅需要更换不同的库重新进行综合。由于工艺技术的进步，需要采用更先进的工艺时，如从 1μm 技术到 0.8μm 技术时，可利用原来所书写的 HDL 源码。

第三代 EDA 工具系统的特点：

（1）原有的 CAD 设计系统是以软件工具为核心的。新一代系统是一个统一的、协同的、集成化的、以数据库为核心的系统。它具有面向目标的各种数据模型及数据管理系统，有一致性较好的用户界面系统，有基于图形界面的设计管理环境和设计管理系统。

（2）真正具有自动化设计能力，能实现电路高层次的综合和优化。用户只要给出电路的性能指标要求，EDA 系统就能够对电路结构和参数进行自动化的综合，寻找最佳设计方案，通过自动布局布线功能将电路直接形成集成电路的版图，并对版图的面积以及电路的延迟特性进行优化。

（3）统一的数据库。数据库中存储了各种设计视窗的信息。这些设计视窗包括网表（Netlist）、原理图（Schematic）、符号图（Symbolic）、掩模图（Mask Layout）、行为描述（Behavior）、模拟结果（Simulation）以及各种文档（Documentation）等。由于各个设计视窗的数据形式和结构有很大的差异，因而统一的数据库的建立就比较复杂。数据库要确定每一个设计视窗的设计数据之间的关系，并提供对所有工具都有用的中间结果。各个工具可直接向数据库写入或从数据库中读出数据，消除了各工具在转换过程中所产生的数据出错现象。

（4）操作的协同性。利用对所有工具都有用的中间结果，可在多窗口的环境下同时运行多个工具。例如，当版图编辑器完成了一个多边形的设计，该多边形就被存入数据库，被存入的信息对版图设计规则检查器同样有效。因此允许在版图编辑过程中交替地进行版图设计规则检查，以避免整个设计过程的反复。再如，当在逻辑窗口中对该逻辑图的某个节点进行检查时，在版图窗口可同时看到该节点所对应的版图区域。这种协同操作的并行设计环境使设计者能同时访问设计过程中的多种信息，并分享设计数据。

（5）结构的开放性。新一代 EDA 系统的结构框架具有一定的开放性。通过一定的编程语言作为界面可访问统一数据库。同时在此结构框架中可嵌入第三者所开发的设计软件。

（6）系统的可移植性。整个软件系统可安装到不同的硬件平台上（Platform）。这样可组成一个由不同型号工作站（Workstation）所组成的设计系统而共享同一设计数据。也可由低价的个人计算机和高性能的工作站共同组成一个系统。

在高层次设计方法中，采用的思想就是自顶向下（top-down）进行设计：先对设计采用硬件描述语言（VHDL/Verilog）进行功能描述，然后逐步分块细化，直至结构化的最底层。它具有定制电路规格时间短、仿真时间短、不受工艺限制等优点。

21 世纪开始，随着微电子技术的进一步发展，EDA 设计进入了更高的阶段，即片上系统设计（system on programmable chip，SoPC）阶段，在这个阶段，可编程逻辑器件内集成了数字信号处理器的内核、微处理器的内核等，使得可编程逻辑器件不再只是完成复杂的逻辑功能，而是具有了强大的信号处理和控制功能。SoPC 技术的进一步发展必将给电子系统的设计带来一场深刻的变革。新一代 EDA 技术的发展，使得在 FPGA 上实现数字信号处理器（digital signal processor，DSP）成为可能，有力地推动了软件无线电的发展；嵌入式软核的成熟，使得 SoPC 步入大规模应用阶段；使电子设计成果以自主知识产权的方式得以明确表达和确认成为可能；在仿真和设计两方面支持标准硬件描述语言的功能强大的 EDA 软件不断推出。

EDA 近年来又有最新进展。电子技术全方位纳入 EDA 领域；更大规模的 FPGA 和 CPLD 器件的不断推出；EDA 使得电子领域各学科的界限更加模糊，更加相互融合；基于 EDA 工具的 ASIC 设计标准单元已涵盖大规模电子系统及知识产权（intellectual property，IP）核模块；软硬件 IP 核在电子行业的产业领域、技术领域和设计应用领域得到进一步确认；片上系统（System on Chip，SoC）高效低成本设计技术的成熟，系统级、行为验证级硬件描述语言（System C）的出现，使复杂电子系统的设计和验证趋于简单。

3. ASIC 设计

ASIC 是 Application Specific Integrated Circuit 的英文缩写，是指应特定用户要求和特定电子系统的需要而设计、制造的集成电路，包括模拟 ASIC、数字 ASIC 和混合 ASIC。ASIC 的特点是面向特定用户的需求，ASIC 在批量生产时与通用集成电路相比具有体积更小、功耗更低、可靠性提高、性能提高、保密性增强、成本降低等优点。

ASIC 分为全定制和半定制。全定制设计需要设计者完成所有电路的设计，因此需要大量的人力物力，灵活性好但开发效率低下。如果设计较为理想，全定制能够比半定制的 ASIC 芯片运行速度更快。半定制使用库里的标准逻辑单元，设计时可以从标准逻辑单元库中选择 SSI（门电路）、MSI（如加法器、比较器等）、数据通路（如 ALU、存储器、总线等）甚至系统级模块（如乘法器、微控制器等）和 IP 核，这些逻辑单元已经布局完毕，而且设计得较为可靠，设计者可以较方便地完成系统设计。现代 ASIC 常包含整个 32bit 处理器，类似 ROM、RAM、EEPROM、Flash 的存储单元和其他模块，这样的 ASIC 常被称为 SoC。

1.1.2　现代数字系统设计方法

传统的手工设计方法流程如下：

（1）获取系统的需求；

（2）画系统的硬件流程图；

（3）将系统划分成不同的模块；

（4）选择具体的元器件（门电路、触发器、集成电路）；

（5）组成各功能模块的逻辑电路；

（6）画出电路原理图；

（7）制作 PCB；

（8）调试功能模块；

（9）调试系统。

这种自底向上（bottom-up）设计方法存在较多问题。对整个系统的仿真、调试只能在完成硬件设计后才能进行，设计中的问题在调试的后期才能发现。如果出现设计中没有考虑的问题，就要从底层重新设计，设计周期长。设计结果为电路原理图和信号的连接表，大的系统产生结果较多，查找、修改比较麻烦。

现在则采用电子设计自动化这种现代设计方法。数字系统设计的概念如今已经发生了巨大的变化。由于所设计的系统的规模已从几百门增加到几百万门，从前人们所熟悉的画电路图、真值表和卡诺图的设计方法已经远远不能满足数字系统的复杂性要求。采用 EDA 软件为设计手段的高层次设计（high level design，HLD）方法是近年来 ASIC 设计的最新的、最先进的设计方法，它为用户设计更大规模、更高水平、性能优良的 ASIC 产品提供了可靠的保证。表 1-1 比较了 EDA 与传统电子设计方法。

表 1-1　EDA 与传统电子设计方法的比较

比较内容	传统设计方法	EDA 设计方法
设计方法	自底向上	自顶向下
设计手段	手动设计	自动设计
设计协同	硬软件分离	打破硬软件屏障
设计方式	原理图方式设计	原理图、HDL 语言等多种设计方式
功能设计	系统功能固定	系统功能易变
仿真难度	不易仿真	易仿真
测试难度	难测试修改	易测试修改
移植性	模块难移植共享	设计工作标准化，模块可移植共享
设计周期	设计周期长	设计周期短

1. 原理图设计

原理图设计是 EDA 软件提供的基本设计方法。这种方式大多用在对系统及各部分电路很熟悉的情况，或在系统对时间特性要求较高的场合，如图 1-2 所示。

它的主要优点是容易实现仿真，便于信号的观察和电路的调整。原理图设计方法直观、易学。但当系统功能较复杂时，原理图输入方式效率低，它适合不太复杂的小系统和复杂系统的综合设计（与其他设计方法进行联合设计）。

2. 程序设计方法

程序设计是使用硬件描述语言 HDL，在 EDA 软件提供的设计向导或语言助手的支持之下进行设计。HDL 语言设计是目前工程设计最重要的设计方法，包括 ABEL、VHDL、Verilog HDL、System C、System Verilog 等语言。

（1）ABEL 语言设计方法。它是以 Data I/O 公司工业标准的 ABEL 设计语言为基础规范的硬件描述语言。不同的 EDA 软件中的 ABEL 规则略有不同。一些 EDA 软件集成了 ABEL 编译器，如 Data I/O 公司的 Synario 和 Xilinx 的 Foundation。

（2）VHDL 语言设计方法。VHDL 语言是在 Ada 语言基础上发展起来的，由美国国防部发起、开发并标准化，1987 年公布为 IEEE 标准的硬件描述语言，随后 IEEE 又颁布了

ANSI/IEEE STANDARD 1076—1993。VHDL 语言规范化与标准化，使得它的系统庞大，语法规则较为复杂，但功能都非常强大。各种 EDA 工具也集成了 VHDL 编译与综合工具，为 EDA 的普及和发展奠定了良好的基础。

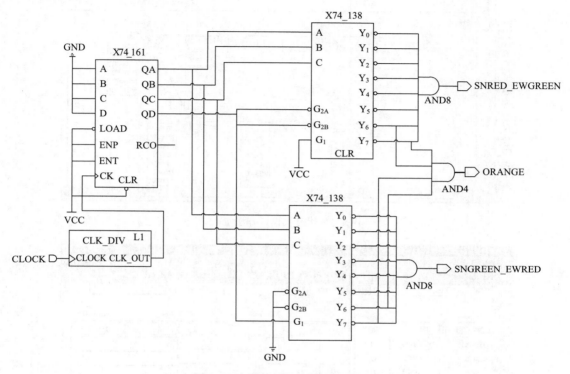

图 1-2　交通红绿灯控制器的原理图

（3）Verilog HDL 设计方法。Verilog HDL 是源于 C 语言，高效简洁。Verilog HDL 语言是由 Cadence 公司修订，经 IEEE 公布为 IEEE STANDARD 1364—1995 标准的一种硬件描述语言。在美国 ASIC 设计者使用 Verilog HDL 语言较为普遍。

3. 状态机设计

这种图形状态机设计方法不必关心 PLD 内部结构和布尔表达式，只需考虑状态转移条件及各状态之间关系，使用作图方法构成状态转移图，由计算机自动生成 VHDL、Verilog 式 ABEL 语言描述的功能模块，如图 1-3 所示。

4. 波形输入法

对于那些只关心输入与输出信号之间的关系，而不需要对中间变量进行干预的系统可使用波形输入法。该方法只需给出输入信号与输出信号的波形，如图 1-4 所示，EDA 软件会自动生成相应的功能模块，其语言可由设计者选择。波形输入法是一种直接明了的设计方法。该方法的编译软件复杂，不适合复杂系统设计，且只有在少数 EDA 软件中有集成。

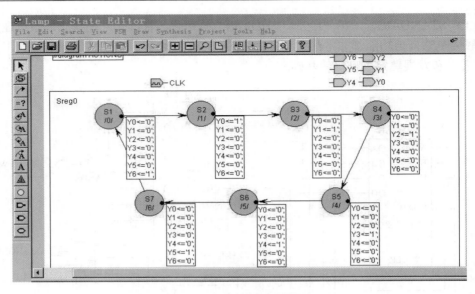

图 1-3　状态机设计方法实例

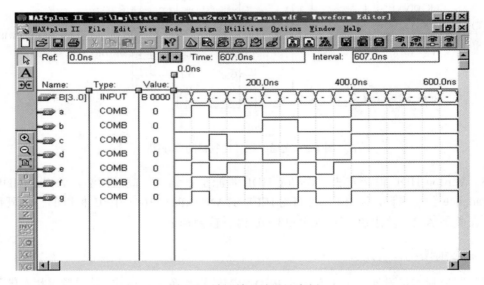

图 1-4　波形输入法设计实例

5. 功能模块输入法

一些 EDA 软件集成了填表式的功能模块设计方法，如图 1-5 所示分频器的设计，软件提供一些基本的功能模块编辑器，使用者只需填写相应的参数，计算机便会自动生成 HDL 描述的功能模块。这样的设计方法还可以设计相应的计数器、加法器、比较器等。

6. IP 模块使用

具有知识产权的 IP 模块的使用是现代数字系统设计最有效的方法之一。IP 模块一般是

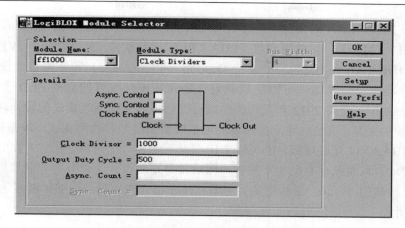

图 1-5　功能模块输入法设计方法实例

比较复杂的模块，如数字滤波器、总线接口、DSP、图像处理单元等，由于这类模块设计工作量大，设计者在进行设计、仿真、优化、逻辑综合、测试等方面花费大量劳动时间与精力。因此各 EDA 公司均设有 IP 中心，在网上为设计者服务。

网络上已有丰富的各类 IP 出售，使设计者之间资源共享，加快产品设计，降低产品设计风险。可以预料，在未来的设计中，网上 IP 资源将会越来越丰富，IP 的使用将会更加广泛。

IP 核是具有知识产权（intellectual property）的集成电路芯核的简称，其作用是把一组拥有知识产权的电路设计集合在一起，构成芯片的基本单位，以供设计时搭积木之用。其实可以把 IP 理解为一颗 ASIC，以前是 ASIC 做好以后供别人在 PCB 上使用，现在是 IP 做好以后让别人集成在更大的芯片里。

软核包括逻辑描述、器件内部连线表及不能用台式仪器、信号仪、示波器、电流计和电压表等进行测试的可测性设计。软核可经用户修改，以实现所需要的电路系统。它主要用于接口、编码、译码、算法和信道加密等对速度性能要求范围较宽的复杂系统。

硬核的设计与工艺已完成而不能更改。用户得到的硬核仅是产品功能而不是产品设计，因此，硬核的设计与制造厂商能对它实行全权控制，它的知识产权的保护也较简单。常用的硬核有存储器、模拟器件和总线器件等。

固核是一种介于软核与硬核之间的 IP。它既不独立，也不固定，可根据用户要求作部分修改。固核允许用户重新定义关键的性能参数，内部连线表有的可以重新优化，其使用流程同软核。如内部连线表不能优化时，使用流程与硬核相同。另外从功能上划分有嵌入式 IP 核和通用 IP 核。嵌入式 IP 核指可编程 IP 模块，主要是 CPU 与 DSP。通用 IP 核模块包括存储器、存储控制器、通用接口电路、通用功能模块等。

1.1.3　电子设计自动化软件

1. EDA 软件概述

通过使用相应的电路分析和设计软件，即 EDA 软件，按自顶向下的设计流程，采用了模块化和层次化的设计方法，进行分工设计、团体协作，完成电子系统某部分的设计，提高了设计的效率，缩短了设计周期。

目前比较主流的 EDA 的软件工具有 Altera 的 Quartus II、Xilinx 的 Vivado。

Quartus II 是 Altera 公司的综合性 FPGA/CPLD 开发软件，支持原理图、VHDL、Verilog HDL 以及 AHDL（Altera Hardware 支持 Description Language）等多种设计输入形式，内嵌自有的综合器以及仿真器，可以完成从设计输入到硬件配置的完整 PLD 设计流程。

Vivado 是 Xilinx 公司 2012 年发布的集成设计环境，包括高度集成的设计环境和新一代从系统到 IC 级的工具，这些均建立在共享的可扩展数据模型和通用调试环境基础上。这也是一个基于 AMBA AXI4 互联规范、IP-XACT IP 封装元数据、工具命令语言（TCL）、Synopsys 设计约束（SDC）以及其他有助于根据客户需求量身定制设计流程并符合业界标准的开放式环境。Xilinx 构建的 Vivado 工具把各类可编程技术结合在一起，能够扩展多达 1 亿个等效 ASIC 门的设计。

在模拟电路设计中，目前最好的 EDA 软件应属于 EWB（Electronic Workbench），与其他软件相比，界面直观，操作方便、灵活，采用图形输入方式（而不是文本输入方式）输入和创建电路。内设的元器件库极其丰富，而且极易生成。可提供元器件的理想模型和实际模型，并可以随意设置不同的参数和不同的故障，进行仿真分析。虚拟的测试仪器品种多而全，如示波器、函数发生器、万用表、频谱绘图仪、字符发生器、逻辑分析仪等。利用这些工具可进行直流点分析、逻辑功能分析等。这些虚拟仪器基本相似，很容易掌握。由于 EWB 软件先进，最适合教学，目前已成为高校用作数/模混合仿真和课程设计的 EDA 工具，它实现了大部分相应硬件实验的功能，节省了大量芯片，故被称为模拟电子实验室。

2. EDA 工具特殊的软件包

由于 EDA 是利用计算机通过软件的设计对既定的硬件系统进行功能实现，为此，典型的 EDA 工具必须包含两个特殊的软件包，即综合器和适配器。

综合器的功能是根据设计者在 EDA 平台上完成的针对某个系统项目而采用的文本或原理图对状态图形的描述，针对给定的硬件结构，进行编译、优化、转换和综合，最终获得电路描述文件。由此可见，综合器的功能是将软件的描述与给定的硬件结构用某种网表文件的方式联系起来。显然，综合器是软件描述与硬件实现的一座桥梁。综合过程是将电路的高级语言描述转换成低级的、可与 FPGA/CPLD 基本结构相映射的网表文件。

适配器的功能是将由综合器产生的网表文件配置于指定的目标器件中，产生最终的下载文件，如 JEDEC 格式的文件。适配所选定的目标器件（FPGA/CPLD 芯片）必须属于原综合器指定的目标器件系列。适配器则需由 FPGA/CPLD 供应商自己提供，因为适配器的适配对象直接与器件结构相对应。

3. EDA 技术的常用设计工具

EDA 工具在 EDA 技术应用中占据了极其重要的位置，按照功能划分，EDA 工具大致可分为设计输入工具、检查/分析工具、优化/综合工具、仿真工具、PCB 设计工具、适配器（布局布线器）以及下载器（编程器）等多个模块。

基于可编程逻辑器件的 EDA 工具应包括：输入工具、编译器、仿真器、综合器、适配器和下载器。一些常用的 EDA 工具如表 1-2 所示。

表 1-2　常用 EDA 工具

序号	软件	供应商
1	Max+Plus Ⅱ，Quartus Ⅱ	Altera
2	ispEXPERT System	Lattice
3	ISE，Vivado	Xilinx
4	FPGA Compiler Ⅱ，Design Compiler，VCS/Scirocco	Synopsys
5	ModleSim	Mentor Graphics
6	NC-Verilog/NC-VHDL/NC-SIM	Cadence

1.1.4　可编程逻辑器件

可编程逻辑器件（PLD）是一种由用户编程以实现某种逻辑功能的新型逻辑器件。FPGA 和 CPLD 分别是现场可编程门阵列和复杂可编程逻辑器件的简称，现在，FPGA 和 CPLD 器件的应用已十分广泛，它们将随着 EDA 技术的发展而成为电子设计领域的重要角色。国际上生产 FPGA/CPLD 的主流公司，并且在国内占有较大市场份额的主要是 Xilinx、Altera、Lattice 三家公司。高集成度、高速度和高可靠性是 FPGA/CPLD 最明显的特点，其时钟延时可小至纳秒级，结合其并行工作方式，在超高速应用领域和实时测控方面有着非常广阔的应用前景。在高可靠应用领域，如果设计得当，将不会存在类似于微控制单元（microcontroller unit，MCU）的复位不可靠和 PC 可能跑飞等问题。FPGA/CPLD 的高可靠性还表现在几乎可将整个系统下载于同一芯片中，实现所谓片上系统，从而大大缩小了体积，易于管理和屏蔽。由于 FPGA/CPLD 的集成规模非常大，可利用先进的 EDA 工具进行电子系统设计和产品开发。由于开发工具的通用性、设计语言的标准化以及设计过程几乎与所用器件的硬件结构没有关系，因而设计开发成功的各类逻辑功能块软件有很好的兼容性和可移植性。它几乎可用于任何型号和规模的 FPGA/CPLD 中，从而使得产品设计效率大幅度提高。可以在很短时间内完成十分复杂的系统设计，这正是产品快速进入市场最宝贵的特征。美国 IT 公司认为，一个 ASIC 80%的功能可用 IP 核等现成逻辑合成。而未来大系统的 FPGA/CPLD 设计仅仅是各类再应用逻辑与 IP 核的拼装，其设计周期将更短。图 1-6 呈现了可编程逻辑器件的发展历程。

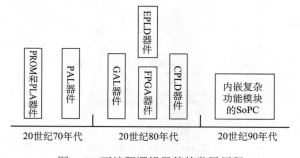

图 1-6　可编程逻辑器件的发展历程

1. 可编程逻辑器件分类

按集成度分类，PLD 包括简单 PLD（PROM、PLA、PAL 和 GAL）和复杂 PLD（CPLD 和 FPGA）。按生产工艺分类如表 1-3 所示。

表 1-3　按生产工艺分类

序号	类别	代表	特点
1	熔丝器件	PROM	根据熔丝图烧断熔丝
2	反熔丝器件	ACTEL FPGA	与熔丝工艺相反，通过击穿漏层使得两点之间导通，统称为 OTP(one time programming)
3	紫外线擦除可编程器件	EPROM	用较高电压编程，用紫外线擦除
4	电可擦除可编程器件	GAL 和 CPLD	用较高电压编程，用电擦除
5	静态随机存储器件	FPGA	编程速度和编程要求优于前四种，需专门配置芯片
6	电可擦除器件	Flash	既具有 EPROM 结构简单、编程可靠的优点，又具有 EEPROM 擦除快速、集成度高的优点

2. CPLD

CPLD(complex programming logic device，复杂可编程逻辑器件)，是从 PAL 和 GAL 器件发展出来的器件，相对而言规模大，结构复杂，属于大规模集成电路范围。是一种用户根据各自需要而自行构造逻辑功能的数字集成电路。其基本设计方法是借助集成开发软件平台，用原理图、硬件描述语言等方法，生成相应的目标文件，通过下载电缆（"在系统"编程）将代码传送到目标芯片中，实现设计的数字系统。

3. FPGA

FPGA（field programmable gate array，现场可编程门阵列），它是在 PAL、GAL、CPLD 等可编程器件的基础上进一步发展的产物。它是作为专用集成电路（ASIC）领域中的一种半定制电路而出现的，既解决了定制电路的不足，又克服了原有可编程器件门电路数有限的缺点。图 1-7 为基于 FPGA 的 HDL 设计流程。

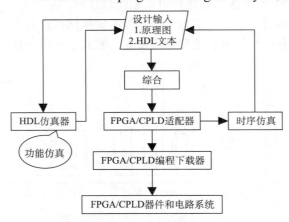

图 1-7　基于 FPGA 的 HDL 设计流程

FPGA 的基本特点：

（1）采用 FPGA 设计 ASIC 电路，用户不需要投片生产，就能得到可用的芯片；

（2）FPGA 可做其他全定制或半定制 ASIC 电路的中试样片；

（3）FPGA 内部有丰富的触发器和 I/O 引脚；

（4）FPGA 是 ASIC 电路中设计周期最短、开发费用最低、风险最小的器件之一；

（5）FPGA 采用高速 CHMOS 工艺，功耗低，可以与 CMOS、TTL 电平兼容。

可以说，FPGA 芯片是小批量系统提高系统集成度、可靠性的最佳选择之一。

FPGA 主要生产厂商有 Altera、Xilinx、Actel、Lattice、Atmel 等。其中 Altera 作为世界老牌可编程逻辑器件的厂家，是可编程逻辑器件的发明者，开发软件为 Max+Plus II 和 Quartus

Ⅱ。Xilinx 是 FPGA 的发明者，拥有世界一半以上的市场，提供 90%的高端 65nm FPGA 产品，开发软件为 ISE 和 Vivado。Actel 主要提供非易失性 FPGA，产品主要基于反熔丝工艺和 Flash 工艺，其产品主要用于军事和宇航。

4. SoC

SoC 称为系统级芯片，也称片上系统，意指它是一个产品，是一个有专用目标的集成电路，其中包含完整系统并有嵌入软件的全部内容。同时它又是一种技术，用以实现从确定系统功能开始，到软硬件划分，并完成设计的整个过程。

从狭义角度讲，它是信息系统核心的芯片集成，是将系统关键部件集成在一块芯片上；从广义角度讲，SoC 是一个微小型系统，如果说中央处理器（CPU）是大脑，那么 SoC 就是包括大脑、心脏、眼睛和手的系统。国内外学术界一般倾向将 SoC 定义为将微处理器、模拟 IP 核、数字 IP 核和存储器（片外存储控制接口）集成在单一芯片上，它通常是客户定制的或是面向特定用途的标准产品。

SoC 定义的基本内容主要在两方面：一是它的构成；二是它的形成过程。系统级芯片的构成可以是系统级芯片控制逻辑模块、微处理器/微控制器 CPU 内核模块、数字信号处理器 DSP 模块、嵌入的存储器模块、和外部进行通信的接口模块、含有 ADC /DAC 的模拟前端模块、电源提供和功耗管理模块，对于一个无线 SoC 还有射频前端模块、用户定义逻辑（它可以由 FPGA 或 ASIC 实现）以及微电子机械模块，更重要的是一个 SoC 芯片内嵌有基本软件（RDOS 或 COS 以及其他应用软件）模块或可载入的用户软件等。

系统级芯片形成或产生过程包含以下三个方面：
（1）基于单片集成系统的软硬件协同设计和验证；
（2）再利用逻辑面积技术的使用和产能占有比例的有效提高，即开发和研究 IP 核生成及复用技术，特别是大容量的存储模块嵌入的重复应用等；
（3）超深亚微米（UDSM）、纳米集成电路的设计理论和技术。

SoC 关键技术主要包括总线架构技术、IP 核可复用技术、软硬件协同设计技术、SoC 验证技术、可测性设计技术、低功耗设计技术、超深亚微米电路实现技术，并且包含嵌入式软件移植技术，是一个跨学科的新兴研究领域。

1.1.5　硬件描述语言

硬件描述语言（HDL）是描述电路硬件及时序的一种编程语言。它用文本的形式描述硬件电路的功能、信号连接关系以及时序关系。它虽然没有图形输入那么直观，但功能更强，可以进行大规模、多个芯片的数字系统的设计。它能描述电路的连接，描述电路的功能，以不同的抽象级描述电路，描述电路的时序，描述具有并行性。常用的硬件描述语言有 VHDL、Verilog、ABEL。

VHDL 的英文全称是 Very High Speed Integrated Circuit Hardware Description Language，诞生于 1982 年。自 IEEE 公布了 VHDL 的标准版本 IEEE-1076（简称 87 版）之后，各 EDA 公司相继推出了自己的 VHDL 设计环境，或宣布自己的设计工具可以和 VHDL 接口。VHDL 优势在于，比 Verilog HDL 早几年成为 IEEE 标准；语法/结构比较严格，因而编写出的模块风格比较清晰；比较适合由较多的设计人员合作完成的特大型项目（一百万门以上）。作为

IEEE 的工业标准硬件描述语言，在电子工程领域，已成为事实上的通用硬件描述语言。

Verilog 支持的 EDA 工具较多，适用于 RTL 级和门电路级的描述，其综合过程较 VHDL 稍简单，但其在高级描述方面不如 VHDL。Verilog 具备较多的第三方工具的支持；语法结构比 VHDL 简单；学习起来比 VHDL 容易；仿真工具比较好用；测试激励模块容易编写。虽然 Verilog 的某些语法与 C 语言接近，但存在本质上的区别：Verilog 是一种硬件语言，最终是为了产生实际的硬件电路或对硬件电路进行仿真；C 语言是一种软件语言，是控制硬件来实现某些功能。利用 Verilog 编程时，要时刻记得 Verilog 是硬件语言，要时刻将 Verilog 与硬件电路对应起来。

ABEL：一种支持各种不同输入方式的 HDL，被广泛用于各种可编程逻辑器件的逻辑功能设计，由于其语言描述的独立性，因而适用于各种不同规模的可编程器件的设计。

有专家认为，在 21 世纪中，VHDL 与 Verilog 语言将承担几乎全部的数字系统设计任务。

使用 HDL 描述设计具有下列优点：

（1）设计在高层次进行，与具体实现无关；

（2）设计开发更加容易；

（3）早在设计期间就能发现问题；

（4）能够自动地将高级描述映射到具体工艺实现；

（5）在具体实现时才做出某些决定；

（6）HDL 具有更大的灵活性，可重用，可以选择工具及生产厂商；

（7）HDL 能够利用先进的软件，拥有更快的输入，易于管理。

1.2　ModelSim

1.2.1　ModelSim 简介

Mentor Graphics 公司的 ModelSim 是业界最优秀的 HDL 语言仿真软件，它能提供友好的仿真环境，是业界唯一的单内核支持 VHDL 和 Verilog 混合仿真的仿真器。它采用直接优化的编译技术、Tcl/Tk 技术和单一内核仿真技术，编译仿真速度快，编译的代码与平台无关，便于保护 IP 核，个性化的图形界面和用户接口，为用户加快调错提供强有力的手段，是 FPGA/ASIC 设计的首选仿真软件。

ModelSim 分几种不同的版本：SE、PE、LE 和 OEM，其中 SE 是最高级的版本，而集成在 Actel、Atmel、Altera、Xilinx 以及 Lattice 等 FPGA 厂商设计工具中的均是其 OEM 版本。SE 版和 OEM 版在功能和性能方面有较大差别，比如对于大家都关心的仿真速度问题，以 Xilinx 公司提供的 OEM 版本 ModelSim XE 为例，对于代码少于 40 000 行的设计，ModelSim SE 比 ModelSim XE 要快 10 倍；对于代码超过 40 000 行的设计，ModelSim SE 要比 ModelSim XE 快近 40 倍。ModelSim SE 支持 PC、UNIX 和 LINUX 混合平台；提供全面完善以及高性能的验证功能；全面支持业界广泛的标准；Mentor Graphics 公司提供业界最好的技术支持与服务。

1.2.2　ModelSim 安装

ModelSim SE-32 10.4 和 ModelSim SE-64 10.4 分别是运行在 32 位和 64 位计算机 Windows 平台上的版本。请扫码查看具体安装步骤。

为了方便初学者使用 ModelSim 进行数字系统设计，Mentor Graphics 公司还提供了学生版 ModelSim PE。该版本可以从 Mentor Graphics 公司主页在线下载，地址为：https://www.mentor.com/company/higher_ed/modelsim-student-edition。

如图 1-8 所示，点击 Download Student Edition 下载 modelsim-pe_student_edition.exe 文件。

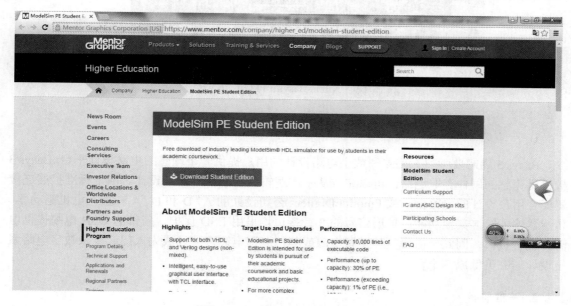

图 1-8　Download Student Edition

下载后运行 modelsim-pe_student_edition.exe 进行安装。

1.2.3　ModelSim 使用

请扫码查看具体使用方法。

1.3　Xilinx FPGA 开发板

1.3.1　Xilinx Basys 3 FPGA 开发板简介

Basys 3 是围绕着一个 Xilinx Artix®-7 FPGA 芯片 XC7A35T-1CPG236C 搭建的，它提供了完整的随时可以使用的硬件平台，并且它适合于从基本逻辑器件到复杂控制器件的各种主机电路。Basys 3 板上集成了大量的 I/O 设备和 FPGA 所需的支持电路，用户能够构建无数的设计而不需要其他器件。图 1-9 为 Xilinx Basys 3 FPGA 开发板。

图 1-9　Xilinx Basys 3 FPGA 开发板

1. 产品规格

Basys 3 为想要学习 FPGA 和数字电路设计的用户提供一个理想的电路设计平台。Basys 3 板提供完整的硬件存取电路,可以完成从基本逻辑到复杂控制器的设计。四个标准扩展连接器配合用户设计的电路板,或 Pmod(Digilent 公司设计的 A/D 和 D/A 转换、电机驱动器、传感器输入等)其他功能。扩展信号的 8 针接口均采用 ESD 保护,附带的 USB 电缆提供电源和编程接口,因此不需要额外配置电源或其他编程电缆,使之成为入门或复杂数字电路系统设计的完美低成本平台。

2. 关键特性

(1) 33280 个逻辑单元,六输入 LUT 结构;

(2) 1800 kbit 快速 RAM 块;

(3) 5 个时钟管理单元,均各含一个锁相环(phase locked loop,PLL);

(4) 90 个 DSP 单元;

(5) 内部时钟最高可达 450MHz;

(6) 1 个片上模数转换器(XADC)。

3. 外围设备

如表 1-4 所示,Xilinx Basys 3 FPGA 开发板具有如下外围设置。

(1) 16 个拨码开关;

(2) 16 个 LED;

(3) 5 个按键开关;

(4) 4 位 7 段数码管;

(5) 3 个 Pmod 连接口;

(6) 1 个专用 AD 信号 Pmod 连接口;

（7）12 位的 VGA 输出接口；

（8）USB-UART 桥；

（9）串口 Flash；

（10）用于 FPGA 编程和通信的 USB-JTAG 连接口；

（11）可连接鼠标、键盘、记忆棒的 USB 连接口。

表 1-4　Xilinx Basys 3 FPGA 开发板资源

序号	描述	序号	描述
1	电源指示灯	9	FPGA 配置复位按键
2	Pmod 连接口	10	编程模式跳线柱
3	专用模拟信号 Pmod 连接口	11	USB 连接口
4	4 位 7 段数码管	12	VGA 连接口
5	16 个拨码开关	13	UART/JTAG 共用 USB 接口
6	16 个 LED	14	外部电源接口
7	5 个按键开关	15	电源开关
8	FPGA 编程指示灯	16	电源选择跳线柱

1.3.2　Xilinx Basys 3 FPGA 开发板硬件电路

1. 电源电路

Basys 3 开发板可以通过 2 种方式进行供电，一种是通过 J4 的 USB 端口供电；另一种是通过 J6 的接线柱进行供电（5V）。通过 JP2 跳线帽的不同选择进行供电方式的选择。电源开关通过 SW16 进行控制，LD20 为电源开关的指示灯。电源的电路如图 1-10 所示。

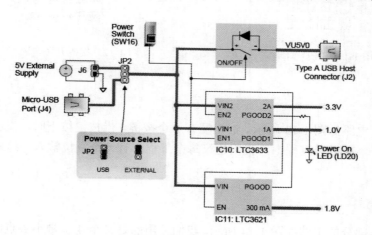

图 1-10　USB 接口电路

说明：如果选用外部电源（J6），那么应该保证：①电源电压在 4.5~5.5V 范围内；②至少能提供 1A 的电流。注意：只有在特别情况下电源电压才可以使用 3.6V 电压。

2. LED 灯电路

LED 部分的电路如图 1-11 所示。当 FPGA 输出为高电平时，相应的 LED 点亮；否则，LED 熄灭。板上配有 16 个 LED，在实验中灵活应用，可用作标志显示或代码调试的结果显示，既直观明了，又简单方便。

3. 拨码开关电路

拨码开关的电路如图 1-12 所示。在使用这个 16 位拨码开关时请注意一点，当开关打到下档时，表示 FPGA 的输入为低电平。

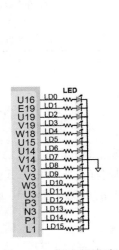

图 1-11　LED 灯电路

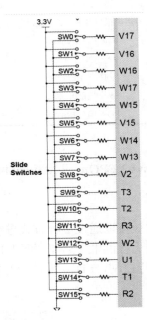

图 1-12　拨码开关电路

4. 按键电路

按键部分的电路如图 1-13 所示。板上配有 5 个按键，当按键按下时，表示 FPGA 的相应输入脚为高电平。在学习过程中，我们建议每个工程都有一个复位输入，这对代码调试将大有好处。

5. 数码管电路

数码管显示部分的电路如图 1-14 所示。我们使用的是一个 4 位带小数点的 7 段共阳极数码管，当相应的输出脚为低电平时，该段位的 LED 点亮。位置选位也是低电平选通。

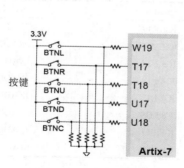

图 1-13 按键电路

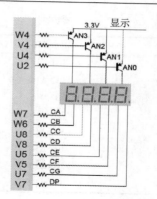

图 1-14 数码管电路

6. VGA 显示电路

VGA 视频显示部分的电路如图 1-15 所示。我们所用的电阻搭的 12bit（2^{12} 色）电路，由于没有采用视频专用 DAC 芯片，所以色彩过渡表现不是十分完美。

7. I/O 扩展电路

4 个标准的扩展连接器（如表 1-5 所示，其中一个为专用 AD 信号 Pmod 连接口，如图 1-16 所示）允许设计使用面包板、用户设计的电路或 Pmod 扩展 Basys 3 板（Pmod 是价格便宜的模拟和数字 I/O 模块，能提供一个 A/D 和 D/A 转换器、电机驱动器、传感器和许多其他功能）。8 针连接器上的信号免受 ESD 损害和短路损害，从而确保了在任何环境中的使用寿命更长。

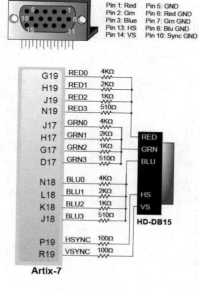

图 1-15 VGA 电路

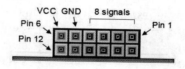

图 1-16 Pmod 接口

表 1-5　4 个 Pmod 连接口

Pmod JA	Pmod JB	Pmod JC	Pmod XDAC
JA1:J1	JB1:A14	JC1:K17	JXADC1:J3
JA2:L2	JB2:A16	JC2:M18	JXADC2:L3
JA3:J2	JB3:B15	JC3:N17	JXADC3:M2
JA4:G2	JB4:B16	JC4:P18	JXADC4:N2
JA7:H1	JB7:A15	JC7:L17	JXADC7:K3
JA8:K2	JB8:A17	JC8:M19	JXADC8:M3
JA9:H2	JB9:C15	JC9:P17	JXADC9:M1
JA10:G3	JB10:C16	JC10:R18	JXADC10:N1

1.3.3　FPGA 调试及配置电路

上电后，Basys 3 板上必须配置 FPGA，然后才能执行任何有用功能，Basys 3 板的引脚分配表如表 1-6 所示。在配置过程中，一 "bit" 文件转移到 FPGA 内存单元中实现逻辑功能和电路互连。借助 Xilinx 免费的 Vivado 软件可以通过 VHDL、Verilog 语言，或基于原理图的源文件创建.bit 文件。

编程下载程序有 3 种方式：

（1）用 Vivado 通过 JTAG 方式下载.bit 文件到 FPGA 芯片；

（2）用 Vivado 通过 QSPI 方式下载.bit 文件到 Flash 芯片，实现掉电非易失；

（3）用 U 盘或移动硬盘通过 J2 的 USB 端口下载.bit 文件到 FPGA 芯片（建议将.bit 文件放到 U 盘根目录下，且只放 1 个），该 U 盘应该是 FAT32 文件系统。

注意：

（1）下载方式通过 JP1 的短路帽进行选择；

（2）系统默认主频率为 100MHz。

表 1-6　引脚分配表

LED	PIN	CLOCK	PIN	SWITCH	PIN	BUTTON	PIN	7-SEG	PIN
LD0	U16	MRCC	W5	SW0	V17	BTNU	T18	AN0	U2
LD1	E19			SW1	V16	BTNR	T17	AN1	U4
LD2	U19			SW2	W16	BTND	U17	AN2	V4
LD3	V19			SW3	W17	BTNL	W19	AN3	W4
LD4	W18			SW4	W15	BTNC	U18	CA	W7
LD5	U15			SW5	V15			CB	W6
LD6	U14			SW6	W14			CC	U8
LD7	V14			SW7	W13			CD	V8
LD8	V13	USB(J2)	PIN	SW8	V2			CE	U5
LD9	V3	PS2_CLK	C17	SW9	T3			CF	V5
LD10	W3	PS2_DAT	B17	SW10	T2			CG	U7
LD11	U3			SW11	R3			DP	V7
LD12	P3			SW12	W2				
LD13	N3			SW13	U1				
LD14	P1			SW14	T1				
LD15	L1			SW15	R2				

续表

VGA	PIN	JA	PIN	JB	PIN	JC	PIN	JXADC	PIN
RED0	G19	JA0	J1	JB0	A14	JC0	K17	JXADC0	J3
RED1	H19	JA1	L2	JB1	A16	JC1	M18	JXADC1	L3
RED2	J19	JA2	J2	JB2	B15	JC2	N17	JXADC2	M2
RED3	N19	JA3	G2	JB3	B16	JC3	P18	JXADC3	N2
GRN0	J17	JA4	H1	JB4	A15	JC4	L17	JXADC4	K3
GRN1	H17	JA5	K2	JB5	A17	JC5	M19	JXADC5	M3
GRN2	G17	JA6	H2	JB6	C15	JC6	P17	JXADC6	M1
GRN3	D17	JA7	G3	JB7	C16	JC7	R18	JXADC7	N1
BLU0	N18								
BLU1	L18								
BLU2	K18								
BLU3	J18								
HSYNC	P19								
YSYNC	R19								

1.3.4 Xilinx Nexys 4 FPGA 开发板

1. 简介

Nexys 4 板是一个完整的随时可用的数字电路开发平台，基于 Xilinx 最新的 Artix-7™现场可编程门阵列（FPGA）。凭借其高容量 FPGA（例如 Xilinx 部件号 xc7a100tcsg324-1），丰富的外部存储器以及 USB 连接口，以太网和其他端口的集合，Nexys 4 可以设计功能强大的嵌入式处理器电路。多种内置外设，包括加速度计、温度传感器、微机电系统、数字麦克风、扬声器、放大器和大量 I/O 设备，使 Nexys 4 用于各种设计时无需任何其他组件。

图 1-17 为 Xilinx Nexys 4 FPGA 开发板，表 1-7 为 Xilinx Nexys 4 FPGA 开发板资源表。

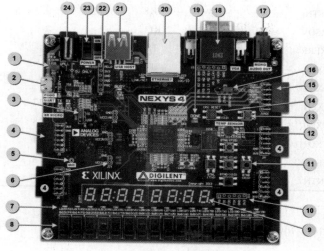

图 1-17　Xilinx Nexys 4 FPGA 开发板

表 1-7　　Xilinx Nexys 4 FPGA 开发板资源表

序号	描述	序号	描述
1	电源选择跳线柱和电池头	13	FPGA 配置复位按键
2	UART/JTAG 共用 USB 连接口	14	CPU 复位按键
3	外部配置跳线（SD / USB）	15	模拟信号 Pmod 连接口
4	Pmod 连接口	16	编程模式跳线柱
5	麦克风	17	音频连接口
6	电源测试点	18	VGA 连接口
7	16 个 LED	19	FPGA 编程完成 LED
8	16 个拨码开关	20	以太网连接口
9	8 位 7 段数码管	21	USB 连接口
10	用于外部电缆的 JTAG 端口	22	PIC24 编程端口
11	5 个按键开关	23	电源开关
12	温度传感器	24	电源插孔

2. 引脚分配

表 1-8 为 Xilinx Nexys 4 FPGA 开发板的引脚分配表。

表 1-8　引脚分配表

LED	PIN	CLOCK	PIN	SWITCH	PIN	BUTTON	PIN	7-SEG	PIN
LD0	H17	CLK	E3	SW0	J15	BTNU	M18	AN0	J17
LD1	K15			SW1	L16	BTNR	M17	AN1	J18
LD2	J13			SW2	M13	BTND	P18	AN2	T9
LD3	N14	EPHY		SW3	R15	BTNL	P17	AN3	J14
LD4	R18	MDC	C9	SW4	R17	BTNC	N17	AN4	P14
LD5	V17	MDIO	A9	SW5	T18			AN5	T14
LD6	U17	RSTN	B3	SW6	U18			AN6	K2
LD7	U16	CRSDV	D9	SW7	R13			AN7	U13
LD8	V16	RXERR	C10	SW8	T8			CA	T10
LD9	T15	RXD0	C11	SW9	U8	SPI FLASH		CB	R10
LD10	U14	RXD1	D10	SW10	R16			CC	K16
LD11	T16	TXEN	B9	SW11	T13	DATA0	K17	CD	K13
LD12	V15	TXD0	A10	SW12	H6	DATA1	K18	CE	P15
LD13	V14	TXD1	A8	SW13	U12	DATA2	L14	CF	T11
LD14	V12	REFCLK	D5	SW14	U11	DATA3	M14	CG	L18
LD15	V11	INTN	B8	SW15	V10	CSN	L13	DP	H15

续表

JA	PIN	JB	PIN	JC	PIN	JD	PIN	JXADC	PIN
JA0	C17	JB0	D14	JC0	K1	JD0	H4	JXADC0	A14
JA1	D18	JB1	F16	JC1	F6	JD1	H1	JXADC1	A13
JA2	E18	JB2	G16	JC2	J2	JD2	G1	JXADC2	A16
JA3	G17	JB3	H14	JC3	G6	JD3	G3	JXADC3	A15
JA4	D17	JB4	E16	JC4	E7	JD4	H2	JXADC4	B17
JA5	E17	JB5	F13	JC5	J3	JD5	G4	JXADC5	B16
JA6	F18	JB6	G13	JC6	J4	JD6	G2	JXADC6	A18
JA7	G18	JB7	H16	JC7	E6	JD7	F3	JXADC7	B18

VGA	PIN	Micro SD	PIN	Accelerometer	PIN	Temperature Sensor	PIN
RED0	A3	SD_RESET	E2	ACL_MISO	E15	TMP_SCL	C14
RED1	B4	SD_CD	A1	ACL_MOSI	F14	TMP_SDA	C15
RED2	C5	SD_SCK	B1	ACL_SCLK	F15	TMP_INT	D13
RED3	A4	SD_CMD	C1	ACL_CSN	D15	TMP_CT	B14
GRN0	C6	DATA0	C2	INT1	B13		
GRN1	A5	DATA1	E1	INT2	C16		
GRN2	B6	DATA2	F1			USB	
GRN3	A6	DATA3	D2			UART_TXD_IN	C4
BLU0	B7					UART_RXD_OUT	D4
BLU1	C7					UART_CTS	D3
BLU2	D7	Microphone		Amplifier		UART_RTS	E5
BLU3	D8	M_CLK	J5	AUD_PWM	A11	USB HID	
HS	B11	M_DATA	H5	AUD_SD	D12	CLK	F4
VS	B12	M_LRSEL	F5			DATA	B2

1.4　Xilinx Vivado

1.4.1　Xilinx 软件平台简介

1. Xilinx 软件平台

Xilinx 是全球领先的可编程逻辑完整解决方案的供应商，研发、制造并销售应用范围广泛的高级集成电路、软件设计工具以及定义系统级功能的 IP 核，推动着 FPGA 技术的发展。ISE/Vivado Design Suite 涉及了 FPGA 设计的各个应用领域，包括逻辑开发、数字信号处理系统以及嵌入式系统开发等 FPGA 开发的主要应用领域，主要包括：

（1）ISE/Vivado Foundation：集成开发工具。

（2）EDK：嵌入式开发套件。

（3）DSP TOOLs：数字信号处理开发工具。

（4）ChipScope Pro：在线逻辑分析仪工具。

（5）PlanAhead：用于布局布线等设计分析工具。

ISE/Vivado Foundation 软件是 Xilinx 公司推出的 FPGA/CPLD 集成开发环境，不仅包括逻辑设计所需的一切工具，还具有简便易用的内置式工具和向导，使得 I/O 分配、功耗分析、时序驱动设计收敛、HDL 仿真等关键步骤变得容易而直观。

EDK 是 Xilinx 公司推出的 FPGA 嵌入式开发工具，包括嵌入式硬件平台开发工具 XPS（Xilinx Platform Studio）、嵌入式软件平台开发工具 XSDK（Xilinx Software Development Kit）、嵌入式 IBM PowerPC 硬件处理器核、Xilinx MicroBlaze 软处理器核、开发所需的技术文档和 IP，为设计嵌入式可编程系统提供了全面的解决方案。EDK10.1 版还包括了最新的 IP 内核以优化系统设计，同时还包括了 SPI、DDR2/DMA/PS2 和支持 SGM II 的三模式以太网 MAC 等外设，Flex Ray TM 外设选项，以及用于 DMA 的 PCI Express 驱动支持。

Xilinx 公司推出了简化 FPGA 数字信号处理系统的集成开发工具 DSP Tools，快速、简易地将 DSP 系统的抽象算法转化成可综合的、可靠的硬件系统，为 DSP 设计者扫清了编程的障碍。DSP Tools 主要包括 System Genetator 和 AccelDSP 两部分，前者和 MathWorks 公司的 Simulink 实现无缝链接，后者主要针对 C++/MATLAB 程序。

Xilinx 公司推出了在线逻辑分析仪，通过软件方式为用户提供稳定和方便的解决方案。该在线逻辑分析仪不仅具有逻辑分析仪的功能，而且成本低廉、操作简单，因此具有极高的实用价值。ChipScope Pro 既可以独立使用，也可以在 ISE 集成环境中使用，非常灵活，为用户提供方便和稳定的逻辑分析解决方案，支持 Spartan 和 Virtex 全系列 FPGA 芯片。ChipScope Pro 将逻辑分析器、总线分析器和虚拟 I/O 小型软件核直接插入到用户的设计当中，可以直接查看任何内部信号和节点，包括嵌入式硬或软处理器。

PlanAhead 软件简化了综合与布局布线之间的设计步骤，能够将大型设计划分成较小的更易于管理的模块，并集中精力优化各个模块。此外，还提供了一个直观的环境，为用户设计提供原理图、平面布局规划图或器件图，可快速确定和改进设计的层次，以便获得更好的结果和更有效地使用资源，从而获得最佳的性能和更高的利用率，极大地提升了整个设计的性能和质量。

2. Xilinx Vivado

Xilinx Vivado 设计套件是 FPGA 厂商 Xilinx 公司 2012 年发布的集成设计环境。包括高度集成的设计环境和新一代从系统到 IC 级的工具，这些均建立在共享的可扩展数据模型和通用调试环境基础上。这也是一个基于 AMBA AXI4 协议规范、IP-XACT IP 封装元数据、工具命令语言（TCL）、Synopsys 设计约束（SDC）以及其他有助于根据客户需求量身定制设计流程并符合业界标准的开放式环境。Xilinx 构建的 Vivado 工具把各类可编程技术结合在一起，能够扩展多达 1 亿个等效 ASIC 门的设计。Vivado 的版本众多，可从 http://china.xilinx.com/support/download.html 下载。

Xilinx Vivado 设计一般遵循如图 1-18 所示流程。

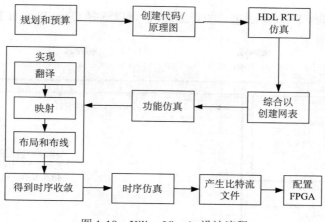

图 1-18　Xilinx Vivado 设计流程

1.4.2　Xilinx Vivado 安装

请扫码查看具体安装步骤。

1.4.3　Xilinx Vivado 集成开发环境

从开始菜单或桌面快捷方式启动 Vivado 2018.1，出现 Vivado 的启动界面，如图 1-19 所示。

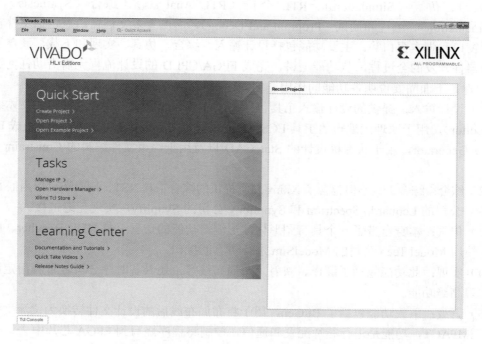

图 1-19　Vivado 2018.1 启动界面

可选择 Create New Project 创建一个新工程,也可以选择 Open Project 打开一个已有工程。其主界面如图 1-20 所示。

图 1-20　Vivado 2018.1 主界面

在主界面的左侧是流程导航器窗口,包括工程管理（Project Manger）、IP 集成器（IP Integrator）、仿真（Simulation）、RTL 分析（RTL Analysis）、综合（Synthesis）、实现（Implementation）、编程和调试（Program and Debug）,右侧有多文档窗口,包括文件窗口、控制台窗口和脚本窗口等。主要功能包括设计输入、综合、仿真、实现和下载,涵盖了可编程逻辑器件开发的全过程,从功能上讲,完成 FPGA/CPLD 的设计流程无需借助任何第三方 EDA 软件。下面简要说明各功能的作用。

（1）设计输入:提供的设计输入工具包括用于 HDL 代码输入和查看报告的文本编辑器（Text Editor）,用于原理图编辑的工具 ECS（Engineering Capture System）,用于生成 IP Core 的 Core Generator,用于状态机设计的 StateCAD 以及用于约束文件编辑的 Constraint Editor 等。

（2）综合:综合工具不但包含了 Xilinx 自身提供的综合工具 XST,同时还可以内嵌 Mentor Graphics 公司的 Leonardo Spectrum 和 Synplicity 公司的 Synplify,实现无缝链接。

（3）仿真:本身自带了一个具有图形化波形编辑功能的仿真工具 HDL Bencher,同时又提供了使用 Model Tech 公司的 ModelSim 进行仿真的接口。

（4）实现:此功能包括了翻译、映射、布局布线等,还具备时序分析、管脚指定以及增量设计等高级功能。

（5）下载:下载功能包括了 BitGen,用于将布局布线后的设计文件转换为位流文件,还包括了 iMPACT,功能是进行芯片配置和通信,控制将程序烧写到 FPGA 芯片中去。

多文档窗口中,源文件子窗口有三个标签:Source（源）、Snapshot（快照）、Library（库）。源标签内显示工程名、指定的芯片和设计相关文档。在设计视图的每一个文件都有一个相关的图标,这个图标显示的是文件的类型（HDL 文件、原理图、IP 核和文本文件）。"+"表示该设计文件包含了更低层次的设计模块。标签内显示的是目前所打开文件快照。一个快照是在该工程里所有文件的一个拷贝。通过该标签可以查看报告、用户文档和源文件。该标签下所有的信息为只读类型。库标签内显示与当前工程相关的库。

处理子窗口只有 1 个处理标签。该标签有下列功能：添加已有文件；创建新文件；查看设计总结（访问符号产生工具、例化模板、查看命令行历史和仿真库编辑）；用户约束文件（访问和编辑位置及时序约束）；综合（检查语法、综合、查看 RTL 和综合报告）；设计实现（访问实现工具、设计流程报告和其他一些工具）；产生可编程文件（访问配置工具和产生比特流文件）。

脚本子窗口有 5 个默认标签：Console、Error、Warnings、Tcl shell、Find in file。Console 标签显示错误、警告和信息。X 表示错误，! 表示警告。Warnings 标签只显示警告消息。Error 标签只显示错误消息。Tcl shell 标签是与设计人员的交互控制台。除了显示错误、警告和信息外，还允许输入 ISE 特定命令。Find in file 标签显示的是选择 Edit→Find in File 操作后的查询结果。

工作区子窗口提供了设计总结、文本编辑器、ISE 仿真器/波形编辑器、原理图编辑器功能。设计总结提供了关于该设计工程的更高级信息，包括信息概况、芯片资源利用报告、与布局布线相关性能数据、约束信息和总结信息等。源文件和其他文本文件可以通过设计人员指定的编辑工具打开。编辑工具的选择由 Edit→Preference 属性决定，默认为 ISE 的文本编辑器，通过该编辑器可以编辑源文件和用户文档，也可以访问语言模板。

1.4.4　工程示例

利用开发板 4 个 7 段数码管依次显示数字"1234"和"4321"，通过判断拨码开关 SW0 的状态进行选择数码管是顺序显示数字还是逆序显示数字。亦可使用按键开关控制模式转换。如：当 SW0=1 时显示"1234"；当 SW0=0 时显示"4321"。

请扫码查看具体步骤。

1.5　实　　验

1.5.1　ModelSim 使用

一、实验目的

1.学习 ModelSim 软件的使用。

2.掌握 ModelSim 建模方法与仿真技术。

二、实验要求

1.安装 ModelSim。

2.建立工程，编辑工程文件，进行编译、仿真，查看波形图。

三、实验内容

1.ModelSim 软件的安装和配置。

2.创建工程。（注：工程名 P1-5-1）

3.工程文件编辑。

建立 mux_tb.v 文件。

```verilog
`timescale 1ns/100ps
module top();
reg a,b,s;
wire y;
mux u0(a,b,s,y);
initial
begin
    a=1'b1;     b=1'b0;     s=1'b0;
    #100;
    a=1'b1;     b=1'b0;     s=1'b1;
end
endmodule
```

建立 mux.v 文件。

```verilog
module mux(a,b,s,y);
input a,b,s;
output y;
assign y=s?b:a;
endmodule
```

4.编译并检查、纠正工程文件错误。

5.仿真，查看波形图。

四、实验思考

1.到 Mentor Graphics 公司的主页上查看 ModelSim 的其他版本，查找其获取方法。

2.Baidu 搜索支持 Verilog HDL 的工具，查找其获取方法。

1.5.2　Vivado 使用

一、实验目的

1.学习 Xilinx Vivado 软件的使用。

2.掌握 Xilinx Vivado 建模方法与仿真技术。

3.了解 Verilog HDL。

二、实验要求

1.安装 Xilinx Vivado。

2.建立工程，编辑工程文件，进行编译、仿真，查看波形图，进行综合，查看 RTL 视图，下载并在 FPGA 上进行测试。

三、实验内容

1.Xilinx Vivado 软件的安装与配置。

2.Xilinx Vivado 软件的使用。

（1）创建工程（注：工程名 P1-5-2）。

（2）工程文件编辑。

建立 f_adder.v 文件。

```verilog
module f_adder(ain,bin,cin,cout,sum);
output cout,sum;
input ain,bin,cin;
wire ain,bin,cin,cout,sum;
wire d,e,f;
    h_adder u0(ain,bin,d,e);
    h_adder u1(e,cin,f,sum);
    or2a u2(d,f,cout);
endmodule
```

建立 h_adder.v 文件。

```verilog
/*以下为半加器模块*/
module h_adder(a,b,co,so);
output co,so;
input a,b;
wire a,b,co,so,bbar;
and and2(co,a,b);
not not1(bbar,b);
xnor xnor2(so,a,bbar);
endmodule
```

建立 or2a.v 文件。

```verilog
/*以下为或门模块*/
module or2a(a,b,c);
output c;
input a,b;
wire a,b,c;
assign c=a|b;
endmodule
```

建立 tb_f_adder.v 文件。

```verilog
`timescale 1ns/100ps
module tb_f_adder();
reg a,b,cin;
wire cout,sum;
```

```
    f_adder u0(a,b,cin,cout,sum);
initial
begin
   #100;    a=1'b0;b=1'b0;cin=1'b0;
   #100;     a=1'b0;b=1'b1;cin=1'b0;
  #100;    a=1'b1;b=1'b0;cin=1'b0;
   #100;     a=1'b1;b=1'b1;cin=1'b0;
   #100;    a=1'b0;b=1'b0;cin=1'b1;
   #100;    a=1'b0;b=1'b1;cin=1'b1;
   #100;     a=1'b1;b=1'b0;cin=1'b1;
   #100;    a=1'b1;b=1'b1;cin=1'b1;
end
endmodule
```

（3）仿真，查看波形图。

（4）RTL 分析，查看原理图。

（5）综合，查看原理图，分析资源消耗、功耗和时序。

（6）实现。

（7）下载 FPGA 进行测试。

四、实验思考

1.到 Xilinx 公司的主页上查看 Xilinx 的其他支持 Verilog HDL 的工具，查找其获取方法。

2.到 Altera 公司的主页上查看支持 Verilog HDL 的工具，查找其获取方法。

第 2 章　Verilog HDL 基础

本章导言

　　描述复杂的硬件电路，设计人员总是将复杂的功能划分为简单的功能，模块是提供每个简单功能的基本结构。设计人员可以采取自顶向下的思路，将复杂的功能模块划分为低层次的模块。这一步通常是由系统级的总设计师完成，而低层次的模块则由下一级的设计人员完成。自顶向下的设计方式有利于系统级别层次划分和管理，并提高了效率、降低了成本。自底向上方式是自顶向下方式的逆过程。Verilog HDL 是一种硬件描述语言，以文本形式来描述数字系统硬件的结构和行为，用它可以表示逻辑电路图、逻辑表达式，还可以表示数字逻辑系统所完成的逻辑功能。使用 Verilog 描述硬件的基本设计单元是模块（module）。构建复杂的电子电路，主要是通过模块的相互连接调用来实现的。本章介绍 Verilog HDL 的基本语法知识以及结构化、数据流和行为这三种建模与验证方法，使读者对使用 Verilog HDL 进行数字逻辑电路设计有基本的认识。

2.1　Verilog HDL 简介

　　Verilog HDL（以下简称 Verilog）是一种硬件描述语言，用于从算法级、寄存器传输级、门级到开关级的多种抽象设计层次的数字系统建模。

2.1.1　Verilog HDL 概述

　　Verilog HDL 语言具有下述描述能力：
　　（1）设计的行为特性；
　　（2）设计的数据流特性；
　　（3）设计的结构组成；
　　（4）包含响应监控和设计验证方面的时延和波形产生机制。
　　所有这些都使用同一种建模语言。此外，Verilog HDL 语言提供了编程语言接口，通过该接口可以在模拟、验证期间从设计外部访问设计，包括模拟的具体控制和运行。
　　Verilog HDL 语言不仅定义了语法，而且对每个语法结构都定义了清晰的模拟、仿真语义。因此，用这种语言编写的模型能够使用 Verilog 仿真器进行验证。语言从 C 编程语言中继承了多种运算符和结构。Verilog HDL 提供了扩展的建模能力，其中许多扩展最初很难理解。

　　1. Verilog HDL 语言发展历史

　　Verilog HDL 语言最初是于 1983 年由 Gateway Design Automation（GDA）公司为其模拟器产品开发的硬件建模语言。GDA 公司的模拟、仿真器产品被广泛使用，Verilog HDL 作为一种便于使用且实用的语言逐渐为众多设计者所接受。在一次努力增加语言普及性的活动中，

Verilog HDL 语言于 1990 年被推向公众领域。Open Verilog International（OVI）是促进 Verilog 发展的国际性组织。1992 年，OVI 决定致力于推广 Verilog OVI 标准成为 IEEE 标准。这一努力最后获得成功，Verilog 语言于 1995 年成为 IEEE 标准，称为 IEEE Std 1364—1995。 2001 年 IEEE 正式批准了 Verilog-2001 标准（IEEE Std 1364—2001），2005 年 IEEE 正式批准了 Verilog-2005 标准（IEEE Std 1364—2005）。

2. Verilog HDL 语言的主要功能

（1）基本逻辑门，例如 and、or 和 nand 等都内置在语言中。

（2）用户定义原语（user defined primitive，UDP）。用户定义的原语既可以是组合逻辑原语，也可以是时序逻辑原语。

（3）开关级基本结构模型，例如 pmos 和 nmos 等也被内置在语言中。

（4）提供显式语言结构指定设计中的端口到端口的时延及路径时延和设计的时序检查。

（5）可采用三种不同方式或混合方式对设计建模。这些方式包括：

①行为描述方式——使用过程化结构建模；

②数据流方式——使用连续赋值语句方式建模；

③结构化方式——使用门和模块实例语句描述建模。

（6）Verilog HDL 中有两类常用的数据类型：网络或线网类型（net type）和寄存器类型（register type）。网络类型表示构件间的物理连线，而寄存器类型表示抽象的数据存储元件。

（7）能够描述层次设计，可使用模块实例结构描述任何层次。

（8）设计的规模可以是任意的，语言不对设计的规模（大小）施加任何限制。

（9）Verilog HDL 不再是某些公司的专有语言而是 IEEE 标准。

（10）人和机器都可阅读 Verilog 语言，因此它可作为 EDA 的工具和设计者之间的交互语言。

（11）Verilog HDL 语言的描述能力能够通过使用编程语言接口（programming language interface，PLI）机制进一步扩展。PLI 是允许外部函数访问 Verilog 模块内信息，允许设计者与模拟器交互的例程集合。

（12）设计能够在多个层次上加以描述，从开关级、门级、寄存器传输级（register transfer level，RTL）到算法级，包括进程和队列级。

（13）能够使用内置开关级原语在开关级对设计完整建模。

（14）同一语言可用于生成模拟激励和指定测试的验证约束条件，例如输入值的指定。

（15）Verilog HDL 能够监控模拟验证的执行，即模拟验证执行过程中设计的值能够被监控和显示。这些值也能够用于与期望值比较，在不匹配的情况下，打印报告消息。

（16）在行为级描述中，Verilog HDL 不仅能够在 RTL 上进行设计描述，而且能够在体系结构级描述及其算法级行为上进行设计描述。

（17）能够使用门和模块实例化语句在结构级进行结构描述。

3. Verilog HDL 程序结构

一个复杂电路系统的完整 Verilog HDL 模型是由若干个 Verilog HDL 模块构成的，每一个模块又可以由若干个子模块构成。Verilog 使用大约 100 个预定义的关键词定义该语言的结构。

用 Verilog HDL 描述的电路设计就是该电路的 Verilog HDL 模型（也称为模块），是 Verilog 的基本描述单位。一般来说，一个模块可以是一个元件或者是一个更低层设计模块的集合。模块是并行运行的，通常需要一个高层模块通过调用其他模块的实例来定义一个封闭的系统，包括测试数据和硬件描述。

模块的几种描述方式（或者叫做建模方式），包括行为级建模（RTL 级建模也属于行为级建模）、结构级建模（包括门级建模和开关级建模）以及行为级和结构级的混合建模。当模块内部只包括过程块和连续赋值语句（assign），而不包含模块实例（模块调用）语句和基本元件实例语句时，就称该模块采用的是行为级建模；当模块内部只包含模块实例和基本元件实例语句，而不包含过程块语句和连续赋值语句时，就称该模块采用的是结构级建模；当然在模块内部也可以采用这两种建模方式的结合，即混合建模方式。

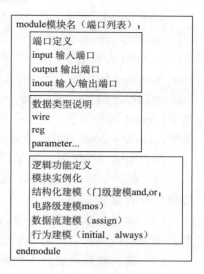

图 2-1　模块框架图

如图 2-1 所示，Verilog 结构位于 module 和 endmodule 声明语句之间，每个 Verilog 程序包括端口定义、数据类型说明和逻辑功能定义部分。

<模块名>是模块唯一的标识符；<端口列表>是由模块各个输入、输出和双向端口组成的一张端口列表，这些端口用来与其他模块进行通信；数据类型说明部分用来指定模块内用到的数据对象为网络类型还是寄存器类型；逻辑功能定义部分通过使用逻辑功能语句来实现具体的逻辑功能。

1）模块声明

模块声明包括模块名字，模块的输入、输出端口列表。

模块的定义格式如下：

```
module<module_name>(port_name1,…,port_nameN);
…
…
…
endmodule
```

其中：module_name 为模块名，是该模块的唯一标识；port_name 为端口名，这些端口名使用"，"分隔。

2）模块端口定义

端口是模块与外部其他模块进行信号传递的通道（信号线），模块端口分为输入、输出或双向端口。

端口的定义格式为：

```
①input<input_port_name>,…<other_inputs>…;
```

其中：input 为关键字，用于声明后面的端口为输入端口；

input_port_name 为输入端口名字；

other_inputs 为用逗号分隔的其他输入端口的名字。

②output<output_port_name>,...<other_outputs>...;

其中：output 为关键字，用于声明后面的端口为输出端口；output_port_name 为输出端口名字；other_outputs 为用逗号分隔的其他输出端口的名字。

③inout<inout_port_name>,...<other_inouts>...;

其中：inout 为关键字，用于声明后面端口为输入/输出端口；other_inouts 为输入/输出端口的名字；other_inouts 为用逗号分隔的其他输入/输出端口的名字。

在声明端口的时候，除了声明其输入/输出外，还需要注意以下几点：

（1）在声明输入/输出时，还要声明其数据类型，是 wire 类型还是 reg 类型；默认的端口类型为 wire 类型。

（2）输出能够被重新声明为 reg 型。无论是在网络声明还是寄存器声明中，网络或寄存器必须与端口声明中指定的宽度相同。

（3）输入和双向端口不能声明为 reg 型。

【例 2-1】端口声明实例。

```
module add(cout,sum,ina,inb,cin)//端口方向
    input cin;//进位输入
    input [7:0] ina,inb;
    output [7:0] sum;
    output cout;//端口数据类型
    wire [7:0] ina,inb;
    reg [7:0] sum;//内部数据(信号)类型
    wire a;
    …
endmodule
```

注意，在 Verilog 中，也可以使用 ANSIC 风格进行端口声明。这种风格的声明优点是避免了端口名在端口列表和端口声明语句中的重复。如果声明中未指明端口的数据类型，那么默认端口具有 wire 数据类型。下面给出这种声明的例子。

【例 2-2】ANSIC 风格的端口声明实例。

```
module fulladd4(output reg[3:0]sum,output reg c_out, input [3:0]
a,b,input c_in);
    ……
    ……
endmodule
```

信号类型声明对模块中所用到的所有信号（包括端口信号、节点信号等）都必须进行数据类型的定义。Verilog HDL 语言提供了各种信号类型，分别模拟实际电路中的各种物理连接和物理实体。下面是定义信号数据类型的几个例子。

【例 2-3】信号类型声明。

```
reg cout;//定义信号cout为reg型
reg[7:0]out;//定义信号out的数据类型为8位reg
```

```
wire A,B,C,D,F//定义信号A,B,C,D,F为wire型
```

3）逻辑功能定义

逻辑功能定义是 Verilog 程序结构中最重要的部分,逻辑功能定义用于实现模块中的具体功能。

主要的方法有以下五种:

（1）assign 连续赋值语句。赋值语句是最简单的逻辑功能描述,assign 赋值语句是描述组合逻辑最常用的方法之一。

【例 2-4】assign 连续赋值语句用于逻辑功能定义的例子。

```
assign F=～((A&B)|(～(C&D)));
```

（2）initial 和 always 过程（进程）语句。initial 过程语句在模拟 0 时刻执行一次；always 块经常用来描述时序逻辑电路。

【例 2-5】always 过程语句实现计数器的过程。

```
always @ (posedge clk)
 begin
  if(reset) out<=0;
  else out<=out+1;
end
```

（3）模块调用（实例化）。指从模块生成实际电路结构对象的操作,这样的电路结构对象称为模块实例,这样的操作称为模块实例化；在一个设计中,一个 Verilog 模块可以被任意多个其他模块调用,也只有通过模块调用才能使用这个模块。

在 Verilog HDL 语言中,模块定义和模块调用（实例化）是两个不同的概念,模块不能被嵌套定义,但却可以包括调用其他模块的实例。

（4）元件调用。基本元件调用包括内置基本元件调用和用户自定义基本元件调用（基本+用户自定义（UDP））。

（5）函数（function）和任务（task）调用。模块调用和函数调用非常相似,但是在本质上又有很大差别：一个模块代表拥有特定功能的一个电路模块,每当一个模块在其他模块内被调用一次,被调用模块所表示的电路结构就会在调用模块代表的电路内部被复制一次（即生成被调用模块的一个实例）；但是模块调用不能像函数调用一样具有“退出调用”的操作,因为硬件电路结构不会随着时间而发生变化,被复制的电路模块将一直存在。后续章节会详细介绍函数和任务的声明和调用方法。

2.1.2　Verilog HDL 基本语法

1. Verilog 语言要素

（1）注释：在 Verilog HDL 中有两种形式的注释,其具体格式如下：

```
/*第一种形式：可以扩展至多行*/
//第二种形式：在本行结束。
```

（2）间隔符：间隔符包括空格字符（\b）、制表符（\t）、换行符（\n）以及换页符。

（3）标识符：Verilog HDL 中的标识符（identifier）可以是任意一组字母、数字、$符号

和_（下划线）符号的组合，是赋予一个对象唯一的名字。标识符的第一个字符必须是字母或者下划线。另外，标识符是区分大小写的。

（4）关键字：Verilog HDL 语言内部使用的词称为关键字或保留字，关键字不能作为标识符使用。所有的关键字都使用小写字母。

（5）运算符：Verilog 提供了丰富的运算符，关于运算符的内容将在后面详细介绍。

2. Verilog 常量

在程序运行过程中，不能改变的量称为常量。Verilog HDL 中有三类常量：整数型、实数型、字符串型。

1）整数型常量

整数型常量可以按简单的十进制数格式和基数表示法两种方式描述。

（1）简单的十进制数格式。这种形式的整数定义为带有一个可选的"+"（一元）或"–"（一元）运算符的数字序列。例如，32 的简单十进制数格式为 32，–15 的简单十进制数格式为–15。

（2）基数表示法。这种形式的整数格式为：

```
<size><'base_format><number>
```

<size>：定义以位计的常量的位长，它指定数的二进制位宽的参数。

<'base_format>：单引号是指定位宽格式表示法的固有字符，不能省略。

<number>：是基于 base 值的数字序列，由相应基数格式的数字串组成。值 x 和 z 以及十六进制中的 a 到 f 不区分大小写。Verilog 采用四值逻辑对实际的硬件电路建模，除了 0 和 1，还有代表不定值的 x（或 X）以及代表高阻值的 z（或 Z）。每个字符代表的位宽取决于所用的进制。例如：8′b1010xxxx 和 8′hax 所表示的含义是等价的。z 还有一种表达方式可以写作"? "，常用于 case 表达式中。

【例 2-6】基数表示实例。

5'O37：5 位八进制数；

4'D2：4 位十进制数；

4'B1x_01：4 位二进制数；

7'Hx：7 位 x(扩展的 x)，即 xxxxxxx；

4'hZ：4 位 z(扩展的 z)，即 zzzz；

4'd-4：非法，数值不能为负；

8 'h 2A：在位长和字符 ' 之间，以及基数和数值之间允许出现空格；

3' b001：非法，字符 ' 和基数 b 之间不允许出现空格；

(2+3)'b10：非法，位长不能为表达式。

【例 2-7】采用不同基数表示。

'o721：9 位八进制数；

'hAF：8 位十六进制数。

【例 2-8】补零填充的例子。

10'b10，左边添 0 占位，0000000010；

10'bx0x1，左边添 x 占位，xxxxxxx0x1。

【例 2-9】数据被截断。

3'b1001_0011 与 3'b011 相等;

5'H0FFF 与 5'H1F 相等。

2）实数型常量

实数可以用十进制计数法和科学计数法描述。

（1）十进制计数法。

【例 2-10】十进制计数法表示实数常量。

2.0，5.678，11572.12，0.1;

2.为非法，因为小数点两侧必须要有 1 位数字。

（2）科学计数法。

【例 2-11】科学计数法表示实数常量。

23_5.1e2，其值为 23510.0;（忽略下划线）

3.6E2，其值为 360.0e;（与 E 相同）

5E-4，其值为 0.0005。

Verilog 语言定义了实数如何隐式地转换为整数。实数通过四舍五入被转换为最相近的整数。

【例 2-12】对实数四舍五入后的表示。

42.446，42.45 转换为整数 42;

92.5，92.699 转换为整数 93;

-15.62 转换为整数-16;

-26.22 转换为整数-26。

3）字符串常量

字符串是双引号内的字符序列，用一串 8 位二进制 ASCII 码的形式表示，每一个 8 位二进制 ASCII 码代表一个字符。例如，字符串 "ab" 等价于 16'h5758。如果字符串被用作 Verilog 表达式或复制语句的操作数，则字符串被看作无符号整数序列。

（1）字符串变量声明。字符串变量是寄存器型变量，它具有与字符串的字符数乘以 8 相等的位宽。

【例 2-13】字符串变量的声明。

存储 12 个字符的字符串 "Hello China!" 需要 8*12（96 位）宽的寄存器。

```
reg [8*12:1] str1;
initial
begin
str="Hello China!";
end
```

（2）字符串操作。可以使用 Verilog HDL 的运算符对字符串进行处理，被运算符处理的数据是 8 位 ASCII 码的序列。在操作过程中，如果声明的字符串变量位数大于字符串实际长度，则在赋值操作后，字符串变量的左端（高位）补 0。

【例 2-14】字符串操作。

```
module string_test;
 reg [8*14:1] stringvar;
```

```
initial
begin
    stringvar = "Hello China";
    $display("%s is stored as %h",stringvar,stringvar);
    stringvar={stringvar,"!!!"};
    $display("%s is stored as %h",stringvar,stringvar);
    end
endmodule
```

输出结果为：

```
Hello China is stored as 00000048656c6c6f20776f726c64
Hello China!!! is stored as 48656c6c6f20776f726c64212121
```

（3）特殊字符。在某些字符之前加上一个引导性的字符（转移字符），这些字符只能用于字符串中。表 2-1 列出了这些特殊字符的表示和意义。

表 2-1　特殊字符意义表示表

特殊字符	意义
\n	换行
\t	tab
\\	\（反斜杠）
\"	"（双引号）
\ddd	以 1～3 个八进制数字（$0 \leq d \leq 7$）表示的 ASCII 值

4）符号常量

Verilog HDL 使用参数（parameter）定义一个标识符，使之代表一个常量，常用于定义延时及宽度等参数。

参数定义的格式：

```
parameter par_name1=expression1,…,par_nameN=expressionN;
```

其中：par_name1,…,par_nameN 为参数的名字；expression1,…,expressionN 为表达式。

【例 2-15】参数的声明及使用。

```
parameter BUS_WIDTH=8;
reg[BUS_WIDTH-1:0] my_reg;
```

可一次定义多个参数，用逗号隔开。参数的定义是局部的，只在当前模块中有效。参数定义可使用以前定义的整数和实数参数。参数值也可以在编译时被改变，改变参数值可以使用参数定义语句或通过在模块初始化语句中定义参数值。

【例 2-16】模块中参数的声明及使用。

```
module pm_reg(out,in,en,reset,clk);
    parameter SIZE=1;
    input in,en,reset,clk;
    output out;
```

```
    wire [SIZE-1:0] in;
    reg [SIZE-1:0] out;
  always @ (posedge clk or negedge reset)
    begin
     if(!reset) out<=1'b0;
     else if(en) out<=in;
     else out<=out;
    end
  endmodule
```

3. Verilog 变量

在程序运行过程中，可以改变的量称为变量。Verilog HDL 中变量的数据类型有很多种，这里仅介绍常用的两类：网络或线网类型（net type）和寄存器类型（register type）。

1）网络或线网（net）类型

如表 2-2 所示，net 表示器件之间的物理连接，需要门和模块的驱动。网络数据类型是指输出始终根据输入的变化而更新其值的变量，它一般指的是硬件电路中的各种物理连接。

没有声明的 net 的默认类型为 1 位（标量）wire 类型。Verilog HDL 禁止对已经声明过的变量或参数再次声明。net 声明的语法格式如下：

```
<net_type>[range][delay]<net_name>[net_name];
```

其中：net_type 表示网络型数据类型。range 用来指定数据为标量或矢量。若该项默认，表示数据类型为 1 位的标量；反之，由该项指定数据的矢量形式。delay 指定仿真延迟时间。net_name net 名称，一次可定义多个 net，用逗号分开。

【例 2-17】网络的声明。

```
wand w;//一个标量wand类型net
tri [15:0] bus;//16位三态总线
wire [31:0] w1,w2;//两个32位wire
```

表 2-2　常用的 net 型变量

类型	功能	可综合性
wire、tri	标准内部连接线	√
supply1、supply0	电源和地	√
wor、trior	多驱动源线或	
wand、triand	多驱动源线与	
trireg	能保存电荷的 net	
tri1、tri0	无驱动时的上拉/下拉	

网络型数据类型包含多种不同种类的网络子类型：wire 型、tri 型、wor 型、trior 型、wand 型、triand 型、trireg 型、tri1 型、tri0 型、supply0 型、supply1 型。

简单的网络类型说明语法为：

```
net_kind [msb:lsb] net1,net2,...,netN;
```

网络型数据的默认初始化值为 z。带有驱动的网络型数据应当为它们的驱动输出指定默认值。trireg 网络型数据是一个例外，它的默认初始值为 x，而且在声明语句中应当为其指定电荷量强度。

在一个网络型数据类型声明中，可以指定两类强度：电荷量强度（charge strength）、驱动强度（drive strength）。

（1）wire 和 tri 网络类型。用于连接单元的连线，是最常见的网络类型。连线（wire）网络与三态线（tri）网络语法和语义一致；三态线网络可以用于描述多个驱动源驱动同一根线的网络类型，并且没有其他特殊的意义。如果多个驱动源驱动一个连线（或三态线网络），网络的有效值由表 2-3 确定。

表 2-3　网络型数据类型 wire 和 tri 的真值表

wire 或 tri	0	1	x	z
0	0	x	x	0
1	x	1	x	1
x	x	x	x	x
z	0	1	x	z

最常用的网络类型由关键词 wire 定义。wire 型变量的定义格式如下：

```
wire [n-1:0]<name1>,<name2>,…,<nameN>;
```

其中：name1,…,nameN 表示 wire 型变量的名字。

【例 2-18】wire 型变量的声明。

```
wireL;//将上述电路的输出信号L声明为网络型变量
wire[7:0]databus;//声明一个8位宽的网络型总线变量
```

（2）wor 和 trior 网络类型。wor（线或）和 trior（三态线或）用于连线型逻辑结构建模。当有多个驱动源驱动 wor 和 trior 型数据时，将产生线或结构。如果驱动源中任一个为 1，那么网络型数据的值也为 1。wor 和 trior 在语法和功能上是一致的。如果多个驱动源驱动这类网络，网络的有效值由表 2-4 决定。

表 2-4　网络型数据类型 wor 和 trior 的真值表

wor 或 trior	0	1	x	z
0	0	1	x	0
1	1	1	1	1
x	x	1	x	x
z	0	1	x	z

（3）wand 和 triand 网络类型。线与（wand）网络指如果某个驱动源为 0，那么网络的值为 0。当有多个驱动源驱动 wand 和 triand 型数据时，将产生线与结构。线与和三态线与（triand）网络在语法和功能上是一致的。

如果这类网络存在多个驱动源，网络的有效值由表 2-5 决定。

表 2-5　网络型数据类型 wand 和 triand 的真值表

wand 或 triand	0	1	x	z
0	0	0	0	0
1	0	1	x	1
x	0	x	x	x
z	0	1	x	z

（4）trireg 网络类型。一个 trireg 网络型数据可以处于驱动和电容性两种状态之一。

驱动状态：当至少被一个驱动源驱动时，trireg 网络型数据有 1 个值（1、0、x）。判决值被导入 trireg 型数据，也就是 trireg 型网络的驱动值。

电容性状态：如果所有驱动源都处于高阻状态（z），trireg 网络型数据则保持它最后的驱动值。高阻值不会从驱动源导入 trireg 网络型数据。

（5）tri0 和 tri1 网络类型。tri0（tri1）网络的特征是，若无驱动源驱动，它的值为 0（tri1 的值为 1）。网络值的驱动强度都为 pull。tri0 相当于这样一个 wire 型网络：有一个强度为 pull 的 0 值连续驱动该 wire。同样，tri1 相当于这样一个 wire 型网络：有一个强度为 pull 的 1 值连续驱动该 wire。有效值如表 2-6 所示。

表 2-6　网络型数据类型 tri0 和 tri1 的真值表

tri0 或 tri1	0	1	x	z
0	0	x	x	0
1	x	1	x	1
x	x	x	x	x
z	0	1	x	0 或 1

（6）supply0 和 supply1 网络类型。supply0 用于对"地"建模，即低电平 0；supply1 用于对电源建模，即高电平 1。

【例 2-19】supply0 和 supply1 网络类型描述。

```
supply0 Gnd,ClkGnd;
supply1 [2:0] Vcc;
```

（7）未声明的网络。在 Verilog HDL 中，有可能不必声明某种网络类型。在这样的情况下，网络类型为 1 位 wire 网络。可以使用`default_nettype 编译器指令改变这一隐式网络声明方式。

使用方法如下：

```
`default_nettype net_kind
```

例如，带有下列编译器指令`default_nettype wand，任何未被声明的网络默认为 1 位 wand 网络。

2）寄存器（register）类型

（1）整数（integer）型变量声明（32 位有符号整数型变量）。整数型变量常用于对循环控制变量的声明，在算术运算中被视为二进制补码形式的有符号数。整数型数据与 32 位的寄存器型数据在实际意义上相同，只是寄存器型数据被当作无符号数来处理。

【例 2-20】整数型变量的声明。

```
integer i,j;
integer [31:0] D;
```

需要注意的是，虽然 integer 有位宽的声明，但是 integer 型变量不能作为位向量访问。D[6]和 D[16:0]的声明都是非法的。在综合时，integer 型变量的初始值是 x。

（2）实数（real）型变量声明（64 位有符号浮点变量）。实数型数据在机器码表示法中是浮点型数值，可用于对延迟时间的计算。实数型变量的默认初始值是 0.0，它在综合设计中只能是常数。

（3）时间（time）型变量声明（64 位无符号整数型变量）。时间型变量与整数型变量类似，只是它是 64 位的无符号数。时间型变量主要用于对仿真时间的存储与计算处理，常与系统函数$time 一起使用。

（4）寄存器（reg）型变量声明。reg 型变量对应的是具有状态保持作用的硬件电路，如触发器、锁存器等。reg 型变量与 wire 型变量的区别主要在于：reg 型变量保持最后一次的赋值，而 wire 型变量需要有连续的驱动。reg 型变量只能在 initial 或 always 内部被赋值，默认初始值为不定值 x。reg 型变量声明的格式如下：

```
reg[range]<reg_name>[,reg_name];
```

其中：range 为矢量范围，[MSB:LSB]格式，只对 reg 类型有效；reg_name 为 reg 型变量的名字，一次可定义多个 reg 型变量，使用逗号分开。

【例 2-21】reg 型变量的声明及使用。

```
module mult(clk,rst,A_IN,B_OUT);
    input clk,rst,A_IN;
    output B_OUT;
    wire clk,rst,A_IN;
    reg B_OUT;
    reg arb_onebit=1'b0;
  always @ (posedge clk or posedge rst)
  begin
   if(rst)
    arb_onebit <= 1'b1;
   else
    arb_onebit <= A_IN;
    B_OUT=arb_onebit;
   end
 endmodule
```

3）向量

net 型和 reg 型的变量都可以声明为向量（位宽大于 1）。如果在声明中没有指定位宽，则默认为标量（1 位）。

向量范围由常量表达式来说明（也就是通常所说的数组）。msb_constant_expression（最高位常量表达式）代表范围的左侧值，lsb_constant_expression（最低位常量表达式）代表范围的右侧值。右侧表达式的值可以大于、等于、小于左侧表达式的值。

net 和 reg 型向量遵循以 2 为模（2n）的乘幂算术运算法则，此处的 n 值是向量的位宽。net 和 reg 型向量如果没有被声明为有符号量或者链接到一个已声明为有符号的数据端口，那么该向量被隐含当做无符号的量。

向量可以将已声明过类型的元素组合成多维的数据对象。向量声明时，应当在声明的数据标识符后面指定元素的地址范围。每一个维度代表一个地址范围。数组可以是一维向量（一个地址范围）也可以是多维向量（多重地址范围）。向量的索引表达式应当是常量表达式，该常量表达式的值应当是整数。一个数组元素可以通过一条单独的赋值语句被赋值，但是整个向量或向量的一部分也不能为一个表达式赋值。要给一个向量元素赋值，需要为该向量元素指定索引。向量索引可以是一个表达式，这就为向量元素的选择提供了一种机制，即依靠对该向量索引表达式中其他的网络数据或变量值的运算结果来定位向量元素。

【例 2-22】多维向量的声明实例 1。

```
wire [7:0] array2[255:0][15:0];
```

该声明表示 1 个 256*16 的 wire 型数据，其中的每个数据是 8 位的宽度。只能在结构化描述的 Verilog HDL 中分配。

【例 2-23】多维向量的声明实例 2。

```
reg [63:0] regarray2[255:0][7:0];
```

该声明表示 1 个 256*8 的 reg 型数据，其中的每个数据是 64 位宽度。只能在行为化描述的 Verilog HDL 中分配。

【例 2-24】多维向量的声明实例 3。

```
wire [7:0] array3[15:0][255:0][15:0];
```

该声明表示 1 个三维的向量，表示 16 个 256*16 的 wire 型数据，每个数据是 8 位宽度。只能在结构化描述的 VerilogHDL 中分配。

【例 2-25】存储器型的声明。

```
reg [7:0] mymemory[1023:0];
```

上述声明定义了 1 个 1024 个存储单元的存储器变量 mymemory，每个存储单元的字长为 8 位。在表达式中可以用下面的语句来使用存储器。

```
mymemory[7]=75；//存储器mymemory的第7个字被赋值75
```

4. Verilog 语言表达式

Verilog 语言表达式是将操作数和运算符联合起来使用的一种 Verilog HDL 语言结构，通过运算得到一个结果。表达式可以在出现数值的任何地方使用。

1）运算符

Verilog HDL 中的运算符按功能可以分为下述类型：算术运算符、关系运算符、相等运算符、逻辑运算符、按位运算符、归约运算符、移位运算符、条件运算符、连接和复制运算符。按运算符所带操作数的个数可分为三类：单目运算符、双目运算符和三目运算符。表 2-7 给出了所有的运算符及其功能。

表 2-7　运算符功能表

运算符	功能	运算符	功能
{}　{{}}	拼接与重复	～	按位取反
+ -	正、负	&	缩减与
+ - * / **	算术运算	～&	缩减与非
%	取模	|	缩减或
> >= < <=	比较	～|	缩减或非
!	逻辑非	^	缩减异或
&&	逻辑与	～^或^～	缩减异或非
||	逻辑或	<<	逻辑左移
==	逻辑相等	>>	逻辑右移
!=	逻辑不相等	<<<	算术左移
===	全等	>>>	算术右移
!==	非全等	? :	条件

2）延迟表达式

Verilog HDL 中，延迟表达式的格式为用圆括号括起来的三个表达式，这三个表达式之间用冒号分隔开。三个表达式依次代表最小、典型、最大延迟时间值。下面举例说明延迟表达式的用法。

【例 2-26】延迟表达式的使用。

```
(a:b:c)+(d:e:f)
```

表示最小延迟值为 a+d 的和，典型延迟值为 b+e 的和，最大延迟值为 c+f 的和。

3）表达式的位宽

表达式位宽是由包含在表达式内的操作数和表达式所处的环境决定的，如表 2-8 所示。自主表达式的位宽由它自身单独决定，比如延迟表达式。环境决定型表达式的位宽由该表达式自己的位宽和它所处的环境来决定，比如一个赋值操作中右侧表达式的位宽由它自己的位宽和赋值符左侧的位宽来决定。

表 2-8　表达式位宽规则

表达式	位宽	说明
不定长常数	与整数型相同	
定长常数	与给定的位宽相同	
i op j, 运算符 op 为： + - * / % & | ^ ^～ ～^	$\max(L(i),L(j))$	
op i, 运算符 op 为：+ - ～	$L(i)$	
i op j, 运算符 op 为： === !== == != > >= < <=	1 位	在求表达式时，每个操作数位宽为：$\max(L(i), L(j))$

续表

表达式	位宽	说明
i op j, 运算符 op 为: && ||	1 位	所有操作数都是自主表达式
op i, 运算符 op 为: & ~& | ~| ^ ~^ ^~ !	1 位	所有操作数都是自主表达式
i op j, 运算符 op 为: >> << ** >>> <<<	L(i)	j 是自主表达式
i ? j : k	max(L(j),L(k))	i 是自主表达式
{i,…,j}	L(i)+…+L(j)	所有操作数都是自主表达式
{i{j,…,k}}	i * (L(j)+…+L(k))	所有操作数都是自主表达式

4）有符号表达式

表达式符号类型规则如下：

（1）表达式的符号类型仅仅依靠操作数，与 LHS（左侧）值无关。

（2）简单十进制格式数值是有符号数。

（3）基数格式数值是无符号数，除非符号（s）用于技术说明符。

（4）无论操作数是何类型，其位选择结果为无符号型。

（5）无论操作数是何类型，其部分位选择结果为无符号型，即使部分位选择指定了一个完整的矢量。

（6）无论操作数是何类型，连接（复制）操作的结果为无符号型。

（7）无论操作数是何类型，比较操作的结果（1 或 0）为无符号型。

（8）通过类型强制转换为整数型的实数为有符号型。

（9）任何自主操作数的符号和位宽由操作数自己决定，而独立于表达式的其余部分。

非自主操作数遵循如下规则：

（1）如果有任何操作数为实数型，则结果为实数型；

（2）如果有任何操作数为无符号型，则结果为无符号型，而不论是什么运算符；

（3）如果所有操作数为有符号型，则结果为有符号型，而不论是什么运算符。

5. Verilog 编译指示语句

同 C 语言中的编译预处理指令一样，Verilog HDL 也提供了大量编译指令。通过这些编译指令，EDA 工具厂商用它们的工具解释 Verilog HDL 模型变得相当容易。以 `（反引号）开始的某些标识符是编译器指令。在 Verilog HDL 语言编译时，特定的编译器指令在整个编译过程中有效（编译过程可跨越多个文件），直到遇到其他的不同编译程序指令。

标准编译器指令主要包含以下几部分。

（1）`define，`undef：宏编译指令。

（2）`ifdef，`elsif，`ifndef，`else，`endif：条件编译指令。

（3）`include：文件包含指令。

（4）`resetall：复位编译指令。

（5）`timescale：时间标度指令。

1）宏编译指令

一个文本宏（text macro）替换可以非常方便地代替经常使用的一个文本块。例如，在整篇源程序描述的多个地方如果频繁使用某一数字常量，而要对该数字常量进行修改时是比较烦琐的，但是如果使用文本宏代替该常量，那么只需要在一个地方对文本宏进行修改就可以了，非常方便。一个文本宏不会受指令`resetall 影响。

（1）`define 指令（宏定义指令）。`define 指令用于文本替换，它很像 C 语言中的#define指令。它生成一个文本宏。该指令既可以放在模块定义内部，也可以放在模块定义之外。如果已经定义了一个文本宏，那么在它的宏名（macro_name）之前加上反引号（`），就可以在源程序中引用该文本宏。编译器编译时将会自动用相应文本块代替字符串`macro_name。Verilog HDL 中的所有编译指令都被看做预定义的宏名，要将一个编译指令重新定义为一个宏名是非法的。一个文本宏定义可以带有一个参数，这样就允许为每一个单独的应用定制文本宏。

文本宏定义的语法格式如下：

```
`define <text_macro_name> <macro_text>
```

其中：<text_macro_name>为宏名，其语法格式为：

```
text_macro_identifier[<list_of_formal_arguments>]
```

其中：text_macro_identifier 为宏标识符，要求是简单标识符；<list_of_formal_arguments>为形参列表，一旦一个宏名被定义，它就可以在源程序的任何地方被使用，没有范围限制。<macro_text>为宏文本，可以是与宏名同行的任意指定文本。

【例 2-27】宏指令`define 的 Verilog HDL 描述。

```
`define wordsize 8
reg [1:`wordsize] data;
//用可变延迟定义与非门
`define var_nand(dly) nand#dly
`var_nand(2) g121(q21,n10,n11);
`var_nand(5)g122(q22,n10,n11);
```

（2）`undef 指令（取消宏定义指令）。`undef 指令取消前面定义的宏。如果先前并没有使用指令`define 进行宏定义，那么现在使用`undef 指令将会导致一个警告。`undef 指令的语法格式如下：

```
`undef text_macro_identifier
```

一个取消了的宏没有值，就如同没有被定义一样。

2）条件编译指令

这些编译指令`ifdef、`else、`endif 用于条件编译，条件编译指令的语法格式如下：

```
`ifdef macro_name
        statement_block
`endif
`ifdef macro_name
        statement_block_1
`else statement_block_2
```

```
`endif
```

其中：macro_name 为宏的名字；statement_block 为宏的语句块。

【例 2-28】条件编译指令的 Verilog HDL 描述。

```
`ifdef WINDOWS
parameter WORD_SIZE=16
`else
parameter WORD_SIZE=32
`endif
```

在编译过程中，如果已定义了名字为 WINDOWS 的文本宏，就选择第一种参数声明，否则选择第二种参数声明。

3）文件包含指令

`include 编译器指令用于嵌入内嵌文件的内容。文件既可以用相对路径名定义，也可以用全路径名定义。

【例 2-29】`include 语句的 Verilog HDL 描述。

```
`include "primitives.v"//编译时，该行由文件"//primitives.v"的内容替代
```

4）复位编译指令

复位编译器指令将所有的编译指令重新设置为默认值。

```
`resetall
```

5）时间标度指令

在 Verilog HDL 模型中，所有时延都用单位时间表述。使`timescale 编译器指令将时间单位与实际时间相关联。该指令用于定义时延的单位和时延精度。`timescale 编译器指令格式为：

```
`timescale time_unit/time_precision
```

time_unit 和 time_precision 由值 1、10 和 100 以及单位 s、ms、μs、ns、ps 和 fs 组成。

【例 2-30】`timescale 语句的 Verilog HDL 描述。

```
`timescale 1ns/100ps
```

表示时延单位为 1ns，时延精度为 100ps。`timescale 编译器指令在模块声明外部出现，并且影响后面所有的时延值。

【例 2-31】带有`timescale 语句的 Verilog HDL 描述。

```
`timescale 1ns/100ps
module AndFunc(Z,A,B);
  output Z;
  input A,B;
  and #(5.22,6.17) Al(Z,A,B);
endmodule
```

在编译过程中，`timescale 指令影响这一编译器指令后面所有模块中的时延值，直至遇到另一个`timescale 指令或`resetall 指令。当一个设计中的多个模块带有自身的`timescale 编译指令时，模拟器总是定位在所有模块的最小时延精度上，并且所有时延都相应地换算为最小时延精度。

6. Verilog 系统任务和系统函数

为了便于设计者对仿真过程进行控制，以及对仿真结果进行分析，Verilog HDL 提供了大量的系统功能调用，大致可以分为两类：一类是任务型的功能调用，称为系统任务；另一类是函数型的功能调用，称为系统函数。Verilog HDL 中以 "$" 字符开始的标识符表示系统任务或系统函数。它们的区别主要有两点：系统任务可以返回 0 个或多个值，而系统函数只有 1 个返回值；此外，系统函数在 0 时刻执行，即不允许延迟，而系统任务可以带有延迟。

Verilog HDL 提供了内置的系统任务和系统函数，即在语言中预定义的任务和函数，用户可以随意调用。而且用户可以根据自己的需要，基于 Verilog 仿真系统提供的编程语言接口，编制特殊的系统任务和系统函数。图 2-2 对比了系统任务与系统函数。

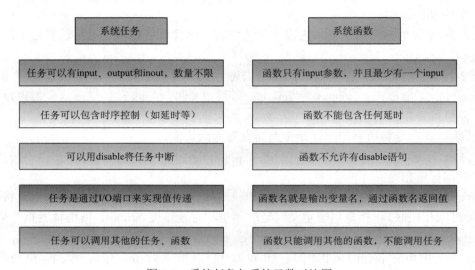

图 2-2　系统任务与系统函数对比图

根据系统任务和系统函数实现的功能不同，可将其分为：显示任务、文件管理任务、模拟控制任务、模拟时间函数。

1）显示任务

显示系统任务用于信息显示和输出。这些系统任务进一步分为：显示和写入任务、探测任务和监控任务。

（1）显示和写入任务。语法如下：

```
task_name(format_specification1,argument_list1,format_specifica
tion2,argument_list2,…,format_specificationN,argument_listN);
```

其中：task_name 是如下编译指令的一种：$display，$displayb，$displayh，$displayo，$write，$writeb，$writeh，$writeo。

显示任务将特定信息输出到标准输出设备，并且带有行结束字符；而写入任务输出特定信息时不带有行结束符。如表 2-9 所示，下列代码序列能够用于格式定义。

表 2-9　格式符格式定义说明表

输入格式符	格式说明
%h 或%H	十六进制数
%d 或%D	十进制数
%o 或%O	八进制数
%b 或%B	二进制数
%c 或%C	ASCII 字符
%v 或%V	网络型数据信号强度
%m 或%M	模块分级名
%s 或%S	字符串格式
%t 或%T	当前时间格式
%e 或%E	指数格式输出实数
%f 或%F	浮点格式输出实数
%g 或%G	以上两种格式中较短的输出实数
\n	换行
\t	制表符
\\	字符\
\"	字符"
\ddd	3 位八进制数表示的 ASCII 值
%%	字符%

如果没有特定的参数格式说明，默认值如下：

$display 与$write：十进制数；

$displayb 与$writeb：二进制数；

$displayo 与$writeo：八进制数；

$displayh 与$writeh：十六进制数。

【例 2-32】$display 与$write 任务的 Verilog HDL 描述。

```
$display("Simulation time is %t",$time);
$display($time,":R=%b,S=%b,Q=%b,QB=%b",R,S,Q,QB);
$write("Simulation time is: ");
$write("%t\n",$time);
```

上述语句输出$time、R、S、Q 和 QB 等值的执行结果如下：

```
Simulation time is 10
10:R=1,S=0,Q=0,QB=1
Simulation time is: 10
```

（2）探测任务。探测任务有：$strobe，$strobeb，$strobeh，$strobeo。这些系统任务在指定时间显示模拟数据，但这种任务的执行是在该特定时间步结束时才显示模拟数据。"时间步结束"意味着对于指定时间步内的所有事件都已经处理了。

【例 2-33】$strobe 任务的 Verilog HDL 描述。

```
always @ (posedge Rst)
$strobe("the flip-flop value is %b at time %t",Q,$time);
```

当 Rst 有一个上升沿时，$strobe 任务输出 Q 的值和当前模拟时间。下面是 Q 和$time 的一些值的输出。这些值在每次 Rst 的上升沿时被输出。

```
The flip-flop value is 1at time 17
```

```
The flip-flop value is 0 at time 24
The flip-flop value is 1 at time 26
```

其格式定义与显示和写入任务相同。探测任务与显示任务的不同之处在于：显示任务在遇到语句时执行，而探测任务的执行要推迟到时间步结束时进行。

【例 2-34】探测任务的 Verilog HDL 描述。

```
integer Cool;
initial
begin
    Cool=1;
    $display("After first assignment,Cool has value %d",Cool);
    $strobe("When strobe is executed,Cool has value %d",Cool);
    Cool=2;
    $display("After second assignment,Cool has value %d",Cool);
end
```

产生的输出为：

```
After first assignment,Cool has value 1
When strobe is executed,Cool has value 2
After second assignment,Cool has value 2
```

第一个$display 任务输出 Cool 的值 1（Cool 的第一个赋值）。第二个$display 任务输出 Cool 的值 2（Cool 的第二个赋值）。$strobe 任务输出 Cool 的值 2，这个值保持到时间步结束。

（3）监控任务。监控任务有：$monitor，$monitorb，$monitorh，$monitoro。这些任务连续监控指定的参数。只要参数表中的参数值发生变化，整个参数表就在时间步结束时显示。

【例 2-35】$monitor 任务的 Verilog HDL 描述。

```
initial
$monitor("At %t,D=%d,Clk=%d",$time,D,Clk,"and Q is %b",Q);
```

当监控任务被执行时，对信号 D、Clk 和 Q 的值进行监控。若这些值发生任何变化，则显示整个参数表的值。可以用如下两个系统任务打开和关闭监控。

```
$monitoroff;//禁止所有监控任务
$monitoron;//使能所有监控任务
```

这些提供了控制输出值变化的机制。$monitoroff 任务关闭了所有的监控任务，因此不再显示监控更多的信息。$monitoron 任务用于使能所有的监控任务。

2）文件管理任务

（1）打开/关闭文件。在 Verilog HDL 中，系统函数$fopen 用于打开一个文件，其语法格式如下：

```
<file_handle>=$fopen("<file_name>");
```

其中：<file_handle>指定被打开的文件名及其路径，如果路径与文件名正确，则返回一个 32 位的句柄描述符<file_handle>，且其中只有一位为高电平，否则返回出错信息。因为标准输出具有自己的最低位设置，所以当第一次使用$fopen 时，返回的 32 位句柄描述符中将次低位设置为高电平。每一次调用$fopen 都会返回一个新的句柄，且高电平一次左移。

【例 2-36】打开文件的 Verilog HDL 描述。

```
integer handleA,handleB;//定义两个32位整数
initial
begin
    handleA=$fopen("myfile.out");
    //handleA=0000_0000_0000_0000_0000_0000_0000_0010
    handleB=$fopen("anotherfile.out");
    //handleB=0000_0000_0000_0000_0000_0000_0000_0100
end
```

在 Verilog HDL 中，系统函数$fclose 用于关闭一个文件，其语法格式如下：

```
$fclose(<file_handle>);
```

当使用多个文件时，为了提高速度，可以将一些不再使用的文件关闭。一旦某个文件关闭，则不能再向它写入信息，打开其他文件可以使用该文件的句柄。

（2）输出到文件。显示、写入、探测和监控系统任务都有一个用于向文件输出的相应副本，该副本可用于将信息写入文件。Verilog HDL 中用来将信息输出到文件的系统任务有$fdisplay、$fwrite、$fstrobe、$fmonitor。

它们具有如下相同的语法格式：

```
<task_name>(<file_handles>,<format_specifiers>);
```

其中：<task_name>是上述四种系统任务中的一种。<file_handles>是文件句柄描述符，与打开文件所不同的是，可以对句柄进行多位设置。<format_specifiers>用来指定输出格式。

【例 2-37】输出到文件的 Verilog HDL 描述。

```
//利用打开文件例子的句柄
integer channelsA;
initial
    begin
        channelsA=handleA|1;
        $fdisplay(channelsA,"hello");
    end
```

（3）从文件中读取数据。Verilog HDL 中有两个系统任务能够用于从文件中读取数据，这些任务从文本文件中读取数据并将数据加载到存储器。它们是$readmemb 和$readmemh。这两个系统任务的区别在于：前者要求以二进制数据格式存放数据文件，而后者要求以十六进制数据格式存放数据文件。

它们具有相同的语法格式：

```
<task_name>(<file_name>,<register_array>,<start>,<end>);
```

其中：<task_name>用来指定系统任务，可取上述任务中的一个；<file_name>是读出数据的文件名；<register_array>为要读入数据的存储器；<start>和<end>分别为存储器的起始地址和结束地址。

【例 2-38】从文件中读出数据到存储器。

```
module testmemory();
  reg [7:0] memory[9:0];
  integer index;
  initial
   begin
     $readmemb("mem.dat",memory);
     for(index=0;index<10;index=index+1)
      $display("memory[%d]=%b",index[4:0],memory[index]);
   end
endmodule
```

3）模拟控制任务

系统任务\$finish 使模拟器退出，并将控制返回到操作系统。系统任务\$stop 使模拟器被挂起。在这一阶段，交互命令可以被发送到模拟器。

【例 2-39】模拟控制任务的 Verilog HDL 描述。

```
Initial #500 $stop;
```

该程序表示 500 个时间单位后，模拟停止。

4）模拟时间函数

下列系统函数返回模拟时间：

\$time：返回 64 位的整数型模拟时间给调用它的模块；

\$stime：返回 32 位的时间；

\$realtime：向调用它的模块返回实数型模拟时间。

【例 2-40】模拟时间函数的 Verilog HDL 描述。

```
`timescale 10ns/1ns
module TB();
  initial
  $monitor("Put_A=%d,Put_B=%d",Put_A,Put_B,"Get_O=%d",Get_O,"at
time %t",$time);
endmodule
```

该例产生的输出如下：

```
Put_A=0 Put_B=0 Get_O=0 at time 0
Put_A=0 Put_B=1 Get_O=0 at time 5
Put_A=0 Put_B=0 Get_O=0 at time 16
```

\$time 按模块 TB 的时间单位比例返回值，并且被四舍五入。注意\$timeformat 描述了时间值如何被输出。

2.2　Verilog HDL 结构化建模与验证

结构化建模方式使用开关级电路、门级电路或模块实例语句来描述数字系统。本节着重介绍如何用模块实例语句描述数字系统，开关级电路和门级电路将在第 3 章中介绍。

2.2.1　设计方法学

数字系统设计有两种基本的设计方法：自底向上和自顶向下设计方法。

在自底向上设计方法中，首先对现有的功能块进行分析，然后使用这些模块来搭建规模大一些的功能块，如此继续直至搭建出顶层模块。如图 2-3 所示。

在自顶向下设计方法中，首先定义顶层功能块，进而分析需要哪些必要的子模块；然后进一步对各个子模块进行分析，直到达到无法进一步分解的底层功能块。如图 2-4 所示。

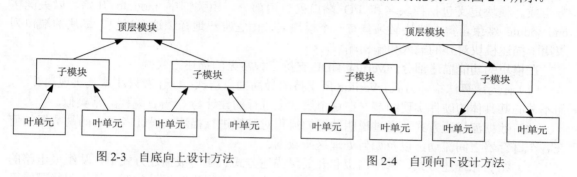

图 2-3　自底向上设计方法　　　　　　图 2-4　自顶向下设计方法

2.2.2　设计示例：4 位脉冲进位计数器

根据自顶向下的设计方法分析，顶层模块，也即脉冲进位计数器，是由下降沿触发的 T 触发器（T flip-flop）组成的，如图 2-5 所示。

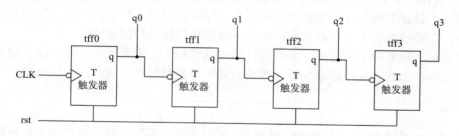

图 2-5　4 位脉冲进位计数器

而子模块 T 触发器可以细分为更小的模块，即由下降沿触发的 D 触发器（D flip-flop）和反相器，来实现计数器的功能。T 触发器的结构如图 2-6 所示。

在使用 T 触发器搭建起顶层模块之后，进一步使用 D 触发器和反相门来实现 T 触发器。将较大的功能块分解为较小的功能块，直到无法继续分解，这样就是自顶向下的设计方法。

而自底向上的设计方法恰好与此相反：我们不断地使用较小的功能块来搭建大一些的模块。首先使用与门和或门搭建 D 触发器，或者使用晶体管搭建一个自定义的 D 触发器，使自底向上和自顶向下的方法在 D 触发器这个层次上会合。

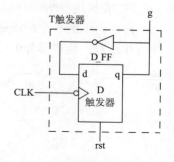

图 2-6　T 触发器的结构

2.2.3　模块和端口

Verilog 使用模块（module）的概念来代表一个基本的功能块。一个模块可以是一个元件，也可以是低层次模块的实例化组合。常用的设计方法是使用元件构建在设计中多个地方使用的功能块，以便进行代码重用。模块通过接口（输入和输出）被高层的模块实例化，但隐藏了内部的实现细节。这样就使得设计者可以方便地对某个模块进行修改，而不影响设计的其他部分。

在 Verilog 中，一个模块由模块定义、端口类型说明、数据类型说明和功能描述等多个部分组成。模块定义包括模块名和 I/O 端口列表两部分，由关键字 module 开始，以关键字 endmodule 结束。每个模块必须具有一个模块名，由它唯一地标识这个模块。模块的端口列表用于描述模块对外的输入和输出端口。

在模块的功能描述部分，Verilog HDL 支持三种常见的描述方式：

（1）行为或算法描述方式，Verilog 所支持的最高抽象层次。设计者只注重其实现的算法，而不关心其具体的硬件实现细节。在这个层次上进行的设计与 C 语言编程非常类似。

（2）数据流描述方式，通过说明数据的流程对模块进行描述。设计者关心的是数据如何在各个寄存器之间流动，以及如何处理这些数据。

（3）结构化描述方式，常用门级和开关级描述方式。在门级描述方式中，从组成电路的逻辑门及其相互之间的互连关系的角度来设计模块。这个层次的设计类似于使用门级逻辑简图来完成设计。而开关级描述方式是 Verilog 所支持的最低抽象层次。通过使用开关、存储节点及其互连关系来设计模块。在这个层次进行设计需要了解开关级的实现细节。

Verilog 允许设计者在一个模块中混合使用多个抽象层次。在数字电路设计中，寄存器传输级（RTL）描述在很多情况下是指能够被逻辑综合工具接受的行为级和数据流级的混合描述。

假设一个设计中包含 4 个模块，Verilog 允许设计者使用 4 种不同的抽象层次对各个模块进行描述。在经过综合工具综合之后，结果一般都是门级结构的描述。

一般来说，抽象的层次越高，那么设计的灵活性和工艺无关性就越强；随着抽象层次的降低，灵活性和工艺无关性逐渐变差，微小的调整可能会导致对设计的多处修改。

1．模块

模块定义以关键字 module 开始，模块名、端口列表、端口声明和可选的参数声明必须出现在其他部分的前面，endmodule 语句必须为模块的最后一条语句。

端口是模块与外部环境交互的通道，只有在模块有端口的情况下才需要有端口列表和端口声明。

模块内部的 5 个组成部分是：变量声明、数据流语句、低层模块实例、行为语句块以及任务和函数。这些部分可以在模块中的任意位置，以任意顺序出现。

在模块的所有组成部分中，只有 module、模块名和 endmodule 必须出现，其他部分都是可选的，用户可以根据设计的需要随意选用。在一个 Verilog 源文件中可以定义多个模块，Verilog 对模块的排列顺序没有要求。

为了理解模块的各个组成部分，下面我们以 RS 锁存器为例进行详细说明，如图 2-7 所示。

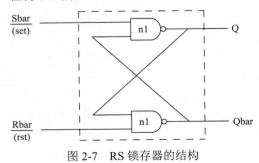

图 2-7　RS 锁存器的结构

```
//本例说明模块的构成部件
//模块名和端口列表
//RS锁存器模块
module RS_latch (Q, Qbar, Sbar, Rbar);
    //端口声明
    output Q, Qbar;
    input Sbar, Rbar;
    //调用（实例引用）较低层次的模块
    //本例中调用（实例引用）的是Verilog原语部件nand，即与非门
    //注意它们之间互相交叉连接的情况
    nand n1 (Q, Sbar, Qbar);
    nand n2 (Qbar, Rbar, Q);
    //模块语句结束
endmodule
```

我们可以从例中注意到：

在 RS 锁存器的描述中，图中显示的各组成部分并未全部出现，例如变量声明、数据流（assign）语句和行为语句块（always 和 initial 结构）；

除了 module 和 endmodule 这一对关键字以及模块名，其他部分都是可选的，可以根据设计需要混合使用。

2. 端口

端口是模块与外界环境交互的接口，例如 IC 芯片的输入、输出引脚就是它的端口。对于外部环境来讲，模块内部是不可见的，对模块的调用（实例引用）只能通过其端口进行。这种特点为设计者提供了很大的灵活性：只要接口保持不变，模块内部的修改并不会影响到外部环境。我们也常常将端口称为终端（terminal）。

1）端口列表

在模块的定义中包括一个可选的端口列表。如果模块和外部环境没有交换任何信号，则可以没有端口列表。考虑一个在顶层模块 Top 中被调用（实例引用）的 4 位加法器，图 2-8 显示了全加器和顶层模块的 I/O 出端口的示意图。

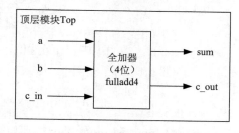

图 2-8　全加器和顶层模块的 I/O 端口

【例 2-41】4 位全加器的 I/O 端口列表。

```
module fulladd4 (sum, c_out, a, b, c_in);//有端口列表的模块
module Top;//没有端口列表的模块，仿真用顶层模块
```

2）端口声明

端口列表中的所有端口必须在模块中进行声明，Verilog 中的端口具有如表 2-10 所示三种类型。

表 2-10 Verilog 中的端口类型

Verilog 关键字	端口类型
input	输入端口
output	输出端口
inout	输入/输出双向端口

根据端口信号的方向，端口具有三种类型：输入、输出和输入/输出。

【例 2-42】4 位全加器的 I/O 端口声明。

```
module fulladd4 (sum, c_out, ina, inb, c_in);
    //端口声明开始
    output [3:0] sum;
    output c_cout;
    input [3:0] ina, inb;
    input c_in;
    //端口声明结束
    ......
    <模块的内容>
    ......
endmodule
```

在 Verilog 中，所有的端口隐含地声明为 wire 类型，因此如果希望端口具有 wire 数据类型，将其声明为三种端口类型的一种即可；如果输出类型的端口需要保存数值，则必须将其显式地声明为 reg 数据类型。

【例 2-43】D 触发器 DFF 模块的端口声明。

```
module DFF (q, d, clk, reset);
    output q;
    reg q;//输出端口q保持值，因此它被声明为寄存器类型（reg）的变量
    input d, clk, reset;
    ......
endmodule
```

不能将 input 和 inout 类型的端口声明为 reg 数据类型，这是因为 reg 类型的变量是用于保存数值的，而输入端口只反映与其相连的外部信号的变化，并不能保存这些信号的值。

3）端口连接规则

我们可以将一个端口看成是由相互连接的两个部分组成，一部分位于模块的内部，另一部分位于模块的外部。当在一个模块中调用（实例引用）另一个模块时，端口之间的连接必须遵守一些规则。如图 2-9 所示。

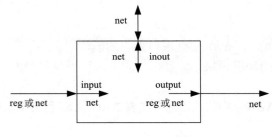

图 2-9 端口连接规则

（1）规则。输入端口：从模块内部来讲，输入端口必须为 net 数据类型；从模块外部来

看，输入端口可以连接到 net 或 reg 数据类型的变量。

输出端口：从模块内部来讲，输出端口可以是 net 或 reg 数据类型；从模块外部来看，输出必须连接到 net 类型的变量，而不能连接到 reg 类型的变量。

输入/输出端口：从模块内部来讲，输入/输出端口必须为 net 数据类型；从模块外部来看，输入/输出端口也必须连接到 net 类型的变量。

位宽匹配：在对模块进行调用（实例引用）的时候，Verilog 允许端口的内、外两个部分具有不同的位宽。在一般情况下，Verilog 仿真器会对此给予警告。

未连接端口：Verilog 允许模块实例的端口保持未连接的状态。例如，如果模块的某些输出端口只用于调试，那么这些端口可以不与外部信号连接。

（2）非法端口连接举例。下面我们以例中的模块 fulladd4 在测试激励块 Top 中的调用（实例引用）为例，来说明端口的连接规则。

【例 2-44】非法端口连接。

```
module Top;
    //声明连接变量
    reg [3:0] A, B;
    reg C_IN;
    reg [3:0] SUM;
    wire C_OUT;
    //调用（实例引用）fulladd4，在本模块中把它命名为fa0
    fulladd4 fa0 (SUM, C_OUT, A, B, C_IN);
    //非法连接，因为fulladd4模块中的输出端口sum被连接到Top模块中的寄存器变
量SUM上
    ......
    <测试激励>
    ......
endmodule
```

在这个例子中，如果把 SUM 变量声明为 wire 类型，则这种连接是正确的。

4）端口与外部信号的连接

在对模块调用（实例引用）的时候，可以使用两种方法将模块定义的端口与外部环境中的信号连接起来：按顺序连接和按名字连接。但是，这两种方法不能混合在一起使用。

（1）顺序端口连接。对于初学者，按照顺序进行端口连接是很直观的方法。在这种方法中，需要连接到模块实例的信号必须与模块声明时目标端口在端口列表中的位置保持一致。

【例 2-45】顺序端口连接。

```
module Top;
    //声明连接变量
    reg [3:0] A, B;
    reg C_IN;
    wire [3:0] SUM;
    wire C_OUT;
```

```
    //调用（实例引用）fulladd4，在本模块中把它命名为fa_ordered
    //信号按照端口列表中的次序连接
    fulladd4  fa_ordered (SUM, C_OUT, A, B, C_IN);
    ......
    <测试激励>
    ......
endmodule
module fulladd4 (sum, c_out, a, b, c_in);
    output [3:0] sum;
    output c_cout;
    input [3:0] a, b;
    input c_in;
    ......
    <模块的内容 >
    ......
endmodule
```

（2）命名端口连接。在大型的设计中，模块可能具有很多个端口。在这种情况下，要记住端口在端口列表中的顺序是很困难的，而且很容易出错。因此，Verilog 提供了另一种端口连接方法：命名端口连接。顾名思义，在这种方法中端口和相应的外部信号按照其名字进行连接，而不是按照位置。使用这种方法调用（实例引用）模块 fulladd4 的 Verilog 程序代码如下所示。

```
    //调用（实例引用）以fa_byname命名的全加器模块fulladd4，通过端口名与外部信号连接
    fulladd4 fa_byname (.cout(C_OUT), .sum(SUM), .b(B), .c_in (C_IN), .a(A));
```

注意，在这种连接方法中，需要与外部信号连接的端口必须用名字进行说明，而不需要连接的端口只需简单地忽略掉即可。例如，如果端口 c_out 需要悬空，则 Vefilog 程序代码如下所示。注意，在端口连接列表中端口 c_out 被忽略。

```
    //调用（实例引用）以fa_byname命名的全加器模块fulladd4，通过端口名与外部信号连接
    fulladd4 fa_byname (.sum(SUM), .b(B), .c_in(C_IN), .a(A));
```

相对于顺序端口连接，命名端口连接的另一个优点是，只要端口的名字不变，即使模块端口列表中端口的顺序发生了变化，模块实例的端口连接也无需进行调整。

2.2.4　逻辑仿真的构成

设计完成之后，还必须对设计的正确性进行测试。我们可以对设计模块施加激励，通过检查其输出来检验功能的正确性，此处称完成测试功能的模块为激励块。将激励块和设计块分开设计是一种良好的设计风格。激励块一般均称为测试台（test bench），可以使用不同的测试台对设计块进行测试，以全面验证设计的正确性。

激励块的设计有两种模式：有反馈的模式和无反馈的模式。

1. 无反馈的模式

这种模式是在激励块中调用（实例引用）并直接驱动设计块。如图 2-10 所示，顶层模块为激励块，由它控制 clk 和 rst 信号，检查并显示输出信号。

2. 有反馈的模式

这种模式是在一个虚拟的顶层模块中调用（实例引用）激励块和设计块。激励块和设计块之间通过接口进行交互，如图 2-11 所示。激励块驱动信号 d_clk 和 d_rst，这两个信号则连接到设计块的 clk 和 rst 输入端口。激励块同时检查和显示信号 c_q，这个信号连接到设计块的输出端口 q。顶层模块的作用只是调用（实例引用）设计块和激励块。

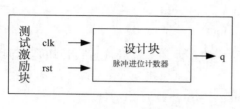
图 2-10　无反馈模式

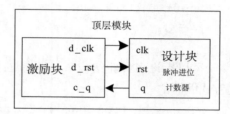
图 2-11　有反馈模式

2.2.5　结构化建模设计实例

【例 2-46】4 位脉冲进位计数器。

按照自顶向下的方式设计，先建立顶层模块 ripple_carry_counter，再建立子模块 T 触发器 T_FF，然后建立更小的模块带异步复位的 D 触发器 D_FF，最后设计激励块进行测试。其 Verilog 代码描述如下所示。

```
//脉冲进位计数器顶层模块
module ripple_carry_counter (q, clk, rst);
    output [3:0] q;
    input clk, rst;

    //生成了4个T触发器（T_FF）的实例，每个都有自己的名字
    T_FF tff0 (q[0], clk, rst);
    T_FF tff1 (q[1], q[0], rst);
    T_FF tff2 (q[2], q[1], rst);
    T_FF tff3 (q[3], q[2], rst);
endmodule

//触发器T_FF
module T_FF (q, clk, rst);
    output q;
```

```verilog
    input clk, rst;
    wire d;

    D_FF dff0 (q, d, clk, rst);
    not n1 (d, q);
endmodule
```

//带异步复位的D触发器D_FF
```verilog
module D_FF (q, d, clk, rst);
    output q;
    input d, clk, rst;
    reg q;
```

//可以有许多种新结构，不考虑这些结构的功能，只需要注意设计块是如何以自顶向下的方式编写的
```verilog
    always @ (posedge rst or negedge clk) begin
        if (rst)
            q <= 1'b0;
        else
            q <= d;
    end
endmodule
```

//激励模块
```verilog
module stimulus;
    reg clk;
    reg rst;
    wire [3:0] q;

    //引用已经设计好的模块实例
    ripple_carry_counter r1 (q, clk, rst);

    //控制驱动设计块的时钟信号，时钟周期为10个时间单位
    initial
        clk = 1'b0;//把clk设置为0
    always
        #5 clk = ~clk;//每5个时间单位时钟翻转一次

    //控制驱动设计块的rst信号
```

```
    initial begin
      rst = 1'b1;
      #15 rst = 1'b0;
      #180 rst = 1'b1;
      #10 rst = 1'b0;
      #20 $finish;//终止仿真
    end

    //监视输出
    initial
      $monitor ($time, "Output q = %d", q);
  endmodule
```

仿真测试后的激励信号和波形输出如图 2-12 所示。

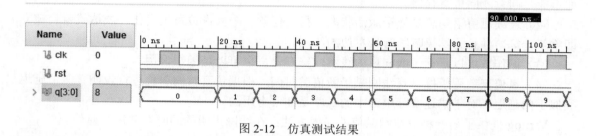

图 2-12　仿真测试结果

2.3　Verilog HDL 数据流级建模与验证

在电路规模较小的情况下，由于包含的门数比较少，因此使用门级建模进行设计是很合适的。随着芯片集成度的迅速提高，数据流级建模的重要性越来越显著。现在已经没有任何一家设计公司从门级结构的角度进行整个数字系统的设计。目前普遍采用的设计方法是借助于计算机辅助设计工具，自动将电路的数据流设计直接转换为门级结构，这个过程也称为逻辑综合。

随着逻辑综合工具的功能不断地完善，数据流级建模已经成为主流的设计方法。数据流设计可以使得设计者根据数据流来优化电路，而不必专注于电路结构的细节。为了在设计过程中获得最大的灵活性，设计者常常将门级、数据流级和行为级的各种方式结合起来使用。在数字设计领域，RTL 通常是指数据流级建模和行为级建模的结合。

2.3.1　连续赋值语句

连续赋值语句是 Verilog 数据流级建模的基本语句，用于对线网进行赋值，必须以关键词 assign 开始，其语法为：

```
continuous_assign ::= assign [ drive_strength ] [delay3] list_of_
net_assignments;
```

```
list_of_net_assignments ::= net_assignment { , net_assignment }
net_assignment ::= net_lvalue = expression;
```

上面语法中的驱动强度是可选项，其默认值为 strong1 和 strong0。延迟值也是可选的，用于指定赋值的延迟，类似于门的延迟。

```
// 连续赋值语句，out是线网，i1和i2也是线网
assign out = i1 & i2;
// 向量线网的连续赋值语句。addr是16位的向量线网
// addr1_bits和addr2_bits是16位的向量寄存器
assign addr[15:0] = addr1_bits[15:0] ^ addr2_bits[15:0];
// 拼接操作。赋值运算符左侧是标量线网和向量线网的拼接
assign {c_out, sum[3:0]} = a[3:0] + b[3:0] + c_in;
```

连续赋值语句特点：

（1）连续赋值语句的左值必须是一个标量或向量线网，或者是标量或向量线网的拼接，而不能是向量或向量寄存器。

（2）连续赋值语句总是处于激活状态。只要任意一个操作数发生变化，表达式就会被立即重新计算，并且将结果赋给等号左边的线网。

（3）操作数可以是标量或向量的线网或寄存器，也可以是函数调用。

（4）赋值延迟用于控制对线网赋予新值的时间，根据仿真时间单位进行说明。赋值延迟类似于门延迟，对于描述实际电路中的时序是非常有用的。

Verilog 提供了另一种对线网赋值的简便方法：在线网声明的同时对其进行赋值。

```
// 普通的连续赋值
wire out;
assign out = in1 & in2;
// 使用隐式连续赋值实现与上面两条语句同样的功能
wire out = in1 & in2;
```

隐式线网声明：如果一个信号名被用在连续赋值语句的左侧，那么 Verilog 编译器认为该信号是一个隐式声明的线网。如果线网被连接到模块的端口上，则 Verilog 编译器认为隐式声明线网的宽度等于模块端口的宽度。

```
// 连续赋值，out为线网类型
wire i1, i2;
assign out = i1 & i2; // 注意，out并未声明为线网，但Verilog仿真器会推断出
                      // out是一个隐式声明的线网
```

指定延迟的方法有三种：普通赋值延迟、隐式连续赋值延迟和线网声明延迟。

1. 普通赋值延迟

【例 2-47】普通赋值延迟。

```
assign #10 out = in1 & in2; // Delay in a continuous assign
```

上面是一个普通赋值的延迟例子，如果 in1 和 in2 中的任意一个发生变化，那么在计算表达式 in1&in2 的新值并将新值赋给语句左值之前，会产生 10 个时间单位的延迟，如图 2-13

所示。如果在此 10 个时间单位期间，即左值获得新值之前，in1 或 in2 的值再次发生变化，那么在计算表达式的新值时会取 in1 或 in2 的当前值。我们称这种性质为惯性延迟。也就是说，脉冲宽度小于赋值延迟的输入变化不会对输出产生影响。

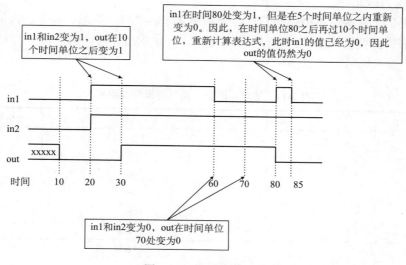

图 2-13　普通赋值延迟

2. 隐式连续赋值延迟

隐式连续赋值等效于声明一个线网并且对其进行连续赋值。

【例 2-48】隐式连续赋值延迟。

```
wire #10 out = in1 & in2;
// 等效于
wire out;
assign #10 out = in1 & in2;
```

3. 线网声明延迟

Verilog 允许在声明线网的时候指定一个延迟，这样对该线网的任何赋值都会被推迟指定的时间。线网声明同样可以用于门级建模中。

【例 2-49】线网声明延迟。

```
wire #10 out;
assign out = in1 & in2;
// 等效于上面两条语句
wire out;
assign #10 out = in1 & in2;
```

2.3.2　运算符

表达式由运算符和操作数构成，其目的是根据运算符的意义计算出一个结果值。如 a&b，

in1|in2 等。操作数可以是常数、整数、实数、线网、寄存器、时间、位选（向量线网或向量寄存器的一位）、域选（向量线网或向量寄存器的一组选定的位）以及存储器和函数调用。如表达式中的 a、b、in1、in2 均为操作数。运算符对操作数进行运算并产生一个结果。如表达式中的&、| 均为运算符。

Verilog 提供了许多种类型的运算符，分别是算术、逻辑、关系、等价、按位、缩减、移位、拼接和条件运算符，部分运算符如表 2-11 所示。这些运算符中的一部分与 C 语言中的运算符类似。

表 2-11　算术、逻辑、关系运算符说明表

操作类型	运算符	执行的操作	操作数的个数
算术	*	乘	2
	/	除	2
	+	加	2
	−	减	2
	%	取模	2
	**	求幂	2
逻辑	!	逻辑求反	1
	&&	逻辑与	2
	||	逻辑或	2
关系	<	大于	2
	>	小于	2
	>=	大于等于	2
	<=	小于等于	2

1. 算术运算符

算术运算符可以分为两种：双目运算符和单目运算符。

1）双目运算符

双目运算符对两个操作数进行算术运算，包括乘（*）、除（/）、加（+）、减（−）、求幂（**）和取模（%）。如果操作数的任意一位为 x，那么运算结果的全部位为 x。取模运算的结果是两数相除的余数部分，它同 C 语言中的取模运算是一样的。

```
A = 4'b0011; B = 4'b0100; // A和B是寄存器类型向量
D = 6; E = 4; F = 2 // D, E和F是整数型
A * B // A和B相乘，等于4'b1100
A + B // A和B相加，等于4'b0111
sum = 4'b101x + 4'b1010; // sum的计算结果为4'bx
13 % 3 // 结果为1
−7 % 2 // 结果为−1，取第一个操作数的符号
```

2）单目运算符

+和−运算符也可以作为单目运算符来使用，这时它们表示操作数的正负。单目的+和−运

算符比双目运算符具有更高的优先级，如–4，+5。

在 Verilog 内部，负数是用其二进制补码来表示的。建议使用整数或实数来表示负数，而避免使用\<sss\>'\<base\> \<nnn\>的格式来表示负数，这是因为它们将被转换为无符号的二进制补码形式，这样会产生意想不到的结果。

```
// 建议使用整数和实数
-10 / 5 // 等于-2
// 不要使用<sss> '<base> <nnn>的形式来表示负数
-'d10 / 5 // 等于（10的二进制补码）除以5=（2^32-10）/ 5
// 默认的机器字长为32位
// 这样算出的结果不符合一般的预期，容易出错
```

2. 逻辑运算符

逻辑运算符包括逻辑与（&&）、逻辑或（||）和逻辑非（!）。运算符&&和||是双目运算符，而!是单目运算符。逻辑运算符执行的规则为：

逻辑运算符计算结果是一个 1 位的值：0 表示假，1 表示真，x 表示不确定。

如果一个操作数不为 0，则等价于逻辑 1（真）；如果它等于 0，则等价于逻辑 0（假）；如果它的任意一位为 x 或 z，则它等价于 x（不确定），而且仿真器一般将其作为假来处理；逻辑运算符取变量或表达式作为操作数。

```
// 逻辑运算符
A = 3; B = 0;
A && B // 等于0。相当于（逻辑值1 && 逻辑值0）
A || B // 等于1。相当于（逻辑值1 || 逻辑值0）
! A // 等于0。相当于逻辑值1求反
! B // 等于1。相当于逻辑值0求反
// 有未知值
A = 2'b0x; B = 2'b10;
A && B // 等于x，相当于（x && 逻辑值1）
(a == 2) && (b == 3) // 如果a == 2和b == 3都成立，则等于逻辑值1
                     // 只要两个中有一个不成立，则等于逻辑值0
```

3. 关系运算符

关系运算符包括大于（>）、小于（<）、大于等于（>=）和小于等于（<=）。如果将关系运算符用于一个表达式中，则如果表达式为真，结果为 1；如果表达式为假，则结果为 0；如果操作数中某一位为未知或高阻抗 z，那么取表达式的结果为 x。

```
// A = 4，B = 3
// X = 4'b1010, Y = 4'b1101, Z = 4'b1xxx
A <= B // 等于逻辑值0
A > B // 等于逻辑值1
Y >= X // 等于逻辑值1
```

```
Y < Z // 等于逻辑值x
```

4. 等价运算符

等价运算符包括逻辑等（==）、逻辑不等（!=）、case 等（===）和 case 不等（!==）。当用于表达式中时，如果运算结果为真，则返回逻辑值 1，否则返回 0。这些运算符对两个操作数进行逐位比较；如果两个操作数位宽不相等，则用 0 来填充那些不存在的位（填充左边）。相关说明如表 2-12 所示。

表 2-12　等价运算符说明表

表达式	说明	可能的逻辑值
a==b	a 等于 b，若在 a 或 b 中有 x 或 z，则结果不定	0，1，x
a!=b	a 不等于 b，若在 a 或 b 中有 x 或 z，则结果不定	0，1，x
a===b	a 等于 b，包括 x 和 z	0，1
a!==b	a 不等于 b，包括 x 和 z	0，1

注意：逻辑等价运算符和 case 等价运算符是不同的。对于逻辑等价运算符，如果操作数的某位为 x 或 z，则结果为 x；而 case 等价运算符必须包括 x 和 z 进行逐位的精确比较，只有在两者完全相等的情况下，结果才会为 1，否则结果为 0。case 等价运算符产生的结果肯定不会为 x。

5. 按位运算符

按位运算符包括取反（～）、与（&）、或（|）、异或（^）和同或（^～，～^）。按位运算符对两个操作数中的每一位进行按位操作。如果两个操作数的位宽不相等，则使用 0 来向左扩展较短的操作数，使两个操作数的位宽相等。按位取反运算符（～）只有一个操作数，它对操作数的每一位执行取反操作。

```
// X = 4'b1010, Y = 4'b1101
// Z = 4'b10x1
～X // 取反。结果为：4'b0101
X & Y // 按位与。结果为：4'b1000
X | Y // 按位或。结果为：4'b1111
X ^ Y // 按位异或。结果为：4'b0111
X ^～ Y // 按位同或。结果为：4'b1000
X & Z // 按位与。结果为：4'b10x0
```

注意：按位运算符～、&、|与逻辑运算符!、&&、||是完全不同的。逻辑运算符执行逻辑操作，运算的结果是一个逻辑值 0、1 或 x；按位运算符产生一个跟较长位宽操作数等宽的数值，该数值的每一位都是两个操作数按位运算的结果。

```
// X = 4'b1010, Y = 4'b0000
X | Y // 按位操作，结果为4'b1010
X || Y // 逻辑操作，等价于1 || 0，结果为1
```

6. 缩减运算符

缩减运算符包括缩减与（&）、缩减与非（~&）、缩减或（|）、缩减或非（~|）、缩减异或（^）和缩减同或（~^，^~）。缩减运算符只有一个操作数，它对这个向量操作数逐位进行操作，产生一个一位的结果。缩减与和缩减与非、缩减或和缩减或非、缩减异或和缩减同或的计算结果恰好相反。

```
// X = 4'b1010
&X // 相当于结果为1 & 0 & 1 &0，结果为1'b0
|X // 相当于1 | 0 | 1 | 0，结果为1'b1
^X // 相当于1 ^ 0 ^ 1 ^ 0，结果为1'b0
// 缩减xor（异或）或缩减xnor（同或）可以用来产生一个向量的奇偶检验位
```

7. 移位运算符

移位运算符包括右移（>>）、左移（<<）、算术左移（<<<）和算术右移（>>>）。普通移位运算符的功能是将向量操作数向左或向右移动指定的位数，因此它的两个操作数分别是要进行移位的向量（运算符左侧）和移动的位数（运算符右侧）。当向量被移位之后，所产生的空余位使用 0 来填充，而不是循环（首尾相连）移位。算术移位运算符则根据表达式的内容来确定空余位的填充值。

```
// X = 4'b1100
Y = X >> 1; // Y是4'b0110，右移一位，最高位用0填充
Y = X << 1; // Y是4'b1000，左移一位，最低位用0填充
Y = X << 2; // Y是4'b0000，左移两位，最低位用0填充
integer a,b,c; // 有正负号的数据类型
a = 0;
b = -10; // 二进制表示为: 1111 1111 1111 1111 1111 1111 1111 0110
c = a + (b >>> 3); // 结果为-2，由于算术移位的缘故，右移三位，空缺位填1
```

8. 拼接运算符

使用拼接运算符（{, }）可以将多个操作数拼接在一起，组成一个操作数。拼接运算符的每个操作数必须是有确定位宽的数，这是由于为了确定拼接结果的位宽，必须知道每个操作数的位宽，因此无位宽的数不能作为拼接运算符的操作数。

拼接运算符的用法是将各个操作数用大括号括起来，之间用逗号隔开。操作数的类型可以是变量线网或寄存器、向量线网或寄存器、位选、域选和有确定位宽的常数。

```
// A = 1'b1, B = 2'b00, C = 2'b10, D = 3'b110
Y = {B,C} // 结果为4'b0010
Y = {A,B,C,D,3'b001} // 结果为11'b10010110001
Y = {A,B[0],C[1]} // 结果为3'b101
```

9. 重复运算符

如果需要多次拼接同一个操作数，则可以使用重复运算符；重复拼接的次数用常数来表示，该常数指定了其后大括号内变量的重复次数。

```
reg A;
reg [1:0] B,C;
reg [2:0] D;
A = 1'b1; B = 2'b00; C = 2'b10; D = 3'b110;
Y = { 4{A} } // 结果为4'b1111
Y = { 4{A},2{B} } // 结果为8'b11110000
Y = { 4{A},2{B},C } // 结果为10'b1111000010
```

10. 条件运算符

条件运算符（?:）带有三个操作数：

语法：`condition_expr?true_expr:false_expr;`

即条件表达式? 真表达式: 假表达式；执行过程为：首先计算条件表达式（condition_expr），如果为真（即逻辑 1），则计算"真表达式"（true_expr）；如果为假（即逻辑 0），则计算"假表达式"（false_expr）；如果为不确定 x，则两个表达式都进行计算，然后对两个结果进行逐位比较。如果相等，则结果中该位的值为操作数中该位的值；如果不相等，则结果中该位的值取 x。

11. 运算符的优先级

运算符优先级顺序如表 2-13 所示。

表 2-13 运算符优先级表

操作	运算符	优先级别
单目运算	+ – ! ~	最高
乘、除、取模	* / %	
加、减	+ –	
移位	<< >>	
关系	< <= > >=	
等价	== != === !==	
缩减	& ~&	
	^ ^~	
	| ~|	
逻辑	&&	
	||	
条件	? :	最低

2.3.3　数据流级建模设计实例

【例 2-50】4 选 1 多路选择器。

方法 1：使用逻辑等式。

```
// 用数据流描述的4选1多路选择器模块，采用了逻辑方程
// 用来与门级描述的模型进行比较
module mux4_to_1 (out, i0, i1, i2, i3, s1, s0);
// 来自输入/输出图的端口声明
output out;
input i0, i1, i2, i3;
input s1, s0;
// 产生输出out的逻辑方程
assign out = (~s1 & ~s0 & i0) |
             (~s1 & s0 & i1) |
             (s1 & ~s0 & i2) |
             (s1 & s0 & i3) ;
endmodule
```

方法 2：使用条件运算符。

```
// 用数据流描述的4选1多路选择器模块，利用了条件操作语句
// 用来与门级描述的模型进行比较
module multipleser4_to_1 (out, i0, i1, i2, i3, s1, s0);
// 来自于输入/输出图的端口声明
output out;
input i0, i1, i2, i3;
input s1, s0;
// 采用嵌套的条件操作语句
assign out = s1 ? (s0 ? i3 : i2) : (s0 ? i1 : i0);
endmodule
```

【例 2-51】4 位脉冲进位计数器。

4 位脉冲进位计数器在【例 2-46】中用结构化建模的方法设计过，它是由 4 个 T 触发器构成的，而 T 触发器由 D 触发器和反相门构成的，D 触发器是由基本逻辑门构成的。下面我们按照自顶向下的顺序使用数据流语句写出 Verilog 描述。

首先是顶层模块 counter：

```
// 脉冲计数器
module counter(Q, clock, clear);
// 输入/输出端口
output [3:0] Q;
input clock, clear;
// 调用（实例引用）T触发器
```

```
T_FF tff0(Q[0], clock, clear);
T_FF tff1(Q[1], Q[0], clear);
T_FF tff2(Q[2], Q[1], clear);
T_FF tff3(Q[3], Q[2, clear);
endmodule
```

接下来设计 T_FF 模块，这里采用～代替 not 门对 q 取反：

```
// 边沿触发的T触发器，每个时钟周期翻转一次
module T_FF(q, clk, clear);
// 输入/输出端口
output q;
input clk, clear;
// 调用（实例引用）边沿触发的D触发器
// 输出q取反后反馈到输入
// 注意D触发器的qbar端口不需要，让它悬空
edge_dff ff1(q, , ~q, clk, clear);
endmodule
```

最后，使用数据流语句来定义底层的 D_FF 模块：

```
// 边沿触发的D触发器
module edge_dff(q, qbar, d, clk, clear);
// 输入/输出端口声明
output q, qbar;
input d, clk, clear;
// 内部变量
wire s, sbar, r, rbar, cbar;
// 数据流声明语句，生成clear的反相信号
assign sbar = ~(rbar & s),
    s = ~(sbar & cbar & ~clk),
    r = ~(rbar & ~clk & s),
    rbar = ~(r & cbar & d);
// 输出锁存
assign q = ~(s & qbar),
    qbar = ~(q & r & cbar);
endmodule
// 顶层激励块
module stimulus;
// 声明产生激励输入的变量
reg CLOCK, CLEAR;
wire [3:0] Q;
initial
```

```
    $monitor($time, "Count Q = %b Clear= %b", Q[3:0], CLEAR);
// 调用（实例引用）已经设计的模块counter
counter c1(Q, CLOCK, CLEAR);
// 产生清零（CLEAR）激励信号
initial
begin
    CLEAR = 1'b1;
    #34 CLEAR = 1'b0;
    #200 CLEAR = 1'b1;
    #50 CLEAR = 1'b0;
end
// 产生时钟信号，每10个单位时间翻转一次
initial
begin
    CLOCK = 1'b0;
    forever #10 CLOCK = ~CLOCK;
end
// 在时间单位为400时刻结束仿真
initial
begin
    #400 $finish;
end
endmodule
```

2.4　Verilog HDL 行为级建模与验证

Verilog HDL 的行为级描述是最能体现 EDA 风格的硬件描述方式，它既可以描述简单的逻辑门，也可以描述复杂的数字系统乃至微处理器；既可以描述组合逻辑电路，也可以描述时序逻辑电路。它是 Verilog HDL 最高抽象级别的描述方式。一个模块可以按照要求的设计算法来实现，而不用关心具体硬件实现的细节。在这种抽象级别描述方式上的设计非常类似 C 编程。当模块内部只包括过程块和连续赋值语句（assign），而不包含模块实例（模块调用）语句和基本元件实例语句时，就称该模块采用的是行为级建模。

2.4.1　结构化过程语句

行为描述是通过行为语句来实现的，行为功能可使用过程语句结构描述。在 Verilog 中有两种结构化的过程语句：initial 语句和 always 语句，它们是行为级建模的两种基本语句。其他所有的行为语句只能出现在这两种结构化过程语句中。

与 C 语言不同，Verilog 中的各个执行流程（进程）在本质上是并发执行，而不是顺序执行的。每个 initial 语句和 always 语句代表一个独立的执行过程，每个执行过程从仿真时间 0

开始执行，并且这两种语句不能嵌套使用。

1. initial 语句

所有在 initial 语句内的语句构成了一个 initial 块。initial 块从仿真 0 时刻开始执行，在整个仿真过程中只执行一次，因此它一般被用于初始化、信号监视、生成仿真波形等目的。如果一个模块中包括了若干个 initial 块，则这些 initial 块从仿真 0 时刻开始并发执行，且每个块的执行是各自独立的。

如果在块内包含了多条行为语句，那么需要将这些语句组成一组，一般是使用关键字 begin 和 end 将它们组合为一个块语句，构成了一个顺序过程，顺序过程（begin...end）最常使用在进程语句中。如果块内只有一条语句，则不必使用 begin 和 end。

initial 语句的语法如下：

```
initial begin
    statement1; //描述语句1
    statement2; //描述语句2
    …..
end
```

时序控制可以是时延控制，即等待一个确定的时间；也可以是事件控制，即等待确定的事件发生或某一特定的条件为真。initial 语句的各个进程语句仅执行一次，它在仿真 0 时刻开始执行，根据进程语句中出现的时间控制在以后的某个时刻完成执行。initial 语句通常用于仿真模块对激励向量的描述，或用于给寄存器变量赋初值，它是面向模拟仿真过程的语句，不能被综合。

【例 2-52】无时延控制的 initial 语句的描述。

```
reg a;
...
initial
    a = 2;
```

上述 initial 语句中包含无时延控制的过程赋值语句。initial 语句在 0 时刻执行，促使 a 在 0 时刻被赋值为 2。

【例 2-53】带有时延控制的 initial 语句的描述。

```
reg a;
...
initial
    #2 a = 1;
```

上述 initial 语句中包含时延控制的赋值语句。initial 语句在 0 时刻开始执行，在时刻 2 寄存器变量 a 被赋值为 1，initial 语句在时刻 2 完成执行。

【例 2-54】带有顺序过程的 initial 语句例子。

```
parameter SIZE = 1024;
reg [7:0] RAM [0:SIZE-1] ;
reg RibReg;
```

```
initial begin: SEQ_BLK_A
    integer Index;
    RibReg = 0;
    for (Index = 0; Index < SIZE; Index = Index + 1)
        RAM[Index] = 0;
end
```

顺序过程由关键词 begin...end 定界，它包含顺序执行的进程语句，与 C 语言等高级编程语言相似。SEQ_BLK_A 是顺序过程的标记，如果过程中没有局部说明部分，不要求这一标记。此例中，整数型变量 Index 已在过程中声明，如果对 Index 的说明部分在 initial 语句之外，可不需要标记。这一 initial 语句的顺序过程包含 1 个带循环语句的过程性赋值，它在执行时将所有的内存初始化为 0。

【例 2-55】仿真模块中 initial 语句的实例。

```
module stimulus;
    reg x, y, a, b, m;
    initial
        m = 1'b0;//只有一条语句，不需要使用begin-end
    initial begin
        #5 a = 1'b1;//多条语句，需要使用begin-end
        #25 b = 1'b0;
    end
    initial begin
        #10 x = 1'b0;
        #25 y = 1'b1;
    end
    initial
        #50 $finish;
endmodule
```

在【例 2-55】中，不同时刻执行到不同的语句。从时刻 0 开始，m 被赋值为 0；过了 5 个时间单位，即时刻 5，a 被赋值为 1；在时刻 10，x 被赋值为 0；在时刻 30，b 被赋值为 0；到了时刻 35，y 被赋值为 1；到了时刻 50，仿真停止。

1）在变量声明的同时进行初始化

```
reg clock;//最先定义时钟变量
initial clock = 0;//把时钟变量的值设置为0
//不用上述方法，我们也可以在时钟变量声明时将其初始化
//这种方法只适用于模块一级的变量声明
reg clock = 0;
```

2）同时进行端口/数据声明和初始化

```
module adder (sum, co, a, b, ci);
    output reg [7:0] sum = 0;//初始化8位输出变量sum
```

```
    output reg co = 0;//初始化1位输出变量co
    input [7:0] a, b;
    input ci;
    ……
endmodule
```

2. always 语句

与 initial 语句仅执行一次的特点相反，always 语句具有重复执行的特点。always 语句的语法如下：

```
always @(敏感信号列表) begin
    //过程赋值
    //if-else, case语句
    //while, repeat, for循环语句
    //task, function调用
end
```

从语法格式来看，敏感信号列表是一个时序控制结构。当敏感信号列表中的信号变化或某一事件发生时，该 always 块被激活，执行内部的过程语句。因为没有其他的时延控制，执行过程会一直进行到 end 模块才会终止，因此 always 块实际上是个"永远循环"的过程，每次的循环由敏感列表触发。对于组合逻辑电路，一般采用电平触发；对于时序逻辑电路，一般采用时钟边沿触发，即上升沿（posedge）和下降沿（negedge）。

1）敏感信号为组合逻辑的 always 语句描述

【例 2-56】always 语句用于 4 选 1 开关的 Verilog HDL 描述。

```
module mux4 (sel, a, b, c, d, outmux);
    input [1:0] sel;
    input [1:0] a, b, c, d;
    output [1:0] outmux;
    reg [1:0] outmux;
    always @(sel or a or b or c or d) begin
        case (sel)
            2'b00: outmux = a;
            2'b01: outmux = b;
            2'b10: outmux = c;
            default: outmux = d;
        endcase
    end
endmodule
```

2）敏感信号为时钟沿的 always 语句描述

【例 2-57】敏感信号为时钟沿的 always 语句的 Verilog HDL 描述。

```
module EXAMPLE (DI, CLK, RST, DO);
```

```
    input [7:0] DI;
    input CLK, RST;
    output [7:0] DO;
    reg [7:0] DO;
    always @(posedge CLK or posedge RST) begin
        if (RST==1'b1)
            DO<=8'b00000000;
        else
            DO<=DI;
    end
endmodule
```

always 语句包括的所有行为语句构成了一个 always 语句块。该 always 语句块从仿真 0 时刻开始顺序执行其中的行为语句；在最后一条执行完成后，再次开始执行其中的第一条语句，如此循环往复，直至整个仿真结束。

always 语句通常用于对数字电路中一组反复执行的活动进行建模。如【例 2-58】所示的时钟信号发生器，每半个时钟周期把时钟信号翻转一次。在现实电路中只要电源接通，时钟信号发生器从时刻 0 就有效，一直工作下去。

【例 2-58】时钟周期为 20 的时钟信号发生器。

```
module clock_gen (output reg clock);
    initial//在0时刻把clock变量初始化
        clock = 1'b0;
    always//每半个周期把clock信号的值翻转一次（周期=20）
        #10 clock = ~clock;
    initial
        #1000 $finish;
endmodule
```

3. 语句块

语句块提供将两条或更多条语句组合成语法结构上相当于一条语句的机制。在 Verilog HDL 中有两类语句块。

顺序语句块（begin...end）：语句块中的语句按给定次序顺序执行。

并行语句块（fork...join）：语句块中的语句并行执行。

1）顺序语句块

顺序语句块中的语句按顺序方式执行，每条语句中的时延值与其前面的语句执行的模拟时间相关。一旦顺序语句块执行结束，跟随顺序语句块过程的下一条语句继续执行。顺序语句块的语法如下：

```
begin : <block_name>
    //declaration
    //behavior statement1
```

```
    ......
    //behavior statement
end
```

其中：block_name 为模块的标识符，该标识符是可选的；declaration 为模块内局部变量的声明，这些声明可以是 reg 型变量声明、integer 型变量声明及 real 型变量声明；behavior statement 为行为描述语句。

【例 2-59】顺序语句块的 Verilog HDL 描述。

```
begin
    #2 Stream = 1;
    #5 Stream = 0;
    #3 Stream = 1;
    #4 Stream = 0;
    #2 Stream = 1;
    #5 Stream = 0;
end
```

如图 2-14 所示，顺序语句块在第 0 个时间单位开始执行。两个时间单位后第一条语句执行，即第 2 个时间单位。此执行完成后，下一条语句在第 7 个时间单位执行（延迟 5 个时间单位）。然后下一条语句在第 10 个时间单位执行，以此类推。

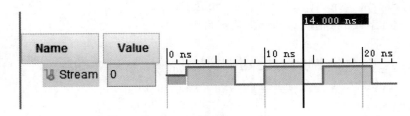

图 2-14　顺序语句块仿真波形图

【例 2-60】顺序语句块的 Verilog HDL 描述。

```
begin
    Pat = Mask | Mat;
    @ (negedge clk);
    FF = & Pat;
end
```

在该例中，第 1 条语句首先执行，然后执行第 2 条语句。当然，第 2 条语句中的赋值只有在 clk 是下降沿时才执行。

2）并行语句块

并行语句块带有定界符 fork 和 join，块中的各条语句并行执行，各条语句指定的时延值都与语句块开始执行的时间相关。当并行语句块中最后的动作执行完成时（最后的动作并不一定是最后的语句），顺序语句块的语句继续执行。换一种说法就是并行语句块内的所有语句必须在控制转出语句块前完成执行。并行语句块语法如下：

```
fork : <block_name>
    //declaration
    //behavior statement1
    ......
    //behavior statement2
join
```

其中：block_name 为模块标识符；declaration 为块内局部变量声明，声明可以是 reg 型变量声明、integer 型变量声明、real 型变量声明、time 型变量声明和事件（event）声明语句。

【例 2-61】并行语句块 Verilog HDL 描述。

```
fork
    #2 Stream = 1;
    #7 Stream = 0;
    #10 Stream = 1;
    #14 Stream = 0;
    #16 Stream = 1;
    #21 Stream = 0;
join
```

如图 2-15 所示，如果并行语句块在第 0 个时间单位开始执行，所有的语句并行执行并且所有的时延都是相对于时刻 0 的。例如，第 3 个赋值在第 10 个时间单位执行，并在第 16 个时间单位执行第 5 个赋值，以此类推。

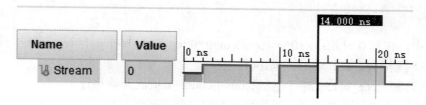

图 2-15　并行语句块仿真波形图

2.4.2　过程赋值语句

过程赋值语句的赋值对象是寄存器、整数、实数或时间变量。这些类型的变量在被赋值后，其值将保持不变，直到被其他过程赋值语句赋予新值。过程赋值的语法如下：

```
assignment ::= variable_lvalue = [delay_or_event_control]
expression
```

过程赋值语句的左侧值可以是：

（1）reg 型、integer 型、real 型或 time 型。

（2）reg 型、integer 型或 time 型的位选（例如，addr[0]）。

（3）reg 型、integer 型或 time 型的域选（例如，addr[31:16]）。

（4）上面三种情况的拼接。

过程赋值只能用在 always 块或 initial 块中，有两种赋值方式：阻塞赋值和非阻塞赋值语句。

1. 阻塞赋值语句

以赋值运算符"="来标识的赋值语句称为阻塞赋值语句，它具有如下特点：

（1）顺序块内的各条阻塞语句以它们在顺序块中的排列先后次序依次得到执行；而并行块中的各条阻塞赋值语句则是同时得到执行。

（2）阻塞赋值语句的执行过程是：首先计算"="右端赋值表达式的取值，然后立即将计算结果赋值给"="左端的被赋值变量。如果右侧表达式的位宽较宽，则将保留从最低位开始的右侧值，把超过左侧位宽的高位丢弃；如果左侧位宽大于右侧位宽，则不足的高位补 0。

【例 2-62】阻塞赋值语句的 Verilog HDL 描述。

```
reg x, y, z;
reg [15:0] reg_a, reg_b;
integer count;
initial begin//所有行为语句必须放在initial或always块内部
    x = 0; y = 1; z = 1;
    count = 0;
    reg_a = 16'b0; reg_b = reg_a;
    #15 reg_a[2] = 1'b1;
    #10 reg_b[15:13] = {x, y, z};
    count = count + 1;
end
```

在该例中，仿真 0 时刻：x=0;y=1;z=1;count=0;reg_a=16'b0;reg_b=reg_a;依次开始执行；

仿真 15 时刻：reg_a[2]=1'b1;开始执行；

仿真 25 时刻：reg_b[15:13]={x,y,z};count=count+1;依次开始执行。

这种阻塞赋值语句更多地用在行为仿真和时序仿真的过程中。

2. 非阻塞赋值语句

以赋值运算符"<="来标识的赋值语句称为阻塞赋值语句，常出现在 initial 和 always 块语句中。在非阻塞赋值语句中，赋值号"<="左边的赋值变量必须是 reg 型变量，其值不像在阻塞赋值语句中语句结束时即刻得到，而在该块语句结束才可得到。非阻塞赋值语句的特点如下：

（1）在 begin-end 顺序语句块中，一条非阻塞赋值语句块的执行不会阻塞下一条语句的执行，即在本条非阻塞赋值语句对应的赋值操作执行完毕之前，下一条语句也可以执行。

（2）仿真过程在遇到非阻塞型赋值语句后，首先计算其右端赋值表达式的值，然后要等到当前仿真时间结束时再将该计算结果赋值给被赋值变量，即非阻塞赋值操作是在同一仿真时刻上的其他普通操作结束之后才能得到执行。

【例 2-63】非阻塞赋值语句的 Verilog HDL 描述。

```
reg x, y, z;
```

```
reg [15:0] reg_a, reg_b;
integer count;
initial begin //所有行为语句必须放在initial或always块内部
   x <= 0; y <= 1; z <= 1;
   count <= 0;
   reg_a <= 16'b0; reg_b <= reg_a;
   #15 reg_a[2] <= 1'b1;
   #10 reg_b[15:13] <= {x, y, z};
   count <= count + 1;
end
```

在该例中，

仿真 0 时刻：x=0; y=1; z=1; count=0; reg_a=16'b0; reg_b=reg_a; count=count+1; 同时开始执行；

仿真 10 时刻：reg_b[15:13]={x,y,z}; 开始执行；

仿真 15 时刻：reg_a[2]=1'b1; 开始执行。

【例 2-64】非阻塞赋值语句的应用。

```
always @(posedge clk)
begin
   reg1 <= #1 in1;
   reg2 <= @(negedge clk) in2 ^ in3;
   reg3 <= #1 reg1;  //reg1的"旧值"
end
```

在该例中，

（1）每个时钟上升沿到来时读取 in1，in2，in3 和 reg1，计算右侧表达式的值。

（2）对左值的赋值由仿真器调度到相应的仿真时刻，延迟时间由语句中内嵌的延迟值确定。在本例中，对 reg1 的赋值需要等一个时间单位，对 reg2 的赋值需要等到时钟信号下降沿到来的时刻，对 reg3 的赋值需要等一个时间单位。

（3）每个赋值操作在被调度的仿真时刻完成。注意，对左侧变量的赋值使用的是由仿真器保存的表达式"旧值"。在本例中，对 reg3 赋值使用的是 reg1 的"旧值"，而不是在此之前对 reg1 赋予的新值，reg1 的"旧值"是在赋值事件调度时由仿真器保存的。

【例 2-65】使用非阻塞赋值来避免竞争。

```
//程序段1：使用阻塞赋值语句的两个并行always块
always @(posedge clk)
     a=b;
always @(posedge clk)
     b=a;
//程序段2：使用非阻塞赋值语句的两个并行always块
always @(posedge clk)
     a<=b;
```

```
always @(posedge clk)
        b<=a;
```

程序段 1 产生了竞争的情况：a = b 和 b = a，具体执行顺序的先后取决于所使用的仿真器，因此这段代码达不到交换 a 和 b 值的目的。

程序段 2 避免了竞争的情况：在每个时钟上升沿到来的时候，仿真器读取每个操作数的值，进而计算表达式的值并保存在临时变量中；当赋值的时候，仿真器将这些保存的值赋予非阻塞赋值语句的左侧变量。

【例 2-66】"阻塞"和"非阻塞"的电路行为。

```
//程序段1
always @(posedge clk)
begin
  a=in;
  b=a;
  out=b;
end
```

程序段 1 全部使用阻塞赋值语句，3 条语句依次执行，最终实现了变量 in 的值赋值给变量 out，综合后的实际电路如图 2-16 所示。

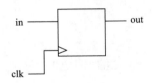

图 2-16　程序段 1 的实际电路

可见，这里使用非阻塞赋值语句更加简洁。代码如下：

```
always @(posedge clk)
begin
  out<=b;
end
```

```
//程序段2
always @(posedge clk)
begin
  out=b;
  b=a;
  a=in;
end
```

程序段 2 中，3 条阻塞赋值语句的顺序相较程序段 1 发生了变化，最终实现了变量 b 的旧值赋值给变量 out，变量 a 的旧值赋值给变量 b，变量 in 的值赋值给变量 a，综合后的实际电路如图 2-17 所示。

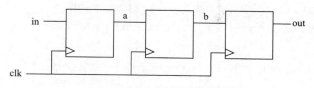

图 2-17　程序段 2 的实际电路

对于这种具有并发行为的电路，推荐使用非阻塞赋值语句。代码如下：

```
always @(posedge clk)
begin
  a<=in;
  b<=a;
  out<=b;
end
```

另外，程序段 1 和程序段 2 的执行结果不同，也说明了多条阻塞赋值语句的书写顺序会对程序的执行结果产生影响。

"阻塞"和"非阻塞"这两种赋值语句，本质上是对两种电路行为的建模，"阻塞"对应电路的级连行为，"非阻塞"对应电路的并发行为，但并非简单的一一对应，所以对于"阻塞"和"非阻塞"这两种赋值语句的选择，请大家务必记住以下 8 个原则：

（1）时序电路建模时，用非阻塞赋值；

（2）锁存器电路建模时，用非阻塞赋值；

（3）用 always 块建立组合逻辑模型时，用阻塞赋值；

（4）在同一个 always 块中建立时序和组合逻辑电路时，用非阻塞赋值；

（5）在同一个 alway 块中，不要既用非阻塞又用阻塞赋值；

（6）不要在一个以上的 always 块中为同一个变量赋值；

（7）用$strobe 系统任务来显示用非阻塞赋值的变量值；

（8）在赋值时不要使用#0 延迟。

在编写 Verilog 模块时，掌握这 8 个原则，可以有效解决综合后仿真中出现的 90%以上的冒险竞争问题。

2.4.3　分支语句

Verilog HDL 中的高级程序语句是从 C 语言中引进的，它们可以分为分支语句和循环控制语句两类。Verilog HDL 中的分支语句有两种：if-else 分支控制语句和 case 分支控制语句。

1. if-else 语句

if-else 语句可以有下面的三种表示方法：

```
(1) if (condition_1) procedural_statement1;
(2) if (condition_1) procedural_statement1;
```

```
    else procedural_statement2;
(3) if (condition_1) procedural_statement_1;
    else if (condition_2) procedural_statement_2;
    ……
    else if (condition_n) procedural_statement_n;
    else procedural_statement_n+1;
```

其中: conditon_1, …, condition_n 为条件表达式; procedural_statement_1, …, procedural_statement_n+1 为描述语句。如果对 condition_1 求值的结果为一个非零值, 那么 procedural_statement_1 被执行; 如果 condition_1 的值为 0、x 或 z, 那么 procedural_statement_1 不执行。描述语句可以是一个, 也可以是多个, 当为多个描述语句时, 用"begin-end"语句将其包含进去。

【例 2-67】使用 if-else 语句实现 D 触发器的 Verilog HDL 描述。

```
module dff (C, D, CLR, Q);
    input C, D, CLR;
    output Q;
    reg Q;
    always @(negedge C or posedge CLR) begin
        if (CLR) Q <= 1'b0;
        else Q <= D;
    end
endmodule
```

【例 2-68】使用 if-else 语句实现不变模式的单端口 RAM 的 Verilog HDL 描述。

```
module v_rams_03 (clk, we, en, addr, di, do);
    input clk, we, en;
    input [5:0] addr;
    input [15:0] di;
    output reg [15:0] do;
    reg [15:0] RAM [63:0];
    always @(posedge clk) begin
        if (en) begin
            if (we) RAM[addr] <= di;
            else do <= RAM[addr];
        end
    end
endmodule
```

2. case 语句

case 语句是一个多路条件分支形式, 其语法如下:

```
case (case_expr)
```

```
    case_item_expr_1: procedural_statement_1;
    case_item_expr_2: procedural_statement_2;
    ……
    case_item_expr_n: procedural_statement_n;
    default: procedural_statement_n+1;
endcase
```

其中：case_expr 为条件表达式；case_item_expr_1，…，case_item_expr_n 为条件值；procedual_statement_1，…，procedual_statement_n+1 为描述语句。

　　case 语句首先对条件表达式 case_expr 求值，然后依次对各分支项求值并进行比较，第一个与条件表达式值相匹配的分支中的语句被执行。可以在一个分支中定义多个分支项，这些值不需要互斥。默认分支 default 覆盖所有没有被分支表达式覆盖的其他分支。分支表达式和各分支项表达式不必都是常量表达式。在 case 语句中，x 和 z 值作为文字值进行比较。

　　【例 2-69】case 语句实现 3-8 解码器的 Verilog HDL 描述。

```
Module decoder3_8 (sel, res);
    input [2:0] sel;
    output [7:0] res;
    reg [7:0] res;
    always @(sel) begin
        case (sel)
            3'b000: res = 8'b00000001;
            3'b001: res = 8'b00000010;
            3'b010: res = 8'b00000100;
            3'b011: res = 8'b00001000;
            3'b100: res = 8'b00010000;
            3'b101: res = 8'b00100000;
            3'b110: res = 8'b01000000;
            default: res = 8'b10000000;
        endcase
    end
endmodule
```

　　上面描述的 case 语句中，值 x 和 z 只从字面上解释，即作为 x 和 z 值。Verilog HDL 针对电路的特性提供了 case 语句的其他两种形式：casex 和 casez，这两种形式对 x 和 z 值使用不同的解释。如表 2-14～表 2-16 所示。

表 2-14　case 真值表

case	0	1	x	z
0	1	0	0	0
1	0	1	0	0
x	0	0	1	0
z	0	0	0	1

表 2-15　casez 真值表

casez	0	1	x	z
0	1	0	0	1
1	0	1	0	1
x	0	0	1	1
z	1	1	1	1

表 2-16　casex 真值表

casex	0	1	x	z
0	1	0	1	1
1	0	1	1	1
x	1	1	1	1
z	1	1	1	1

在 casez 语句中,出现在 case 表达式和任意分支项表达式中的值 z 被认为是无关值,即那个位被忽略(不比较)。而在 casex 语句中,值 x 和 z 都被认为是无关位。

从真值表可以看出:

(1)使用 casez 时,任何值与"z"相比较都为 1;

(2)使用 casex 时,任何数和"x"和"z"比较都为 1。

【例 2-70】casex 语句的 Verilog HDL 描述。

```
reg [3:0] encoding;
reg next_state;
casex (encoding) //逻辑值x表示无关位
  4'b1xxx : next_state = 3;
  4'bx1xx : next_state = 2;
  4'bxx1x : next_state = 1;
  4'bxxx1 : next_state = 0;
  default : next_state = 0;
endcase
```

【例 2-71】casez 语句的 Verilog HDL 描述。

```
casez (Mask)
    4'b1??? : Dbus[4] = 0;
    4'b01?? : Dbus[3] = 0;
    4'b001? : Dbus[2] = 0;
    4'b0001 : Dbus[1] = 0;
endcase
```

字符?可用来代替字符 z,表示无关位。casez 语句表示如果 Mask 的第 1 位是 1(忽略其他位),那么将 Dbus[4]赋值为 0;如果 Mask 的第 1 位是 0,并且第 2 位是 1(忽略其他位),那么 Dbus[3]被赋值为 0,并依此类推。

2.4.4　循环控制语句

Verilog HDL 中有 4 类循环语句，用于控制语句的执行次数，这 4 种语句分别为：forever 循环、repeat 循环、while 循环和 for 循环。

1. forever 循环语句

这一形式的循环语句语法格式如下：

```
forever
    procedural_statement ;
```

其中：procedural_statement 为描述语句。forever 循环语句为连续执行过程语句，因此为跳出这样的循环，中止语句可以与过程语句共同使用。同时，在过程语句中必须使用某种形式的时序控制，否则，forever 循环将在 0 时延后永远循环下去。

【例 2-72】forever 循环语句的 Verilog HDL 描述。

```
reg Clock;
initial begin
    Clock = 0;
    Forever #10 Clock = ~Clock;
end
```

这一实例产生时钟波形，时钟首先初始化为 0，并一直保持到第 10 个时间单位。此后每隔 10 个时间单位，Clock 反相一次。

2. repeat 循环语句

repeat 循环语句语法格式如下：

```
repeat (loop_count)
    procedural_statement;
```

其中：loop_count 为循环次数；procedural_statement 为描述语句。这种循环语句执行指定循环次数的过程语句。如果循环计数表达式的值不确定，即为 x 或 z 时，那么循环次数按 0 处理。

【例 2-73】repeat 循环语句的 Verilog HDL 描述。

```
repeat (Count)
    Sum = Sum + 10;
repeat (Shift By)
    P_Reg = P_Reg << 1;
```

3. while 循环语句

while 循环语句语法如下：

```
while (condition)
    procedural_statement;
```

其中：condition 为循环的条件表达式；procedural_statement 为描述语句。此循环语句循环执行过程赋值语句，直到指定的条件为假才停止循环。如果表达式在开始时为假，那么过程语句便永远不会执行。如果条件表达式为 x 或 z，它也同样按 0（假）处理。

【例 2-74】while 循环语句的 Verilog HDL 描述。

```
parameter P = 4;
always @(ID_complete) begin : UNIDENTIFIED
    integer i;
    reg found;
    unidentified = 0;
    i = 0;
    found = 0;
    while (!found && (i < P)) begin
        found = ! ID_complete[i];
        unidentified[i] = ! ID_complete[i];
        i = i + 1;
    end
end
```

4. for 循环语句

for 循环语句的形式如下：

```
for (initial_assignment; condition; step_assignment)
    procedural_statement;
```

其中：initial_assignment 为初始值，给出循环变量的初始值；condition 为循环条件表达式，指定循环在什么情况下必须结束；step_assigment 给出要修改的赋值，通常为增加或减少循环变量计数；procedural_statement 为描述语句。一个 for 循环语句只要条件为真，就按照指定的次数重复执行过程赋值语句若干次。

【例 2-75】for 循环语句的 Verilog HDL 描述。

```
module countzeros (a, Count);
    input [7:0] a;
    output reg [2:0] Count;
    reg [2:0] Count_Aux;
    integer i;
    always @(a) begin
        Count_Aux = 3'b0;
        for (i = 0; i < 8; i = i + 1) begin
            if (! a[i]) Count_Aux = Count_Aux + 1;
        end
        Count = Count_Aux;
    end
endmodule
```

2.4.5 行为级建模设计实例

【例 2-76】4 选 1 多路选择器。

我们曾使用数据流级语句进行了描述，这里使用行为级的 case 语句来实现它。

```verilog
moudule mux4_to_1 (out, i0, i1, i2, i3, s1, s0);
    output out;
    input i0, i1, i2, i3;
    input s1, s0;
    reg out;
    always @(s1 or s0 or i0 or i1 or i2 or i3) begin
        case ({s1, s0})
            2'b00: out = i0;
            2'b01: out = i1;
            2'b10: out = i2;
            2'b11: out = i3;
            default: out = 1'bx;
        endcase
    end
endmodule
```

【例 2-77】4 位计数器。

行为级描述与数据流级描述相比是非常简洁的。如果输入信号的值不包括 x 和 z，使用行为级描述代替数据流级描述不会对计数器的仿真结果造成影响。

```verilog
module counter (Q, clock, clear);//4位二进制计数器
    output [3:0] Q;
    input clock, clear;
    reg [3:0] Q;
    always @(posedge clear or negedge clock) begin
        if (clear)
            Q <= 4'd0;//为了能生成诸如触发器一类的时序逻辑，建议使用非阻塞赋值
        else
            Q <= Q + 1;//Q是一个4位的寄存器，计数超过15之后又会归零，因此
模16没有必要
    end
endmodule
```

2.5　实　　验

2.5.1　Verilog HDL 结构化建模与验证

一、实验目的

1.掌握 Verilog HDL 的结构化建模方法。
2.掌握 Verilog HDL 的结构化验证技术。

二、实验要求

通过"三人表决器"实例演示学习 Verilog HDL 的结构化建模方法和验证技术。

三、实验内容

"三人表决器"的结构化建模与验证。

设计一个 3 人判决电路，若 3 个人有 2 人或超过 2 人同意，则表决结果为通过，否则表决结果为不通过。

1. 列真值表

设 a、b、c 分别代表 3 个人，同意用 1 表示，不同意用 0 表示，y 代表表决结果，1 表示通过，0 表示不通过。根据题意，当 a、b、c 三个中 2 个为 1，或者 3 个全为 1 时，y 为 1，否则 y 为 0。如表 2-17 所示。

2. 列输出方程

$$y = \bar{a}bc + a\bar{b}c + ab\bar{c} + abc$$

3.化简输出方程

表 2-17　"三人表决器"真值表

输入			输出
a	b	c	y
0	0	0	0
0	0	1	0
0	1	0	0
0	1	1	1
1	0	0	0
1	0	1	1
1	1	0	1
1	1	1	1

利用卡诺图，化简结果如图 2-18 所示。

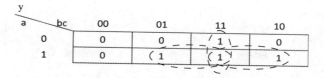

图 2-18　"三人表决器"卡诺图

4.根据化简后的方程画电路图

根据化简结果，可获得如图 2-19 所示的逻辑电路图。

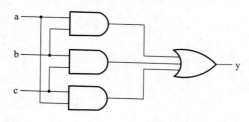

图 2-19　"三人表决器"简化逻辑电路图

5.建立工程

6.结构化门级建模

```
//decision_structure.v文件
module decision_structure (a,b,c,y);
    input wire a,b,c;
    output wire y;
    wire ab,bc,ac;
    and g1(ab,a,b);
    and g2(bc,b,c);
    and g3(ac,a,c);
    or g4(y,ab,bc,ac);
endmodule
```

7.设计 Test Bench

```
// test_decision.v文件
`timescale 1ns/100ps
module test_decision();
  reg a,b,c;
  wire y;
  decision_structure u0(a,b,c,y);
  initial  begin
    a=0;b=0;c=0;
    #20;
    a=0;b=0;c=1;
```

```
        #20;
        a=0;b=1;c=0;
        #100;
        a=0;b=1;c=1;
        #20;
        a=1;b=0;c=0;
        #20;
        a=1;b=0;c=1;
        #20;
        a=1;b=1;c=0;
        #20;
        a=1;b=1;c=1;
    end
endmodule
```

四、实验思考

1.结构化建模的特点是什么？有何优点和缺点？

2.完成模块建模后，在编写对应的 Test Bench 时，在选择测试数据（向量）时如果用穷举法的话，可能测试数据太多，怎样有选择地测试？

2.5.2　Verilog HDL 数据流级建模与验证

一、实验目的

1.掌握 Verilog HDL 的数据流级建模方法。

2.掌握 Verilog HDL 的数据流级建模方法的验证技术。

二、实验要求

通过"双控开关控制逻辑电路"实例演示学习 Verilog HDL 数据流级建模方法和验证技术。

三、实验内容

"双控开关控制逻辑电路"数据流级建模与验证

设计一个楼上、楼下开关的控制逻辑电路来控制楼梯上的路灯，使之在上楼前，用楼下开关打开电灯，上楼后，用楼上开关关灭电灯；或者在下楼前，用楼上开关打开电灯，下楼后，用楼下开关关灭电灯。

1.列真值表

设楼上开关为 A，楼下开关为 B，灯泡为 Y。并设 A、B 闭合时为 1，断开时为 0；灯亮时 Y 为 1，灯灭时 Y 为 0。根据逻辑要求列出真值表，如表 2-18 所示。

表 2-18　"双控开关控制逻辑电路"真值表

A	B	Y
0	0	0
0	1	1
1	0	1
1	1	0

2.列输出方程

$$Y = \overline{A}B + A\overline{B} = A \oplus B$$

3.画电路图

双控开关控制逻辑电路图如图 2-20 所示。

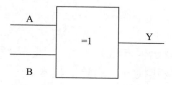

图 2-20　逻辑电路图

4.创建工程

5.数据流级建模

```verilog
module doubleswitch_dataflow(a,b,y);
    input wire a,b;
    output wire y;
    assign y=a^b;
endmodule
```

6.仿真

```verilog
`timescale 1ns/100ps
module test_doubleswitch();
  reg a,b;
  wire y;
  doubleswitch_dataflow u0(a,b,y);
  initial
  begin
    a=0;b=0;
    #1000;
     a=0;b=1;
       #1000;
     a=1;b=0;
       #1000;
```

```
        a=1;b=1;
    end
endmodule
```

四、实验思考

1.数据流级建模的特点是什么？有何优点和缺点？

2.数据流级建模中多条 assgin 连续赋值语句的赋值符号左侧可以是什么？右侧可以是什么？

3.数据流级建模中多条 assgin 连续赋值语句的顺序对建模有影响吗？它们之间是顺序的关系还是并行的关系？

2.5.3　Verilog HDL 行为级建模与验证

一、实验目的

1.掌握 Verilog HDL 的行为级建模方法。

2.掌握 Verilog HDL 的行为级建模方法的验证技术。

二、实验要求

利用 Verilog HDL 的行为级建模方法对"举重裁判表决电路"建模和验证。

三、实验内容

"举重裁判表决电路"行为级建模

设计一个举重裁判表决电路。设举重比赛有 3 个裁判，一个主裁判和两个副裁判。杠铃完全举上的裁决由每一个裁判按一下自己面前的按钮来确定。只有当两个或两个以上裁判判明成功，并且其中有一个为主裁判时，表明成功的灯才亮。

设主裁判为变量 A，副裁判分别为 B 和 C；表示成功与否的灯为 Y，根据逻辑要求列出真值表，如表 2-19 所示。

表 2-19　"举重裁判表决电路"真值表

A	B	C	Y		A	B	C	Y
0	0	0	0		1	0	0	0
0	0	1	0		1	0	1	1
0	1	0	0		1	1	0	1
0	1	1	0		1	1	1	1

1.创建工程

2.行为级建模

```
module decision_behavior(a,b,c,y);
    input wire a,b,c;
    output reg y;
```

```
    always @(a,b,c)
    begin
        if (a&&(b||c))y=1;
        else y=0;
    end
endmodule
```

3.仿真，查看波形图

```
`timescale 1ms/100us
module test_decision();
  reg a,b,c;
  wire y;
  decision_behavior u0(a,b,c,y);
  initial
  begin
    a=0;b=0;c=0;
    #1000;
    a=0;b=0;c=1;
#1000;
    a=0;b=1;c=0;
#1000;
    a=0;b=1;c=1;
#1000;
    a=1;b=0;c=0;
#1000;
    a=1;b=0;c=1;
#1000;
    a=1;b=1;c=0;
#1000;
    a=1;b=1;c=1;
end
endmodule
```

四、实验思考

1.行为级建模的特点是什么？有何优点和缺点？

2.行为级建模中多条赋值语句的赋值符号左侧可以是什么？右侧可以是什么？

3.行为级建模中多条阻塞赋值语句的顺序对建模有影响吗？它们之间是顺序的关系还是并行的关系？

4.行为级建模中多条非阻塞赋值语句的顺序对建模有影响吗？它们之间是顺序的关系还是并行的关系？

第3章 门 电 路

本章导言

实现基本逻辑运算和复合逻辑运算的单元电路称为门电路。常用的门电路在逻辑功能上有与门、或门、非门、与非门、或非门、与或非门、异或门等几种。门电路几乎可以组成数字电路里面任何一种复杂的功能电路,包括类似于加法、乘法的运算电路,或者寄存器等具有存储功能的电路,以及各种自由的控制逻辑电路,都是由基本的门电路组合而成的。本章主要介绍开关级、门级及 UDP 等基本逻辑电路的建模与验证方法,使读者了解如何从晶体管构造逻辑门,利用逻辑门完成中小规模逻辑电路设计。

3.1 开关级建模

开关级建模处于很低的设计抽象层次。只在很少的情况下,比如在设计者需要定制自己的叶级元件(即最基本的元件)时,才使用开关级建模。随着电路复杂度的增加,这个级别的 Verilog 设计越来越少见;MOS、CMOS 双向开关和 supply1、supply0 源可用于设计任意的开关级电路。CMOS 开关是 MOS 开关的一种组合;延迟对开关元件来说是可选的。对于不同的双向器件,有不同的延迟解释。

3.1.1 常用开关电路

1. MOS 开关

可以用关键字 nmos 和 pmos 定义两种类型的 MOS 开关。关键字 nmos 用于 NMOS 晶体管建模;关键字 pmos 用于 PMOS 晶体管建模。NMOS 和 PMOS 开关的符号分别如图 3-1 和图 3-2 所示。

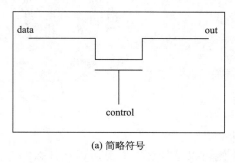
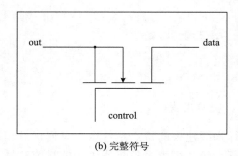

图 3-1　NMOS 开关

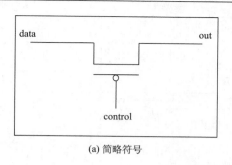
(a) 简略符号

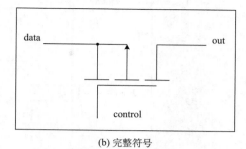
(b) 完整符号

图 3-2 PMOS 开关

nmos 和 pmos 开关的实例引用如下：

```
nmos (out,data,control);
pmos (out,data,control);
```

因为开关是用 Verilog 原语定义的，实例名称是可选项，所以调用（实例引用）开关时可以不给出实例名称。下面是给出实例名称的引用格式：

```
nmos n1(out,data,control);
pmos p1(out,data,control);
```

信号 out 的值由信号 data 和 control 的值确定。信号 data 和 control 的不同组合导致这两个开关输出 1、0 或者 z、x 逻辑值（如果不能确定输出为 1 或 0，就有可能输出 z 值或 x 值）。符号 L 代表 0 或 z，H 代表 1 或 z。因此，NMOS 开关在 control 信号是 1 时导通。如果 control 信号是 0，则输出为高阻态值。与此类似，如果 control 信号是 0，则 PMOS 开关导通。具体的输入输出参见表 3-1 和表 3-2。

表 3-1　NMOS 逻辑表

out		control			
		0	1	x	z
data	0	z	0	L	L
	1	z	1	H	H
	x	z	x	x	x
	z	z	z	z	z

表 3-2　PMOS 逻辑表

out		control			
		0	1	x	z
data	0	0	z	L	L
	1	1	z	H	H
	x	x	z	x	x
	z	z	z	z	z

CMOS 开关用关键字 cmos 定义。CMOS 开关的符号如图 3-3 所示。

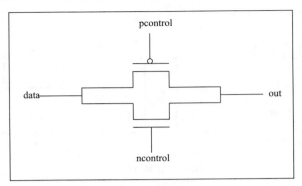

图 3-3　CMOS 开关

CMOS 开关实例的引用格式为：

```
cmos c1(out,data,ncontrol,pcontrol);
cmos (out,data,ncontrol,pcontrol);
```

CMOS 门本质上是两个开关（NMOS 和 PMOS）的组合体，可以用 NMOS 和 PMOS 器件来建立 CMOS 器件的模型。

```
nmos n1(out,data,ncontrol);
pmos p1(out,data,pcontrol);
```

例如，可以利用 nmos 和 pmos 建立 cmos，代码如下：

```
module my_cmos(out, data,ncontrol, pcontrol );
    output out,data;
    input ncontrol, pcontrol;
    nmos (out,data,ncontrol);
    pmos (out,data,pcontrol);
endmodule
```

2. 双向开关

NMOS、PMOS 和 CMOS 门都是从漏极向源极导通，是单向的。在数字电路中，双向导通的器件很重要。对双向导通的器件而言，其两边的信号都可以是驱动信号。有三个关键字用来定义双向开关：tran，tranif0 和 tranif1，如图 3-4 所示。

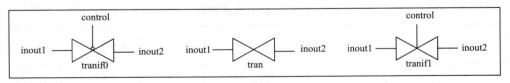

图 3-4　双向开关

tran 开关作为两个信号 inout1 和 inout2 之间的缓存。inout1 或 inout2 都可以是驱动信号。仅当 control 信号是逻辑 0 时，tranif0 开关连接 inout1 和 inout2 两个信号。如果 control 信号是逻辑 1，则没有驱动源的信号取高阻态值 z，有驱动源的信号仍然从驱动源取值。如果 control 信号是逻辑 1，则 tranif1 开关导通。

实例引用如下：

```
tran (inout1,inout2);
tranif0 (inout1,inout2,control);
tranif1 (inout1,inout2,control);
```

3. 电源和地

设计晶体管级电路时需要源极（vdd，逻辑 1）和地极（vss，逻辑 0）。源极和地极用关键字 supply1 和 supply0 来定义。源极类型 supply1 相当于电路中的 vdd，并将逻辑 1 放在网表中。源极类型 supply0 相当于地极或 vss，并将逻辑 0 放在网表中。在整个模拟过程中，supply1 和 supply0 始终为网表提供逻辑 1 值和逻辑 0 值。

源极 supply1 和地极 supply0 如下所示：

```
supply1 vdd;
supply0 gnd;
```

4. 阻抗开关

MOS、CMOS 和双向开关可以用相应的阻抗器件建模。阻抗开关比一般的开关具有更高的源极到漏极的阻抗，且在通过它们传输时减少了信号强度。在相应的一般开关关键字前加带 r 前缀的关键字，即可声明阻抗开关，如 rnmos、rpmos、rcmos、rtran、rtranif0、rtranif1。在一般开关和阻抗开关之间有两个主要区别：源极到漏极的阻抗和传输信号强度的方式。

可以为通过这些开关级元件的信号指定延迟。延迟是可选项，它只能紧跟在开关的关键字之后。延迟说明类似于 Rise、Fall 和 Turn-off 延迟。表 3-3 所示为一些典型例子。

表 3-3　MOS 和 CMOS 开关的延迟说明

开关元件	延迟说明	举例
pmos	0 个说明（没有延迟）	pmos p1(out,data,control);
nmos	1 个说明（所有暂态过程相同）	nmos # (1)p1(out,data,control);
rpmos	2 个说明（上升、下降）	rpmos # (1,2)p2(out,data,control);
rnmos	3 个说明（上升、下降、关断）	rnmos # (1,2,3)p2(out,data,control);
cmos，rcmos	0，1，2，3 个延迟说明（与上面相同）	cmos # (5)c2(out,data,nctrl,pctrl);
		cmos # (1,2)c1(out,data,nctrl,pctrl);

双向传输开关的延迟说明需要稍作区别解释。这种开关在传输信号时没有延迟。但是，当开关值切换时有开（turn-on）和关（turn-off）延迟。可以给双向开关指定 0 个、1 个或 2 个延迟，如表 3-4 所示。

表 3-4　双向开关的延迟说明

开关元件	延迟说明	举例
tran，rtran	不允许指定延迟说明	
tranif1，rtranif1 tranif0，rtranif0	0 个延迟说明	rtranif0 rt1(inout1,inout2,control);
	1 个延迟说明	tranif0 # (3) T (inout1,inout2,control);
	2 个延迟说明	tranif0 # (1,2) t1 (inout1,inout2,control);

3.1.2　CMOS 反相器（非门）

　　CMOS 反相器是由一个 PMOS 管和一个 NMOS 管串联组成的，其内部原理电路如图 3-5 所示。T_p 为 PMOS 管，T_n 为 NMOS 管。PMOS 管的源极接电源 V_{dd}，NMOS 的源极接地，两个 MOS 管的栅极并联作为输入 V_i，漏极并联作为输出 V_o。

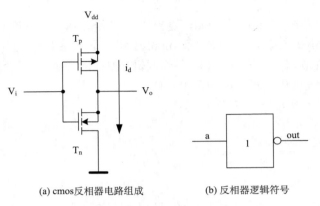

　　　　(a) cmos反相器电路组成　　　　　　　(b) 反相器逻辑符号

图 3-5　CMOS 反相器

1. CMOS 反相器的电特性

　　在电特性上，NMOS 管的开启电压 $V_{T_n}>0$，PMOS 管的开启电压 $V_{T_p}<0$。NMOS 管的沟道电流 i_d 从漏极流向源极，而 PMOS 管的沟道电流 i_d 则从源极流向漏极。由于 NMOS 管和 PMOS 管在电特性上具有互补关系，因此这种结构的门电路称为 CMOS（C 表示 complementary，互补）门电路。

2. CMOS 反相器的工作原理

　　当输入电压 V_i 为低电平时，T_p 导通而 T_n 截止，相当于图 3-6(a)中的开关 S_p 闭合而 S_n 断开，输出电压 V_o 为高电平。当输入电压 V_i 为高电平时，T_p 截止而 T_n 导通，相当于图 3-6(b)中的开关 S_p 断开而 S_n 闭合，输出电压 V_o 为低电平。因为输出电压 V_o 和输入电压 V_i 状态相反，故称之为反相器，实现非逻辑关系。

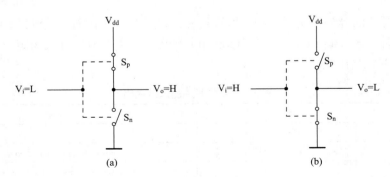

图 3-6　CMOS 反相器的开关模型

3. CMOS 反相器的 Verilog 描述

```verilog
module my_not (out, in);
    output out;
    input in;
    supply1 pwr;
    supply0 gnd;
    pmos (out, pwr, in);
    nmos (out, gnd, in);
endmodule
```

4. CMOS 反相器的实例

利用已经定义好的 CMOS 反相器 my_not，可以进一步定义一种可以存储值的存储元件，电平敏感 CMOS 锁存器的电路逻辑图和电路组成结构图分别如图 3-7 和图 3-8 所示。

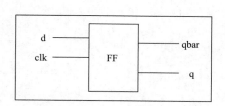

图 3-7 锁存器的电路逻辑图

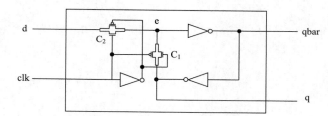

图 3-8 锁存器的电路组成结构图

该锁存器是由两个 CMOS 开关 C_1、C_2 和三个 CMOS 反相器组成。当 clk 为高电平时，C_1 开关关闭，数据传输；当 clk 为低电平时，C_2 开关关闭，数据锁存。

相应的 Verilog 描述如下。

```verilog
module cff (q, qbar, d, clk);
    output q, qbar;
    input d, clk;
    wire e;
    wire nclk;
    my_not nt (nclk, clk);
    cmos (e, d, clk, nclk);
    cmos (e, q, nclk, clk);
    my_not nt1 (qbar, e);
    my_not nt2 (q, qbar);
endmodule
```

也可以利用自定义的 my_cmos 和 my_not 来建立上述模型，代码如下：

```verilog
module dff (q, qbar, d, clk);
    output q, qbar;
```

```
    input d, clk;
    wire e;
    wire nclk;
    not nt (nclk, clk);
    my_cmos c1(e, d, clk, nclk);
    my_cmos c2(e, q, nclk, clk);
    not nt1 (qbar, e);
    not nt2 (q, qbar);
endmodule
```

其仿真代码参考如下：

```
module test();
    reg d,clk;
    wire q,qbar;
    dff my_dff(q, qbar, d, clk);
    always #10 clk = ~clk;
    initial
    begin
        clk = 0;
        #10;
        d = 0;
        #99;
        d = 1;
        #17;
        d = 0;
    end
endmodule
```

3.1.3　CMOS 或非门

　　CMOS 或非门，它是由两个并联的 NMOS 管和两个串联的 PMOS 管构成。一个输入端连一个 PMOS 管的栅极和一个 NMOS 管的栅极，另一个输入端连另一个 PMOS 管的栅极和另一个 NMOS 管的栅极。当输入端至少有一个为 "1" 时，相对应的 NMOS 管中必有一个是导通的，PMOS 管中必有一个是截止的，输出为 "0"；当两输入都为 "0" 时，NMOS 管均截止，PMOS 管均导通，输出为 "1"。使得该电路实现了 "或非" 功能。其电路组成结构如图 3-9 所示。

　　对应的 Verilog 描述如下。

```
module my_nor(a,b,out);
input a,b;
    output out;
    supply1 pwr;
```

```
    supply0 gnd;
    wire c;
    pmos (c,pwr,b);
    pmos (out,c,a);
    nmos (out,gnd,a);
    nmos (out,gnd,b);
endmodule
```

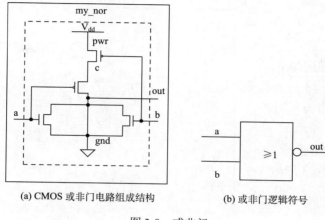

(a) CMOS 或非门电路组成结构   (b) 或非门逻辑符号

图 3-9 或非门

利用该或非门，可以进一步构造如图 3-10 和图 3-11 所示的 2 选 1 多路选择器。

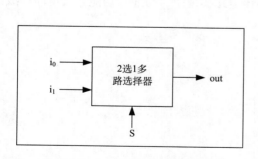

图 3-10 2 选 1 多路选择器逻辑框图

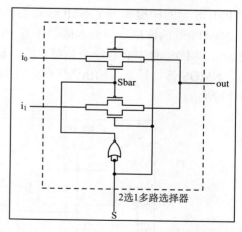

图 3-11 2 选 1 多路选择器逻辑结构图

对应的 Verilog 描述如下。

```
module my_mux(out,s,i0,i1);
    output out;
    input s,i0,i1;
    wire sbar;
```

```
    my_nor nt(sbar,s,s);
    cmos (out,i0,sbar,s);
    cmos (out,i1,s,sbar);
endmodule
```

利用非门和或非门，可以进一步构造如图 3-12 所示的或门。

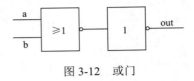

图 3-12　或门

对应的 Verilog 描述如下。

```
module my_or(out,s,i0,i1);
    output out;
    input s,i0,i1;
    wire sbar;
    my_nor nor1(sbar,i0,i1);
    my_not not1(out,sbar);
endmodule
```

3.1.4　CMOS 与非门

　　CMOS 与非门，它是由两个并联的 PMOS 管和两个串联的 NMOS 管构成。一个输入端连一个 PMOS 管的栅极和一个 NMOS 管的栅极，另一个输入端连另一个 PMOS 管的栅极和另一个 NMOS 管的栅极。当输入端至少有一个为 "0" 时，相对应的 PMOS 管中必有一个是导通的，NMOS 管中必有一个是截止的，输出为 "1"；当两输入都为 "1" 时，PMOS 管均截止，NMOS 管均导通，输出为 "0"。使得该电路实现了 "与非" 功能。其电路组成结构如图 3-13 所示。

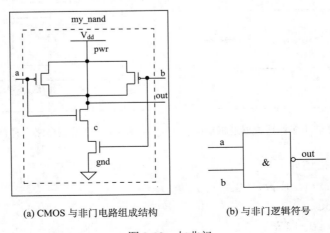

(a) CMOS 与非门电路组成结构　　　　　　(b) 与非门逻辑符号

图 3-13　与非门

对应的 Verilog 描述如下。

```
module my_nand(a,b,out);
input a,b;
    output out;
    supply1 pwr;
    supply0 gnd;
    wire c;
    pmos (out,pwr,a);
    pmos (out,pwr,b);
    nmos (out,c,a);
    nmos (c,gnd,b);
endmodule
```

3.1.5　CMOS 与或非门

CMOS 与或非门由与非门和非门构成，等价表达式如公式（3-1）所示，逻辑电路图如图 3-14 所示。

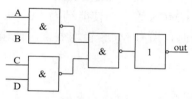

图 3-14　与或非门逻辑电路图

$$\overline{AB+CD} = \overline{\overline{AB} \cdot \overline{CD}} = \overline{\overline{\overline{AB} \cdot \overline{CD}}} \qquad (3\text{-}1)$$

对应的 Verilog 描述如下。

```
module my_not_or_and(a,b,c,d,out);
    input a,b,c,d;
    output out;
    wire e,f,g;
    my_nand nand1(a,b,e);
    my_nand nand2(c,d,f);
    my_nand nand3(e,f,g);
    my_not  not1(out,g);
endmodule
```

3.1.6　CMOS 异或门

COMS 异或门由与非门构成，等价表达式如公式（3-2）所示，逻辑电路图如图 3-15 所示。

$$A \oplus B = A\overline{B} + \overline{A}B = A \cdot \overline{AB} + \overline{AB} \cdot B = \overline{\overline{A \cdot \overline{AB}} + \overline{\overline{AB} \cdot B}} = \overline{\overline{A \cdot \overline{AB}} \cdot \overline{\overline{AB} \cdot B}} \qquad (3\text{-}2)$$

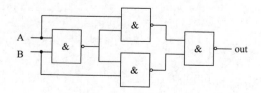

图 3-15　异或门逻辑电路图

对应的 Verilog 描述如下。

```
module my_xor(a,b,out);
    input a,b;
    output out;
    wire c,d,e;
    my_nand nand1(a,b,c);
    my_nand nand2(a,c,d);
    my_nand nand3(b,c,e);
    my_nand nand4(d,e,out);
endmodule
```

3.1.7　CMOS 三态门

CMOS 三态门是在 CMOS 反相器的基础上再增加一个反相器、一个 PMOS 管和一个 CMOS 管。当使能端为"0"时，反相器正常工作，实现反相器的功能，而当使能端为"1"时，所有 MOS 管均截止，使输出呈现高阻状态。三态门的逻辑电路图如图 3-16 所示。

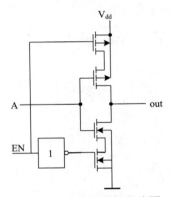

图 3-16　三态门逻辑电路图

对应的 Verilog 描述如下。

```
module my_tsg(a,en,out);
    input a,en;
    output out;
    supply1 pwr;
    supply0 gnd;
    wire b,c,d;
    pmos (b,pwr,en);
    pmos (out,b,a);
    nmos (out,c,a);
    nmos (c,gnd,d);
    my_not not1(d,en);
endmodule
```

3.2 门级建模与验证

本节介绍的 Verilog HDL 语言为门级电路的描述方法，包括使用内置基本门和使用这些基本门描述硬件的方法。

3.2.1 内置基本门级元件

Verilog HDL 中提供下列内置基本门：

（1）多输入门：and、nand、or、nor、xor、xnor。

（2）多输出门：buf、not。

（3）三态门：bufif0、bufif1、notif0、notif1。

（4）上拉、下拉电阻：pullup、pulldown。

门级逻辑设计描述中可使用具体的门实例语句。下面是简单的门实例语句的格式。

```
gate_type [instance_name](term1,term2,...,termN);
```

其中：gate_type 为前面所列出的某种门类型的关键字；instance_name 是可选的；term1,···,termN 用于表示与门的输入/输出端口相连的网络或寄存器。

同一门类型的多个实例能够在一个结构形式中定义。语法格式如下：

```
gate_type
[instance_name1](term11,term12,...,term1N)
[instance_name2](term21,term22,...,term2N)
...
[instance_nameM](termM1,termM2,...,termMN)
```

3.2.2 多输入门

内置的多输入门包括：and、nand、nor、or、xor、xnor。这些逻辑门只有单个输出，有一个或多个输入。

多输入门实例语句的语法如下：

```
multiple_input_gate_type
[instance_name](OutputA,Input1,Input2,...,InputN);
```

1. 与门

与门又称"与电路"、逻辑"积"、逻辑"与"电路。是执行"与"运算的基本逻辑门电路。当所有的输入同时为逻辑 1 时，输出才为高电平，否则输出为逻辑 0。2 输入与门的布尔表达式为 Y=AB，读作"A 与 B"，当且仅当 A 和 B 同时为 1 时，与运算的结果才为 1。图 3-17 为 2 输入与门的逻辑符号，表 3-5 给出了 2 输入与门的真值表。

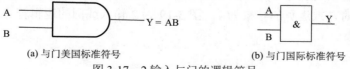

(a) 与门美国标准符号   (b) 与门国际标准符号

图 3-17　2 输入与门的逻辑符号

表 3-5　2 输入与门的真值表

输入		输出
A	B	Y
0	0	0
0	1	0
1	0	0
1	1	1

【例 3-1】与门的 Verilog 描述。

```
and (Y,A,B);
```

2. 与非门

与非门是数字电路的一种基本逻辑电路。若当输入均为逻辑 1 时，则输出为逻辑 0；若输入中至少有一个为逻辑 0，则输出为逻辑 1。与非门可以看作是与门和非门的叠加。图 3-18 为 2 输入与非门的逻辑符号，表 3-6 给出了 2 输入与非门的真值表。

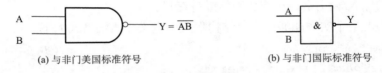

(a) 与非门美国标准符号　　　　　　　(b) 与非门国际标准符号

图 3-18　2 输入与非门的逻辑符号

表 3-6　2 输入与非门的真值表

输入		输出
A	B	Y
0	0	1
0	1	1
1	0	1
1	1	0

【例 3-2】与非门的 Verilog 描述。

```
nand(Y,A,B);
```

3. 或门

或门，又称或电路、逻辑"和"电路。具有"或"逻辑关系的电路叫做或门。或门有多个输入端，一个输出端，只要输入中有一个为逻辑 1，输出就为逻辑 1；只有当所有的输入全为逻辑 0 时，输出才为逻辑 0。2 输入或门的布尔表达式为 Y=A+B，读作"A 或 B"，当 A 和 B 有一个为 1 时，或运算的结果为 1。图 3-19 为 2 输入或门的逻辑符号，表 3-7 给出了 2 输入或门的真值表。

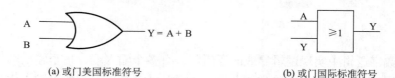

(a) 或门美国标准符号   (b) 或门国际标准符号

图 3-19　2 输入或门的逻辑符号

表 3-7　2 输入或门的真值表

输入		输出
A	B	Y
0	0	0
0	1	1
1	0	1
1	1	1

【例 3-3】或门的 Verilog 描述。

```
or(Y,A,B);
```

4. 或非门

或非门是实现逻辑或非功能的基本逻辑电路。或非门可由 2 输入或非门和非门构成。只有当两个输入 A 和 B 为逻辑 0 时，输出为逻辑 1。也可以理解为任意输入为逻辑 1，输出为逻辑 0。图 3-20 为 2 输入或非门的逻辑符号，表 3-8 给出了 2 输入或非门的真值表。

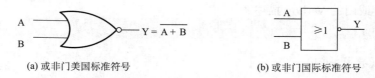

(a) 或非门美国标准符号   (b) 或非门国际标准符号

图 3-20　2 输入或非门的逻辑符号

表 3-8　2 输入或非门的真值表

输入		输出
A	B	Y
0	0	1
0	1	0
1	0	0
1	1	0

【例 3-4】或非门的 Verilog 描述。

```
nor(Y,A,B);
```

5. 异或门

异或门是数字逻辑中实现逻辑异或的逻辑门。有多个输入端、1 个输出端，多输入异或门可由 2 输入异或门构成。若两个输入相异，则输出为逻辑 1；若两个输入相同，则输出为逻辑 0。2 输入异或门的布尔表达式为 $Y=A \oplus B$，读作"A 异或 B"。图 3-21 为 2 输入异或门的逻辑符号，表 3-9 给出了 2 输入异或门的真值表。

(a) 异或门美国标准符号　　　　　　　　　　(b) 异或门国际标准符号

图 3-21　2 输入异或门的逻辑符号

表 3-9　2 输入异或门的真值表

输入		输出
A	B	Y
0	0	0
0	1	1
1	0	1
1	1	0

【例 3-5】异或门的 Verilog 描述。

```
xor(Y,A,B);
```

6. 同或门（异或非门）

同或门是数字逻辑中实现逻辑同或的逻辑门。有多个输入端、1 个输出端，多输入同或门可由 2 输入同或门构成。若两个输入相异，则输出为逻辑 0；若两个输入相同，则输出为逻辑 1。2 输入同或门的布尔表达式为 $Y=A \odot B$，读作"A 同或 B"。图 3-22 为 2 输入同或门的逻辑符号，表 3-10 给出了 2 输入同或门的真值表。

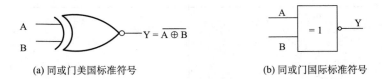

(a) 同或门美国标准符号　　　　　　　　　　(b) 同或门国际标准符号

图 3-22　2 输入同或门的逻辑符号

表 3-10　2 输入异或门的真值表

输入		输出
A	B	Y
0	0	1

续表

输入		输出
A	B	Y
0	1	0
1	0	0
1	1	1

【例 3-6】同或门的 Verilog 描述。

```
xnor(Y,A,B);
```

3.2.3　多输出门

多输出门包括：buf、not。这些门都只有单个输入，1 个或多个输出。这些门的实例语句的基本语法如下：

```
multiple_output_gate_type
[instance_name](Out1,Out2,...,OutN,InputA);
```
最后的端口是输入端口，其余的所有端口为输出端口。

1. 缓冲门

【例 3-7】缓冲门的 Verilog HDL 描述。

```
buf (Fan[0],Fan[1],Fan[2],Fan[3],Clk);
```
该门实例语句中，Clk 是缓冲门的输入，此缓冲门有 4 个输出：Fan[0]到 Fan[3]。

2. 非门

非门也称反相器，是一个单输入单输出的门电路，它输出的是输入逻辑信号的取反。也就是说如果输入是 1，输出为 0；输入为 0，输出为 1。图 3-23 为非门的逻辑符号，表 3-11 给出了非门的真值表。

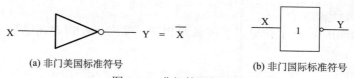

(a) 非门美国标准符号　　　　　　(b) 非门国际标准符号

图 3-23　非门的逻辑符号

表 3-11　非门的真值表

输入	输出
X	Y
0	1
1	0

【例 3-8】非门的 Verilog 描述。

```
not (Y,X);
```

3.2.4　三态门

三态门有：bufif0、bufif1、notif0、notif1。这些门用于对三态驱动器建模。这些门有 1 个输出、1 个数据输入和 1 个控制输入。

三态门实例语句的基本语法如下：

```
tristate_gate[instance_name](OutputA,InputB,ControlC);
```

其中：第一个端口 OutputA 是输出端口；第二个端口 InputB 是数据输入；ControlC 是控制输入。根据控制输入，输出可被驱动到高阻状态，即值 z。对于 bufif0，若通过控制输入为 1，则输出为 z；否则数据被传输至输出端。对于 bufif1，若控制输入为 0，则输出为 z。对于 notif0，如果控制输入为 1，那么输出为 z；否则输入数据值的非传输到输出端。对于 notif1，若控制输入为 0，则输出为 z。

【例 3-9】三态门的 Verilog HDL 描述。

```
bufif1 BF1(Dbus,MemData,Strobe);
```

在该门实例语句中，当 Strobe 为 0 时，bufif1 门 BF1 驱动输出 Dbus 为高阻；否则 MemData 被传输至 Dbus。

【例 3-10】三态门的 Verilog HDL 描述。

```
notif0 NT2(Addr,Abus,Probe);
```

在该门实例语句中，当 Probe 为 1 时，Addr 为高阻；否则 Abus 的非传输到 Addr。

3.2.5　上拉、下拉电阻

上拉、下拉电阻有：pullup、pulldown。

这类门设备没有输入只有输出。上拉电阻将输出置为 1，下拉电阻将输出置为 0。门实例的端口表只包含 1 个输出。

门实例语句形式如下：

```
pull_gate [instance_name](OutputA);
```

【例 3-11】上拉电阻的 Verilog HDL 描述。

```
pullup PUP(Pwr);
```

在该门实例语句中，此上拉电阻实例名为 PUP，输出 Pwr 置为高电平 1。

3.2.6　门时延

可以使用门时延定义门从任何输入到其输出的信号传输时延。门时延可以在门自身实例语句中定义。

带有时延定义的门实例语句的语法如下：

```
gate_type[delay][instance_name](terminal_list);
```

时延规定了门时延，即从门的任意输入到输出的传输时延。当没有强调门时延时，默认的时延值为 0。

门时延由三类时延值组成：上升时延、下降时延、截止时延。

门时延定义可以包含 0 个、1 个、2 个或 3 个时延值。表 3-12 为不同个数时延值条件下，各种具体的时延取值情形。其中 min 是 minimum 的缩写词。

表 3-12　时延值取值的情况

	无延时	1 个延时（d）	2 个延时（d1，d2）	3 个延时（dA，dB，dC）
上升	0	d	d1	dA
下降	0	d	d2	dB
to_x	0	d	min(d1,d2)	min(dA,dB,dC)
截止	0	d	min(d1,d2)	dC

【例 3-12】无门延迟的 Verilog HDL 描述。

```
not N1 (Qbar,Q);
```

因为没有定义时延，门时延为 0。

【例 3-13】有门延迟的 Verilog HDL 描述。

```
nand#6(Out,In1,In2);
```

所有时延均为 6，即上升时延和下降时延都是 6。因为输出绝不会是高阻态，截止时延不适用于与非门。转换到 x 的时延也是 6。

【例 3-14】有门延迟的 Verilog HDL 描述。

```
and#(3,5)(Out,In1,In2,In3);
```

在这个实例中，上升时延被定义为 3，下降时延为 5，转换到 x 的时延是 3 和 5 中间的最小值，即 3。

【例 3-15】有门延迟的 Verilog HDL 描述。

```
notif1#(2,8,6)(Dout,Din1,Din2);
```

上升时延为 2，下降时延为 8，截止时延为 6，转换到 x 的时延是 2、8 和 6 中的最小值，即 2。对多输入门（例如与门和非门）和多输出门（缓冲门和非门）总共只能够定义 2 个时延（因为输出决不会是 z）。三态门共有 3 个时延，并且上拉、下拉电阻实例门不能有任何时延。门延迟也可采用 min:typ:max 形式定义。形式如下：minimum:typical:maximum，最小值、典型值和最大值必须是常数表达式。

【例 3-16】有门延迟的 Verilog HDL 描述。

```
nand#(2:3:4,5:6:7)(Pout,Pin1,Pin2);
```

选择使用哪种时延通常作为模拟运行中的一个选项。例如，如果执行最大时延模拟，与非门单元使用上升时延 4 和下降时延 7。程序块也能够定义门时延。

3.2.7　实例数组

当需要重复性的实例时，在实例描述语句中能够有选择地定义范围说明（范围说明也能够在模块实例语句中使用）。这种情况的门描述语句的语法如下：

```
gate_type[delay]instance_name[left_bound:right_bound](list_of_t
erminal_names);
```

left_bound 和 right_bound 值是任意的两个常量表达式。左界不必大于右界，并且左、右界两者都不必限定为 0。

【例 3-17】实例数组的 Verilog HDL 描述。

```
wire[3:0]Out, InA, InB;
```

```
...
nand Gang[3:0](Out,InA,InB);
```

带有范围说明的实例语句与下述语句等价:

```
nand Gang3(Out[3],InA[3],InB[3]),
Gang2(Out[2],InA[2],InB[2]),
Gang1(Out[1],InA[1],InB[1]),
Gang0(Out[0],InA[0],InB[0]);
```

注意定义实例数组时,实例名称是不可选的。

3.3 UDP 建模

3.3.1 UDP 建模语法

使用具有如下语法的 UDP 说明定义 UDP。在 UDP 中可以描述下面两类行为: 组合电路、时序电路。其语法格式如下:

```
primitive UDP_name(OutputName, List_of_inputs)
    output_declarations
    input_declarations
    [reg_declaration]
    [initial_statement]
    table
        List_of_table_entries
    endtable
endprimitive
```

其中: OutputName 为输出端口名; List_of_inputs 为用 "," 分隔的输入端口的名字; output_declarations 为输出端口的类型声明; input_declarations 为输入端口的类型声明; reg_declaration 为输出寄存器类型数据的声明; initial_statement 为元件的初始状态声明; table, endtable 为关键字; List_of_table_entries 为表项 1 到 n 的声明。

UDP 的定义不依赖于模块定义,因此出现在模块定义以外。也可以在单独的文本文件中定义 UDP。UDP 只能有 1 个输出和 1 个或多个输入。第一个端口必须是输出端口。此外,输出可以取值 0、1 或 x(不允许取 z 值)。输入中出现值 z 以 x 处理。UDP 的行为以 table 的形式描述。

3.3.2 组合电路 UDP

在组合电路 UDP 中,表规定了不同的输入组合和相对应的输出值。没有指定的任意组合输出为 x。

【例 3-18】2-1 多路选择器 UDP 的 Verilog HDL 描述。

```
primitive MUX2x1(Z,Hab,Bay,Sel);
    output Z;
```

```
    input Hab,Bay,Sel;
    table
        0?1:0;
        1?1:1;
        ?00:0;
        ?10:1;
        00x:0;
        11x:1;
    endtable
endprimitive
```

字符?代表不必关心相应变量的具体值，即它可以是 0、1 或 x。输入端口的次序必须与表中各项的次序匹配，即表中的第一列对应于原语端口队列的第一个输入（例子中为 Hab），第二列是 Bay，第三列是 Sel。

在多路选择器的表中没有输入组合 01x 项（还有其他一些项）；在这种情况下，输出的默认值为 x（对其他未定义的项也是如此）。

【例 3-19】使用 UDP 的 2-1 多路选择器构成 4-1 多路选择器的 Verilog HDL 的描述。如图 3-24 所示。

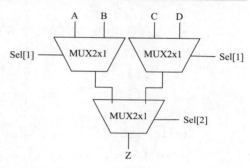

图 3-24　使用 UDP 构造的 4-1 多路选择器

```
module MUX4x1(Z,A,B,C,D,Sel);
    input A,B,C,D;
    input [2:1]Sel;
    output Z;
    parameter tRISE=2,tFALL=3;
    MUX2x1 #(tRISE,tFALL)
    (TL,A,B,Sel[1]),
    (TP,C,D,Sel[1]),
    (Z,TL,TP,Sel[2]);
endmodule
```

3.3.3　时序电路 UDP

在时序电路 UDP 中，使用 1 位寄存器描述内部状态。该寄存器的值是时序电路 UDP 的输出值。共有两种不同类型的时序电路 UDP：一种是模拟电平触发行为；另一种是模拟边沿触发行为。时序电路 UDP 使用寄存器当前值和输入值决定寄存器的下一状态（和后继的输出）。

1. 初始化状态寄存器

时序电路 UDP 的状态初始化可以使用带有一条过程赋值语句的初始化语句实现。形式如下：

```
initial reg_name=0,1,orx;
```

初始化语句在 UDP 定义中出现。

2. 电平触发的时序电路 UDP

下面是 D 锁存器建模的电平触发的时序电路 UDP 示例。只要时钟为低电平 0，数据就从输入传递到输出；否则输出值被锁存。

【例 3-20】D 锁存器建模的电平触发的时序电路 UDP 的 Verilog HDL 描述。

```
primitive Latch(Q,Clk,D);
    output Q;
    reg Q;
    input Clk,D;
    table//使用UDP构造的4-1多路选择器
        //Clk D:Q(current_state):Q(next_state)
        01:?:1;
        00:?:0;
        1?:?:-;
    endtable
endprimitive
```

"–"字符表示值"无变化"。注意 UDP 的状态存储在寄存器 D 中。

3. 边沿触发的时序电路 UDP

下例用边沿触发时序电路 UDP 为 D 边沿触发器建模。初始化语句用于初始化触发器的状态。

【例 3-21】边沿触发的时序电路 UDP 的 Verilog HDL 描述。

```
primitive D_Edge_FF(Q,Clk,Data);
    output Q;
    reg Q;
    input Data,Clk;
    initial Q=0;
    table//Clk Data:Q(current_State):Q(next_state)
        (01)0:?:0;
        (01)1:?:1;
        (0x)1:1:1;
        (0x)0:0:0;//忽略时钟负边沿
        (?0)?:?:-;//忽略在稳定时钟上的数据变化
        ?(??):?:-;
    endtable
endprimitive
```

表项(01)表示从 0 转换到 1，表项(0x)表示从 0 转换到 x，表项(?0)表示从任意值(0，1 或

x)转换到 0,表项(??)表示任意转换。对任意未定义的转换,输出默认为 x。

假定 D_Edge_FF 为 UDP 定义,它现在就能够像基本门一样在模块中使用,如下面的 4 位寄存器所示。

【例 3-22】4 位寄存器的 Verilog HDL 描述。

```
module Reg4(Clk,Din,Dout);
    input Clk;
    input [0:3] Din;
    output [0:3] Dout;
    D_Edge_FF
    DLAB0 (Dout[0],Clk,Din[0]),
    DLAB1 (Dout[1],Clk,Din[1]),
    DLAB2 (Dout[2],Clk,Din[2]),
    DLAB3 (Dout[3],Clk,Din[3]);
endmodule
```

4. 边沿触发和电平触发的混合行为

在同一个表中能够混合电平触发项和边沿触发项。在这种情况下,边沿变化在电平触发之前处理,即电平触发项覆盖边沿触发项。

【例 3-23】带异步清零的 D 触发器的 UDP 的 Verilog HDL 描述。

```
primitive D_Async_FF(Q,Clk,Clr,Data);
    output Q;
    reg Q;
    input Clr, Data, Clk;
    table//Clk Clr Data: Q(State) :Q(next)
        (01)00:?:0;
        (01)01:?:1;
        (0x)01:1:1;
        (0x)00:0:0;//忽略时钟负边沿
        (?0)0?:?:-;
        (??)1?:?:0;
        ? 1?:?:0;
    endtable
endprimitive
```

5. 表项汇总

表 3-13 列出了所有能够用于 UDP 原语中表项的可能值。

表 3-13 符号意义说明表

符号	意义	符号	意义
0	逻辑 0	(AB)	由 A 变到 B
1	逻辑 1	*	与(? ?)相同
x	未知的值	r	上跳变沿，与(01)相同
?	0、1 或 x 中的任一个	f	下跳变沿，与(10)相同
b	0 或 1 中任一个	p	(01)、(0x)和(x1)的任一种
—	输出保持	n	(10)、(1x)和(x0)的任一种

3.4 实　　验

3.4.1 开关级电路建模与验证

一、实验目的

1.了解逻辑门的电路级建模方法。
2.掌握逻辑门的电路级模型仿真技术。

二、实验要求

1. 运用电路级建模方法建立非门、或非门、与非门等基本逻辑门的模型，并进行仿真。
2. 运用基本逻辑门建立复杂门电路的模型，并进行仿真。

三、实验内容

1. 非门的电路级建模与仿真。
2. 或非门的电路级建模与仿真。
3. 与非门的电路级建模与仿真。
4. 与或非门的电路级建模与仿真。
5. 异或门的电路级建模与仿真。

四、实验思考

1.比较或非门和或门、与非门和与门的电路级建模的不同之处，思考为什么不同。
2.思考与或非门和异或门为什么要化成与非门、或非门和非门的形式。

3.4.2 门级电路建模与验证

一、实验目的

1.了解逻辑门的门级建模方法。
2.掌握逻辑门的门级模型仿真技术。

二、实验要求

运用门级建模方法描述逻辑电路，并进行仿真。

三、实验内容

1.1 位全加器的逻辑电路如图 3-25 所示。

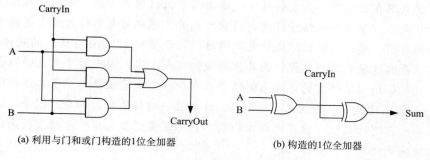

(a) 利用与门和或门构造的1位全加器   (b) 构造的1位全加器

图 3-25　CarryOut 和 Sum 的逻辑电路图

2.根据 1 位全加器的逻辑电路图完成 1 位全加器的门级建模代码。

3.编写仿真模块，完成 1 位全加器的仿真。

四、实验思考

1.比较分析电路级建模和门级建模的特点？

2.如何利用 1 位全加器构成 4 位全加器。

第 4 章　组合逻辑电路

本章导言

　　组合逻辑电路在任何时刻产生的稳定的输出信号仅仅取决于该时刻的输入信号，而与过去的输入信号无关，即与输入信号作用前的状态无关，这样的电路称为组合逻辑电路。组合逻辑电路是由与门、或门、非门组成的电路网络。对于类似于 Verilog 这样的硬件抽象语言，其设计思想就是通过抽象的语言设计出具体的硬件实现电路，因而对于常见的组合逻辑电路和时序逻辑电路等均可从语言的角度来解读其基本原理。本章主要介绍基本组合逻辑电路的 HDL 描述，如数值比较器、加法器、编码器、译码器、数据选择器和分配器等。这些常用组合逻辑电路单元在逻辑系统中出现的频率很高，熟练掌握这些电路单元对于复杂逻辑系统设计以及逻辑系统优化均有重要作用。

4.1　数值比较器

　　数值比较器在计算逻辑中是一种常用的逻辑电路。下面分析 1 位数值比较器和 4 位数值比较器的 Verilog HDL 描述。

4.1.1　1 位数值比较器

　　1 位的数值比较器包括 2 个 1 位的输入信号 A 和 B，表示需要进行比较的操作数；包括 3 个 1 位的输出信号，L、G、M 分别表示 A>B、A=B 和 A<B 这 3 个逻辑表达式的真假。1 位数值比较器的真值表如表 4-1 所示。

表 4-1　1 位数值比较器的真值表

A	B	L(A>B)	G(A=B)	M(A<B)
0	0	0	1	0
0	1	0	0	1
1	0	1	0	0
1	1	0	1	0

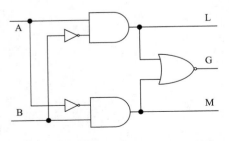

图 4-1　1 位数值比较器的逻辑电路图

　　由表 4-1 可以得到公式（4-1）、公式（4-2）和公式（4-3）。

$$L = A\overline{B} \qquad (4\text{-}1)$$
$$G = \overline{L + M} \qquad (4\text{-}2)$$
$$M = \overline{A}B \qquad (4\text{-}3)$$

　　所以，可以得到如图 4-1 所示的 1 位数值比较器的逻辑电路图。

【例 4-1】1 位数值比较器的门级建模参考实现。

```verilog
module Compare_1(A, B, L, G, M);
  input A, B;
  output L, G, M;
  wire NA, NB;
  not (NA, A);
  not (NB, B);
  and (L, A, NB);
  and (M, B, NA);
  nor (G, L, M);
endmodule
```

【例 4-2】1 位数值比较器的数据流级建模参考实现。

```verilog
module Compare_1(A, B, L, G, M);
  input A;
  input B;
  output L, G, M;
  assign L = ((A > B)? 1'b1 : 1'b0); //A>B
  assign G = ((A == B)? 1'b1 : 1'b0); //A==B
  assign M = ((A < B)? 1'b1 : 1'b0); //A<B
endmodule
```

【例 4-3】1 位数值比较器的行为级建模参考实现。

```verilog
module Compare_1 (A, B, L, G, M);
    input A,B ;
    output reg L, G, M;
    always @ *
    begin
        if(A > B)
        begin
          L = 1'b1;G = 1'b0;M = 1'b0;
        end
        else if (A == B)
        begin
          L = 1'b0;G = 1'b1;M = 1'b0;
         end
        else
        begin
          L = 1'b0;G = 1'b0;M = 1'b1;
        end
    end
endmodule
```

测试模块如下。

```
module TB1();
    reg A,B;
    wire  L, G, M;
    Compare_1 C1(A,B, L, G, M);
    initial
    begin
     A=0;
     B=0;
    #10 A=0;B=1;
    #10 A=1;B=0;
    #10 A=1;B=1;
    end
endmodule
```

1 位数值比较器的仿真波形图如图 4-2 所示。

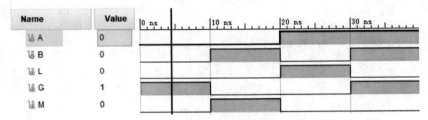

图 4-2　1 位数值比较器的仿真波形图

【例 4-2】使用了数据流级设计模式,【例 4-3】使用了行为级设计模式,请读者比较两者风格的差异。

4.1.2　4 位数值比较器

根据 1 位数值比较器的原理,可以进一步构成 4 位数值比较器。1 个 4 位数值比较器包括两个 4 位二进制输入信号 A 和 B,$A_0 \sim A_3$、$B_0 \sim B_3$ 分别表示 A 和 B 的最低位到最高位;包括 3 个级联输入端 A>B、A=B 和 A<B;还有 3 个比较结果输出端 L(A>B)、G(A=B)和 M(A<B)。4 位数值比较器的真值表如表 4-2 所示。

表 4-2　4 位数值比较器的真值表

比较器输入				输出		
A_3B_3	A_2B_2	A_1B_1	A_0B_0	L	G	M
$A_3 > B_3$	d	d	d	1	0	0
$A_3 < B_3$	d	d	d	0	1	0
$A_3 = B_3$	$A_2 > B_2$	d	d	1	0	0
$A_3 = B_3$	$A_2 < B_2$	d	d	0	1	0

比较器输入				输出		
A_3B_3	A_2B_2	A_1B_1	A_0B_0	L	G	M
$A_3 = B_3$	$A_2 = B_2$	$A_1 > B_1$	d	1	0	0
$A_3 = B_3$	$A_2 = B_2$	$A_1 < B_1$	d	0	1	0
$A_3 = B_3$	$A_2 = B_2$	$A_1 = B_1$	$A_0 > B_0$	1	0	0
$A_3 = B_3$	$A_2 = B_2$	$A_1 = B_1$	$A_0 < B_0$	0	1	0
$A_3 = B_3$	$A_2 = B_2$	$A_1 = B_1$	$A_0 = B_0$	0	1	0

4 位数值比较器的公式如公式（4-4）、公式（4-5）和公式（4-6）所示。

$$L=L_3 + G_3L_2 + G_3G_2L_1 + G_3G_2G_1L_0 \tag{4-4}$$

$$G=G_3G_2G_1G_0 \tag{4-5}$$

$$M = \overline{LG} = \overline{L + G} \tag{4-6}$$

所以，可以得到如图 4-3 所示的 4 位数值比较器的逻辑电路图。

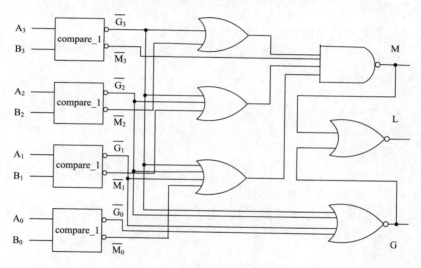

图 4-3　4 位数值比较器逻辑电路图

【例 4-4】4 位数值比较器的门级建模参考实现。

```verilog
module Compare_4(A[3:0],B[3:0],L,G,M);
  input [3:0]A,B;
  output L, G, M;
  wire [3:0]l,g,m,notg,notm;
  wire [2:0]temp;
  Compare_1 cmp0(A[0],B[0],l[0],g[0],m[0]);
  Compare_1 cmp1(A[1],B[1],l[1],g[1],m[1]);
  Compare_1 cmp2(A[2],B[2],l[2],g[2],m[2]);
  Compare_1 cmp3(A[3],B[3],l[3],g[3],m[3]);
```

```verilog
    not not0(notg[0],g[0]);
    not not1(notg[1],g[1]);
    not not2(notg[2],g[2]);
    not not3(notg[3],g[3]);
    not not4(notm[0],m[0]);
    not not5(notm[1],m[1]);
    not not6(notm[2],m[2]);
    not not7(notm[3],m[3]);
    or or0(temp[0],notg[3],notm[2]);
    or or1(temp[1],notg[3],notg[2],notm[1]);
    or or2(temp[2],notg[3],notg[2],notg[1],notm[0]);
    nand (M,temp[0],temp[1],temp[2],notm[3]);
    nor nor0(L,M,G);
    nor nor1(G,notg[3],notg[2],notg[1],notg[0]);
endmodule
```

【例 4-5】4 位数值比较器的数据流级建模参考实现。

```verilog
module Compare_4(A, B, L, G, M);
    input [3:0]A, B;
    output L, G, M;
    assign L = A>B;
assign G = A==B;
    assign M = A<B;
endmodule
```

【例 4-6】4 位数值比较器的行为级建模参考实现。

```verilog
module Compare_4(A, B, L, G, M);
    input [3:0]A, B;
    output reg L, G, M;
    always @ *
    begin
        if(A > B)
            begin
                L = 1'b1;G = 1'b0;M = 1'b0;
            end
            else if (A == B)
            begin
                L = 1'b0;G = 1'b1;M = 1'b0;
            end
            else
            begin
```

```
                L = 1'b0;G = 1'b0;M = 1'b1;
            end
      end
endmodule
```

测试模块如下。

```
module TB1();
    reg [3:0]A,B;
    wire L, G, M;
    Compare_4 C1(A,B, L, G, M);
    initial
    begin
     A=4'b0000;
     B=4'b0000;
    #10 A=4'b1000;B=4'b0000;
    #10 A=4'b0000;B=4'b1000;
    #10 A=4'b1100;B=4'b1000;
    #10 A=4'b1000;B=4'b1100;
    #10 A=4'b1110;B=4'b1100;
    #10 A=4'b1100;B=4'b1110;
    #10 A=4'b1111;B=4'b1110;
    #10 A=4'b1110;B=4'b1111;
    #10 $stop;
    end
endmodule
```

4 位数值比较器的仿真波形图如图 4-4 所示。

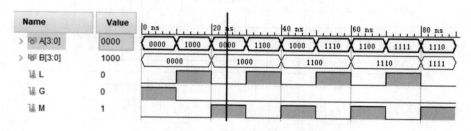

图 4-4　4 位数值比较器的仿真波形图

4.2　加　法　器

加法器分为半加器和全加器，其区别在于半加器的输入信号不包括来自低位的进位。由于半加器比较简单，而且应用不如全加器广泛，因此这里仅讨论全加器。

4.2.1　1 位全加器

1. 真值表、逻辑表达式及逻辑结构图

1 位全加器的真值表如表 4-3 所示。

表 4-3　1 位全加器的真值表

A	B	CarryIn	Sum	CarryOut
0	0	0	0	0
0	0	1	1	0
0	1	0	1	0
0	1	1	0	1
1	0	0	1	0
1	0	1	0	1
1	1	0	0	1
1	1	1	1	1

其逻辑表示如下：

$$CarryOut = \overline{A}{\cdot}B{\cdot}CarryIn + A{\cdot}\overline{B}{\cdot}CarryIn + A{\cdot}B{\cdot}\overline{CarryIn} + A{\cdot}B{\cdot}CarryIn$$

$$Sum = \overline{A}{\cdot}\overline{B}{\cdot}CarryIn + \overline{A}{\cdot}B{\cdot}\overline{CarryIn} + A{\cdot}\overline{B}{\cdot}\overline{CarryIn} + A{\cdot}B{\cdot}CarryIn$$

得到如图 4-5 所示的逻辑电路图。

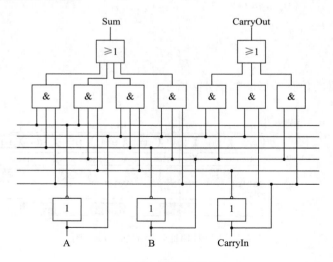

图 4-5　逻辑电路图

进一步可以化简为

$$CarryOut = B{\cdot}CarryIn + A{\cdot}CarryIn + A{\cdot}B$$

$$Sum = A \oplus B \oplus CarryIn$$

得到如图 4-6 所示的逻辑电路图，该 1 位全加器的表示符号如图 4-7 所示。

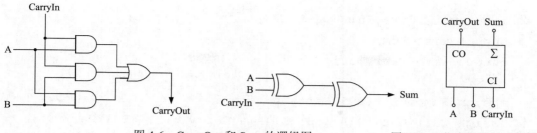

图 4-6 CarryOut 和 Sum 的逻辑图 图 4-7 1 位全加器的表示符号

2. 门级建模

对于图 4-5 所描述的 1 位全加器进行门级建模。

【例 4-7】1 位全加器门级建模。

```
module FullAdder (A, B, CarryIn, Sum, CarryOut);
    output Sum, CarryOut;
    input A, B, CarryIn;

    wire A, B, CarryOut, Sum;
    wire A_bar, B_bar, CarryIn_bar;

    not not1 (A_bar, A);
    not not2 (B_bar, B);
    not not3 (CarryIn_bar, CarryIn);
    and and4 (and4_out, A_bar, B_bar, CarryIn);
    and and5 (and5_out, A_bar, B, CarryIn_bar);
    and and6 (and6_out, A, B_bar, CarryIn_bar);
    and and7 (and7_out, A, B, CarryIn);
    or or8 (Sum, and4_out, and5_out, and6_out, and7_out);
    and and9 (and9_out, A, B);
    and and10 (and10_out, A, CarryIn);
    and and11(and11_out,B,CarryIn);
    or or12 (CarryOut, and9_out, and10_out, and11_out);
endmodule
```

3. 数据流级建模

1 位全加器不仅可以使用门级建模，也可以使用数据流级建模。

【例 4-8】利用图 4-6 所示的 1 位全加器逻辑电路图进行数据流级建模。

```
module FullAdder (A, B, CarryIn, Sum, CarryOut);
    input wire A;
    input wire B;
```

```
    input wire CarryIn;
    output wire Sum;
    output wire CarryOut;

    assign Sum = A ^ B ^ CarryIn;
    assign CarryOut = (A & B) | (A & CarryIn) | (B & CarryIn);
endmodule
```

4. 仿真测试

创建 1 位全加器的测试模块，进行仿真测试。

【例 4-9】1 位全加器的测试模块。

```
`timescale 1ns / 1ps

module FullAdder_tb();
    reg clk;
    reg my_a, my_b, my_cin;
    wire my_sum, my_cout;

    FullAdder u0 (.A(my_a), .B(my_b), .CarryIn(my_cin), . Sum(my_sum), .
CarryOut(my_cout));

    always #10 clk = ~clk;

    initial begin
        clk = 1'b0;
        my_a = 1'b0; my_b = 1'b0; my_cin = 1'b0;
        #100;
        my_a = 1'b0; my_b = 1'b0; my_cin = 1'b1;
        #100;
        my_a = 1'b0; my_b = 1'b1; my_cin = 1'b0;
        #100;
        my_a = 1'b0; my_b = 1'b1; my_cin = 1'b1;
        #100;
        my_a = 1'b1; my_b = 1'b0; my_cin = 1'b0;
        #100;
        my_a = 1'b1; my_b = 1'b0; my_cin = 1'b1;
        #100;
        my_a = 1'b1; my_b = 1'b1; my_cin = 1'b0;
        #100;
```

```
        my_a = 1'b1; my_b = 1'b1; my_cin = 1'b1;
        #100;
    end
endmodule
```

对 1 位全加器进行仿真, 其仿真波形图如图 4-8 所示。

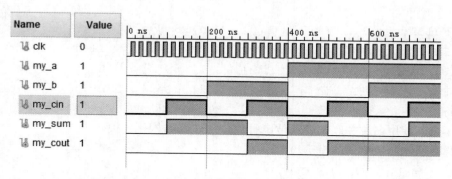

图 4-8　1 位全加器的仿真波形图

4.2.2　4 位串行进位加法器建模与仿真

1. 逻辑结构图

要进行多位数相加, 最简单的方法是将多个 1 位全加器进行级联, 称为串行进位加法器。【例 4-7】中利用 1 位全加器构造 4 位串行进位加法器, 其逻辑结构如图 4-9 所示。把 1 位全加器串联起来, 低位全加器的进位输出连接到相邻的高位全加器的进位输入。

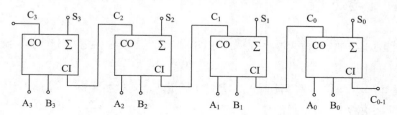

图 4-9　4 位串行进位加法器逻辑结构图

2. 结构化建模

【例 4-10】使用位置关联法的 4 位串行进位加法器结构化建模。

```
//位置关联法
module adder (A, B, Cin, S, Cout);
    parameter N = 4;

    output wire [N-1:0] S;
    output wire Cout;
```

```
    input wire [N-1:0] A;
    input wire [N-1:0] B;
    input wire Cin;

    wire [N-2:0] C;

    FullAdder FA1 (A[0], B[0], Cin, S[0], C[0]);
    FullAdder FA2 (A[1], B[1], C[0], S[1], C[1]);
    FullAdder FA3 (A[2], B[2], C[1], S[2], C[2]);
    FullAdder FA4 (A[3], B[3], C[2], S[3], Cout);
endmodule
```

【例 4-11】使用名称关联法的 4 位串行进位加法器结构化建模。

```
//名称关联法
module adder (A, B, Cin, S, Cout);
    parameter N = 4;

    output wire [N-1:0] S;
    output wire Cout;
    input wire [N-1:0] A;
    input wire [N-1:0] B;
    input wire Cin;

    wire [N-2:0] C;

    FullAdder FA1 (.A(A[0]), .B(B[0]), .CarryIn(Cin), .Sum(S[0]), .
CarryOut(C[0]));
    FullAdder FA2 (.A(A[1]), .B(B[1]), .CarryIn(C[0]), .Sum(S[1]), .
CarryOut(C[1]));
    FullAdder FA3 (.A(A[2]), .B(B[2]), .CarryIn(C[1]), .Sum(S[2]), .
CarryOut(C[2]));
    FullAdder FA4 (.A(A[3]), .B(B[3]), .CarryIn(C[2]), .Sum(S[3]), .
CarryOut(Cout));
    endmodule
```

3. 仿真测试

创建 4 位串行进位加法器的测试模块，进行仿真测试。

【例 4-12】4 位串行进位加法器的测试模块。

```
`timescale 1ns / 1ps
```

```
module adder_tb();
    reg clk;
    reg [3:0] my_a;
    reg [3:0] my_b;
    reg my_cin;
    wire [3:0] my_sum;
    wire my_cout;

    adder u0 (my_a, my_b, my_cin, my_sum, my_cout);

    always #10 clk = ~clk;

    initial begin
        clk = 1'b0;
        my_a = 4'b0000; my_b = 4'b0000; my_cin = 1'b0;
        #100;
        my_a = 4'b0000; my_b = 4'b0001; my_cin = 1'b0;
        #100;//一共有2^9种情况,可以添加下其他激励信号
    end
endmodule
```

利用 Xilinx Vivado 获取仿真波形图如图 4-10 所示。

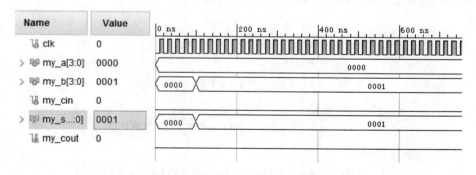

图 4-10　4 位串行进位加法器的仿真波形图

4.2.3　超前进位加法器

1. 逻辑表达式及逻辑结构图

　　串行进位加法器的进位信号是串行传递的，最后一位的进位输出要经过 4 位全加器传递之后才能形成。如果位数增加，传输延迟时间将更长，工作速度更慢。为了提高速度，人们又设计了一种多位数快速进位（又称超前进位或先行进位）的加法器。

    超前进位加法器（Carry Look Ahead Adder，CLA）是对普通的全加器进行改良而设计成的并行加法器，主要是针对普通全加器串联时互相进位产生的延迟进行了改良。超前进位加法器是通过增加一个不是十分复杂的逻辑电路来做到这点的。

    根据全加器逻辑表达式得第 i 位的和（S_i）与进位（C_i）

$$\begin{cases} S_i = A_i \oplus B_i \oplus C_{i-1} \\ C_i = A_iB_i + (A_i \oplus B_i)C_{i-1} \end{cases} \tag{4-7}$$

设

$$G_i = A_iB_i \tag{4-8}$$

$$P_i = A_i \oplus B_i \tag{4-9}$$

则有

$$S_i = A_i \oplus B_i \oplus C_{i-1} = P_i \oplus C_{i-1} \tag{4-10}$$

$$C_i = A_iB_i + (A_i \oplus B_i)C_{i-1} = G_i + P_iC_{i-1} \tag{4-11}$$

其中，公式（4-8）称为进位生成项；公式（4-9）称为进位传递条件；公式（4-10）称为和表达式；公式（4-11）称为进位表达式。

    当 A_i 和 B_i 都为 1 时，$G_i = 1$，使得 $C_i = 1$。

    当 A_i 和 B_i 两者之中只有一个为 1，另一个为 0 时，$P_i = 1$，使得 $C_i = C_{i-1}$。

    因此 G_i 定义为进位产生信号，P_i 定义为进位传递信号。G_i 的优先级比 P_i 高，也就是说：当 $G_i = 1$ 时，无条件产生进位，而不管 C_{i-1} 是多少。

    当 $G_i = 0$ 而 $P_i = 1$ 时，进位输出为 C_i，跟 C_i 之前的逻辑有关。

    利用上述公式进行递推，设 C_{0-1} 为原始进位输入，$A_3A_2A_1A_0$ 为被加数，$B_3B_2B_1B_0$ 为加数，可得 4 位超前进位加法器各位的和、进位的表达式：

$$\begin{cases} S_0 = P_0 \oplus C_{0-1} \\ C_0 = G_0 + P_0C_{0-1} \end{cases} \tag{4-12}$$

$$\begin{cases} S_1 = P_1 \oplus C_0 \\ C_1 = G_1 + P_1C_0 = G_1 + P_1G_0 + P_1P_0C_{0-1} \end{cases} \tag{4-13}$$

$$\begin{cases} S_2 = P_2 \oplus C_1 \\ C_2 = G_2 + P_2C_1 = G_2 + P_2G_1 + P_2P_1G_0 + P_2P_1P_0C_{0-1} \end{cases} \tag{4-14}$$

$$\begin{cases} S_3 = P_3 \oplus C_2 \\ C_3 = G_3 + P_3C_2 = G_3 + P_3G_2 + P_3P_2G_1 + P_3P_2P_1G_0 + P_3P_2P_1P_0C_{0-1} \end{cases} \tag{4-15}$$

    由此可以看出，各级的进位彼此独立产生，只与输入数据和 C_{0-1} 有关，将各级间的进位级联传播给去掉了，因此减小了进位产生的延迟。每个等式与只有三级延迟的电路对应，第一级延迟对应进位产生信号和进位传递信号，后两级延迟对应积项和或项。

    其逻辑电路图如图 4-11 所示。

2. 门级建模与仿真测试

    利用门级建模方法对 4 位超前进位加法器进行设计，其 Verilog 描述如下所示。

    【例 4-13】4 位超前进位加法器门级建模。

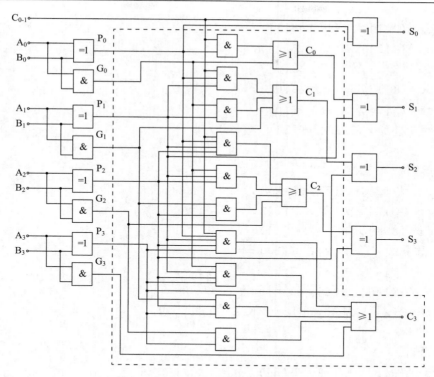

图 4-11 4 位超前进位加法器的逻辑电路图

```verilog
module CLA_Adder_Gate (A, B, Cin, S, Cout);
    input wire [3:0] A;//被加数
    input wire [3:0] B;//加数
    input wire Cin;//进位输入
    output wire [3:0] S;//和
    output wire Cout;//进位输出
    wire [2:0] C;//进位传递
    wire [3:0] P;//进位生成项
    wire [3:0] G;//进位传递条件
    wire [9:0] K;//与门输出

//第0位
xor (P[0], A[0], B[0]);
and (G[0], A[0], B[0]);
and (K[0], P[0], Cin);
xor (S[0], P[0], Cin);
or (C[0], K[0], G[0]);

//第1位
```

```verilog
    xor (P[1], A[1], B[1]);
    and (G[1], A[1], B[1]);
    xor (S[1], P[1], C[0]);
    and (K[1], P[1], G[0]);
    and (K[2], K[1], Cin);
    or  (C[1], G[1], K[1], K[2]);

    //第2位
    xor (P[2], A[2], B[2]);
    and (G[2], A[2], B[2]);
    xor (S[2], P[2], C[1]);
    and (K[3], P[2], G[1]);
    and (K[4], K[3], G[0]);
    and (K[5], K[4], Cin);
    or  (C[2], G[2], K[3], K[4], K[5]);

    //第3位
    xor (P[3], A[3], B[3]);
    and (G[3], A[3], B[3]);
    xor (S[3], P[3], C[2]);
    and (K[6], P[3], G[2]);
    and (K[7], K[6], G[1]);
    and (K[8], K[7], G[0]);
    and (K[9], K[8], Cin);
    or  (Cout, G[3], K[6], K[7], K[8], K[9]);
endmodule
```

对 4 位超前进位加法器的门级建模进行仿真测试，其测试模块如下所示。

【例 4-14】4 位超前进位加法器门级建模的测试模块。

```verilog
`timescale 1ns / 1ps

module test;
    reg clk;
    reg [3:0] a;
    reg [3:0] b;
    reg cin;
    wire [3:0] s;
    wire cout;

    CLA_Adder_Gate u0 (a, b ,cin, s, cout);
```

```
    always #10 clk = ~clk;

    initial begin
        clk = 0;
        #20;
        a = 4'b0000; b = 4'b0000; cin = 1'b0;
        #20;
        a = 4'b0000; b = 4'b0001; cin = 1'b0;
        #20;
        a = 4'b0001; b = 4'b0001; cin = 1'b0;
        #20;
        a = 4'b0001; b = 4'b0011; cin = 1'b1;
        #20;
        a = 4'b0110; b = 4'b0100; cin = 1'b0;
        #20;
        a = 4'b0101; b = 4'b0101; cin = 1'b1;
    end
endmodule
```

3. 数据流级建模

对于 4 位超前进位加法器，我们不仅可以使用门级建模，还可以使用数据流级建模方法，其 Verilog 描述如下所示。

【例 4-15】4 位超前进位加法器数据流级建模。

```
module CLA_Adder_Dataflow (A, B, Cin, S, Cout);
    input [3:0] A;//被加数
    input [3:0] B;//加数
    input Cin;//进位输入
    output [3:0] S;//和
    output Cout;//进位输出
    wire [3:0] P;//进位传递条件
    wire [3:0] G;//进位生成项
    wire [3:0] C;//进位传递

    //进位生成项
    assign G[0] = A[0] & B[0];
    assign G[1] = A[1] & B[1];
    assign G[2] = A[2] & B[2];
    assign G[3] = A[3] & B[3];
```

```
//进位传递条件
assign P[0] = A[0] ^ B[0];
assign P[1] = A[1] ^ B[1];
assign P[2] = A[2] ^ B[2];
assign P[3] = A[3] ^ B[3];

//和表达式，进位表达式
assign S[0] = P[0] ^ Cin;
assign C[0] = G[0] | (P[0] & Cin);
assign S[1] = P[1] ^ C[0];
assign C[1] = G[1] | (P[1] & G[0]) | (P[1] & P[0] & Cin);
assign S[2] = P[2] ^ C[1];
assign C[2] = G[2] | (P[2] & G[1]) | (P[2] & P[1] & G[0]) | (P[2]
& P[1] & P[0] & Cin);
assign S[3] = P[3] ^ C[2];
assign C[3] = G[3] | (P[3] & G[2]) | (P[3] & P[2] & G[1]) | (P[3]
& P[2] & P[1] & G[0]) | (P[3] & P[2] & P[1] & P[0] & Cin);
assign Cout = C[3];
endmodule
```

运用 4 位超前进位加法器，进行级联，可实现位数更多的加法器，如图 4-12 所示。

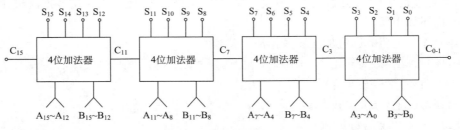

图 4-12　4 位超前进位加法器级联的 16 位加法器

4.2.4　二进制并行加法/减法器

1. 逻辑结构图

加法器可以应用于多种设计，如 8421 BCD 码转化为余 3 码、二进制并行加法/减法器、二-十进制加法器等。此处我们主要介绍二进制并行加法/减法器。

图 4-13 为二进制并行加法/减法器的逻辑电路图。当 $C_{0-1}=0$ 时，$B \oplus 0 = B$，电路执行 $A + B$ 运算；当 $C_{0-1}=1$ 时，$B \oplus 1 = \overline{B}$，电路执行 $A - B = A + \overline{B}$ 运算。

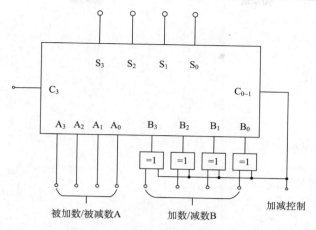

图 4-13　二进制并行加法/减法器逻辑电路图

2. 结构化建模与仿真测试

利用结构化建模方法对二进制并行加法/减法器进行设计，其 Verilog 描述如下所示。

【例 4-16】二进制并行加法/减法器结构化建模。

```verilog
module adder (A, B, Op, S, Cout);
    parameter N = 4;//二进制位数
    input wire [N-1:0] A;//加数
    input wire [N-1:0] B;//被加数
    input wire Op;//操作控制
    output wire [N-1:0] S;//和
    output wire Cout;//进位输出
    wire [3:0] newb;

    xor x0 (newb[0], B[0], Op);
    xor x1 (newb[1], B[1], Op);
    xor x2 (newb[2], B[2], Op);
    xor x3 (newb[3], B[3], Op);

    CLA_Adder_Gate c0 (.A(A), .B(newb), .Cin(Op), .S(S), .Cout(Cout));
endmodule
```

【例 4-17】二进制并行加法/减法器结构化仿真。

```verilog
`timescale 1ns/100ps

module test_adder ();
    reg clk;
```

```
    reg op;
    reg [3:0] a;
    reg [3:0] b;
    wire [3:0] s;
    wire cout;

    adder u0 (a, b, op, s, cout);

    always #10 clk = ~clk;

    initial begin
        clk = 0;
        #20;
        a = 4'b1110; b = 4'b1011; op = 1'b0;
        #20;
        a = 4'b1110; b = 4'b1011; op = 1'b1;
        #20;
        a = 4'b1110; b = 4'b1010; op = 1'b1;
        #20;
        a = 4'b1010; b = 4'b1011; op = 1'b1;
    end
endmodule
```

4.3　编　码　器

用数字或文字和符号来表示某一对象或信号的过程，称为编码。编码器是专门用于将输入的数字信号或文字符号，按照一定规则编成若干位的二进制代码信号，以便于数字电路进行处理。常见的编码器有二进制编码器、二-十进制编码器、优先编码器等。

4.3.1　二进制编码器

1 位二进制代码有 0 和 1，可以表示两个信号；两位二进制代码有 00、01、10 和 11，可以表示 4 个信号，n 位二进制代码有 2^n 种，可以表示 2^n 个信号。用 n 位二进制代码对 $N=2^n$ 个信号进行编码的电路称为二进制编码器。

现用 Verilog 设计并验证 3 位二进制编码器（又称 8-3 编码器）。输入是 8 个需要进行编码的信号，用 $X_0 \sim X_7$ 表示；根据 $N=2^n=8$ 可知，输出应该是 $n=3$ 位的二进制代码，用 Y_2、Y_1、Y_0 表示。

普通编码器的特点是：在任何时刻，只有一个输入信号有效，也只对这一个输入信号进行编码，即不允许有两个和两个以上输入信号同时存在的情况出现。3 位二进制编码器真值表如表 4-4 所示。

表 4-4 3 位二进制编码器真值表

输入								输出		
X_0	X_1	X_2	X_3	X_4	X_5	X_6	X_7	Y_2	Y_1	Y_0
1	0	0	0	0	0	0	0	0	0	0
0	1	0	0	0	0	0	0	0	0	1
0	0	1	0	0	0	0	0	0	1	0
0	0	0	1	0	0	0	0	0	1	1
0	0	0	0	1	0	0	0	1	0	0
0	0	0	0	0	1	0	0	1	0	1
0	0	0	0	0	0	1	0	1	1	0
0	0	0	0	0	0	0	1	1	1	1

由于 $X_0 \sim X_7$ 是一组互相排斥的输入信号，因此只需将输出值为 1 的输入信号加起来，便可以得到相应输出信号的最简与或表达式，如公式（4-16）、公式（4-17）和公式（4-18）所示。

$$Y_2 = X_4 + X_5 + X_6 + X_7 \tag{4-16}$$
$$Y_1 = X_2 + X_3 + X_6 + X_7 \tag{4-17}$$
$$Y_0 = X_1 + X_3 + X_5 + X_7 \tag{4-18}$$

根据上述各表达式可以直接画出如图 4-14 所示的逻辑电路图。

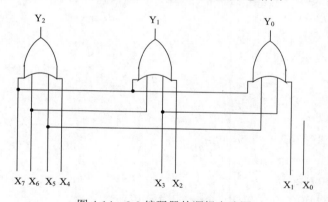

图 4-14 8-3 编码器的逻辑电路图

【例 4-18】3 位二进制编码器门级建模的 Verilog 描述。

```
module encode83a(
    input [7:0] x,
    output [2:0] y,
    output valid
    );
    or(y[2],x[7],x[6],x[5],x[4]);
    or(y[1],x[7],x[6],x[3],x[2]);
```

```
    or(y[0],x[7],x[5],x[3],x[1]);
    or(valid,x[7],x[6],x[5],x[4],x[3],x[2],x[1],x[0]);
endmodule
```

由于输入信号都无效时和只有输入信号 x[0]有效时得到的输出信号 y 都是 0，考虑到程序的健壮性，增加输出信号 valid。当 x[0]~x[7]其中之一有效，valid 为 1；否则 valid 为 0。

【例 4-19】3 位二进制编码器数据流级建模的 Verilog 描述。

```
module encode83b(
    input [7:0] x,
    output [2:0] y,
    output valid
    );
    assign y[2] = x[7]|x[6]|x[5]|x[4];
    assign y[1] = x[7]|x[6]|x[3]|x[2];
    assign y[0] = x[7]|x[5]|x[3]|x[1];
    assign valid = | x;
endmodule
```

同样地，valid=0 表示无有效输入信号，从而输出信号无效。

【例 4-20】3 位二进制编码器行为级建模的 Verilog 描述。

```
module encode83c(
    input [7:0] x,
    output reg [2:0] y,
    output reg valid
    );
    always @ ( * )
    begin
        y = 3'b000;
        valid = 1;
        case ( x )
            8'b0000_0001: y = 3'b000;
            8'b0000_0010: y = 3'b001;
            8'b0000_0100: y = 3'b010;
            8'b0000_1000: y = 3'b011;
            8'b0001_0000: y = 3'b100;
            8'b0010_0000: y = 3'b101;
            8'b0100_0000: y = 3'b110;
            8'b1000_0000: y = 3'b111;
            default: valid = 0;
        endcase
    end
```

```
endmodule
```

由于输入信号都无效时或者多个输入信号同时有效时都不满足普通编码器的约束条件，此时的输出信号无意义，考虑到程序的健壮性，我们增加输出信号 valid 表示输入信号符合普通编码器的约束条件，从而输出信号是输入信号的有效编码。

对 3 位二进制编码器进行仿真测试，其测试模块如下所示。

【例 4-21】3 位二进制编码器测试模块的 Verilog 描述。

用以下仿真代码测试上述设计：

```
module encode83_test;
  reg [7:0]x;
  wire [2:0]y;
  wire valid;
  encode83a uut(x,y,valid);
  initial
    begin
    x=8'h01;#100;
    x=8'h02;#100;
    x=8'h04;#100;
    x=8'h08;#100;
    x=8'h10;#100;
    x=8'h20;#100;
    x=8'h40;#100;
    x=8'h80;#100;
    x=8'h00;#100;
    $stop;
  end
endmodule
```

利用 Xilinx Vivado 获取仿真波形图如图 4-15 所示。

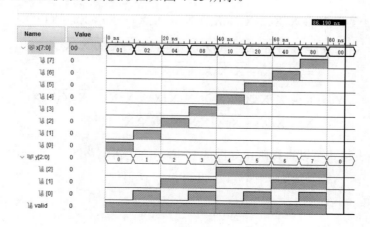

图 4-15　3 位二进制编码器仿真波形图

4.3.2 二进制优先编码器

在数字系统中，常常要控制几个工作对象，如微型计算机主机要控制打印机、磁盘驱动器、输入键盘等。当某个部件需要实行操作时，必须先送一个信号给主机，经主机识别后再发出允许操作信号，这里会有几个部件同时发出服务请求的可能，而在同一时刻只能给其中一个部件发出允许操作信号，因此，必须根据轻重缓急，规定好这些控制对象允许操作的先后次序，即优先级别。识别这类请求信号的优先级别并进行编码的逻辑部件称为优先编码器。

上面介绍的二进制编码器要求任何时刻只能有一个输入信号有效，而二进制优先编码器允许多个输入信号同时有效，但只对优先级最高的那个输入信号进行编码。

表 4-5 是 8-3 优先编码器的真值表，其中每一行 1 的左边的 x 代表不确定的状态，也就是说，不论 x 的值为 1 或是 0，都不影响优先编码器的输出。

表 4-5　3 位二进制优先编码器真值表

输入								输出		
X_0	X_1	X_2	X_3	X_4	X_5	X_6	X_7	Y_2	Y_1	Y_0
1	0	0	0	0	0	0	0	0	0	0
x	1	0	0	0	0	0	0	0	0	1
x	x	1	0	0	0	0	0	0	1	0
x	x	x	1	0	0	0	0	0	1	1
x	x	x	x	1	0	0	0	1	0	0
x	x	x	x	x	1	0	0	1	0	1
x	x	x	x	x	x	1	0	1	1	0
x	x	x	x	x	x	x	1	1	1	1

由表 4-5 直接可得公式（4-19）、公式（4-20）和公式（4-21）。

$$Y_2 = X_7 + \overline{X_7}X_6 + \overline{X_7}\,\overline{X_6}X_5 + \overline{X_7}\,\overline{X_6}\,\overline{X_5}X_4 = X_7 + X_6 + X_5 + X_4 \tag{4-19}$$

$$Y_1 = X_7 + \overline{X_7}X_6 + \overline{X_7}\,\overline{X_6}\,\overline{X_5}X_4X_3 + \overline{X_7}\,\overline{X_6}\overline{X_5}\,\overline{X_4}\,\overline{X_3}X_2 \tag{4-20}$$
$$= X_7 + X_6 + \overline{X_5}\,\overline{X_4}X_3 + \overline{X_5}\,\overline{X_4}X_2$$

$$Y_0 = X_7 + \overline{X_7}\,\overline{X_6}X_5 + \overline{X_7}\,\overline{X_6}\,\overline{X_5}\,\overline{X_4}X_3 + \overline{X_7}\,\overline{X_6}\,\overline{X_5}\,\overline{X_4}\,\overline{X_3}\,\overline{X_2}X_1 \tag{4-21}$$
$$= X_7 + \overline{X_6}X_5 + \overline{X_6}\,\overline{X_4}X_3 + \overline{X_6}\,\overline{X_4}\,\overline{X_2}X_1$$

根据上述各表达式可以直接画出如图 4-16 所示的逻辑电路图。

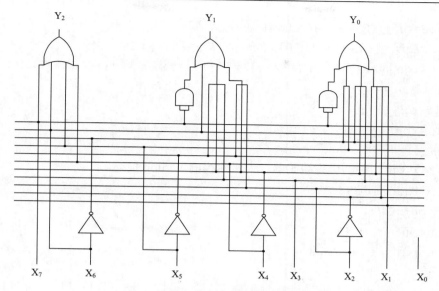

图 4-16　8-3 优先编码器的逻辑电路图

【例 4-22】3 位二进制优先编码器门级建模的 Verilog 描述。

```
module pencode83a(
    input [7:0] x,
    output [2:0] y,
    output valid
    );
    not(_x6,x[6]), (_x5,x[5]), (_x4,x[4]), (_x2,x[2]);
    or(y[2],x[7],x[6],x[5],x[4]);
    and(y13,_x5,_x4,x[3]);
    and(y14,_x5,_x4,x[2]);
    or(y[1],x[7],x[6],y13,y14);
    and(y02,_x6,x[5]);
    and(y03,_x6,_x4,x[3]);
    and(y04,_x6,_x4,_x2,x[1]);
    or(y[0],x[7],y02,y03,y04);
    or(valid,x[7],x[6],x[5],x[4],x[3],x[2],x[1],x[0]);
endmodule
```

【例 4-23】3 位二进制优先编码器数据流级建模的 Verilog 描述。

```
module pencode83b(
    input [7:0] x,
    output [2:0] y,
    output valid
    );
```

```
    assign y[2]=x[7]|x[6]|x[5]|x[4];
    assign y[1]=x[7]|x[6]|(~x[5]&~x[4]&x[3])|(~x[5]&~x[4]&x[2]);
    assign y[0]=x[7]|(~x[6]&x[5])|(~x[6]&~x[4]&x[3])|(~x[6]&~
x[4]
  &~x[2]&x[1]);
    assign valid=|x;
  endmodule
```

【例 4-24】3 位二进制优先编码器行为级建模的 Verilog 描述。

```
module pencode83c(
    input [7:0] x,
    output reg [2:0] y,
    output reg valid
    );
    always@(*)
    begin
    y=0;
    valid=1;
    if(x[7]) y=7;
    else if(x[6]) y=6;
    else if(x[5]) y=5;
    else if(x[4]) y=4;
    else if(x[3]) y=3;
    else if(x[2]) y=2;
    else if(x[1]) y=1;
    else if(x[0]) y=0;
    else valid=0;
    end
endmodule
```

对 3 位二进制优先编码器进行仿真测试，其测试模块如【例 4-25】所示。

【例 4-25】3 位二进制优先编码器测试模块的 Verilog 描述。

用以下仿真代码测试上述设计：

```
module pencode83_test;
  reg [7:0]x;
  wire [2:0]y;
  wire valid;
  pencode83a uut(x,y,valid);
  initial
    begin
    x=8'h00;#100;
```

```
            x=8'h01;#100;
            x=8'h03;#100;
            x=8'h07;#100;
            x=8'h0f;#100;
            x=8'h1f;#100;
            x=8'h3f;#100;
            x=8'h7f;#100;
            x=8'hff;#100;
        $stop;
    end
endmodule
```

利用 Xilinx Vivado 获取仿真波形图如图 4-17 所示。

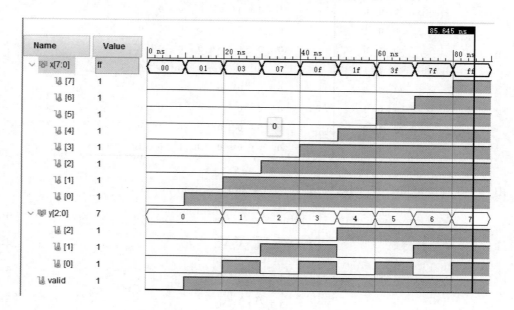

图 4-17　3 位二进制优先编码器仿真波形图

4.4　译　码　器

译码是编码的逆过程，在编码时，每一种二进制代码都赋予了特定的含义，即都表示了一个确定的信号或者对象。把代码状态的特定含义"翻译"出来的过程叫做译码，实现译码操作的电路称为译码器。或者说，译码器是可以将输入二进制代码的状态翻译成输出信号，以表示其原来含义的电路。

译码器的种类很多，但它们的工作原理和分析设计方法大同小异，其中二进制译码器、二-十进制译码器和显示译码器是三种最典型、使用十分广泛的译码电路。

4.4.1　二进制译码器

如果输入的是 n 位二进制代码，则译码器应该有 2^n 个输出端。所以 2 位二进制译码器有 4 个输出端，又可以称为 2 线-4 线译码器；3 位二进制译码器有 8 个输出端，可以称为 3 线-8 线译码器；4 位二进制译码器有 16 个输出端，可以称为 4 线-16 线译码器等。

现用 Verilog 设计并验证 3 位二进制译码器（又称 3-8 译码器）。输入是 3 位二进制代码，用 $A_2 A_1 A_0$ 表示；根据 $N=2^n=8$ 可知，输出应该是 $N=8$ 位的二进制译码，用 $Y_7 \sim Y_0$ 表示。3 位二进制译码器的真值表如表 4-6 所示。

表 4-6　3 位二进制译码器的真值表

输入			输出							
$A_2 A_1 A_0$			Y_0	Y_1	Y_2	Y_3	Y_4	Y_5	Y_6	Y_7
0	0	0	1	0	0	0	0	0	0	0
0	0	1	0	1	0	0	0	0	0	0
0	1	0	0	0	1	0	0	0	0	0
0	1	1	0	0	0	1	0	0	0	0
1	0	0	0	0	0	0	1	0	0	0
1	0	1	0	0	0	0	0	1	0	0
1	1	0	0	0	0	0	0	0	1	0
1	1	1	0	0	0	0	0	0	0	1

由表 4-6 直接可得公式（4-22）～公式（4-29）。

$$Y_0 = \overline{A_2}\,\overline{A_1}\,\overline{A_0} \qquad\qquad (4\text{-}22)$$

$$Y_1 = \overline{A_2}\,\overline{A_1}A_0 \qquad\qquad (4\text{-}23)$$

$$Y_2 = \overline{A_2}A_1\overline{A_0} \qquad\qquad (4\text{-}24)$$

$$Y_3 = \overline{A_2}A_1A_0 \qquad\qquad (4\text{-}25)$$

$$Y_4 = A_2\overline{A_1}\,\overline{A_0} \qquad\qquad (4\text{-}26)$$

$$Y_5 = A_2\overline{A_1}A_0 \qquad\qquad (4\text{-}27)$$

$$Y_6 = A_2A_1\overline{A_0} \qquad\qquad (4\text{-}28)$$

$$Y_7 = A_2A_1A_0 \qquad\qquad (4\text{-}29)$$

根据上述各表达式可以直接画出如图 4-18 所示的逻辑电路图。

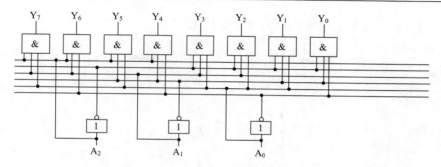

图 4-18 3 位二进制译码器的逻辑电路图

【例 4-26】 3 位二进制译码器的门级建模参考实现。

```
module decode38(
    input [2:0] a,
    output [7:0] y
    );
    not (_a0,a[0]), (_a1,a[1]), (_a2,a[2]);
    and(y[0], _a2, _a1, _a0);
    and(y[1], _a2, _a1, a[0]);
    and(y[2], _a2, a[1], _a0);
    and(y[3], _a2, a[1], a[0]);
    and(y[4], a[2], _a1, _a0);
    and(y[5], a[2], _a1, a[0]);
    and(y[6], a[2], a[1], _a0);
    and(y[7], a[2], a[1], a[0]);
endmodule
```

【例 4-27】 3 位二进制译码器的数据流级建模参考实现。

```
module decode38(
    input [2:0] a,
    output [7:0] y
    );
    assign y[0]=~a[2]&~a[1]&~a[0];
    assign y[1]=~a[2]&~a[1]& a[0];
    assign y[2]=~a[2]& a[1]&~a[0];
    assign y[3]=~a[2]& a[1]& a[0];
    assign y[4]= a[2]&~a[1]&~a[0];
    assign y[5]= a[2]&~a[1]& a[0];
    assign y[6]= a[2]& a[1]&~a[0];
    assign y[7]= a[2]& a[1]& a[0];
endmodule
```

【例 4-28】3 位二进制译码器的行为级建模参考实现。

```verilog
module decode38(
    input [2:0] a,
    output reg [7:0] y
    );
    always @(*)
       begin
         y=0;
         case (a)
           0:y[0]=1;
           1:y[1]=1;
           2:y[2]=1;
           3:y[3]=1;
           4:y[4]=1;
           5:y[5]=1;
           6:y[6]=1;
           7:y[7]=1;
          endcase
       end
endmodule
```

用以下仿真代码测试上述设计。

```verilog
module decode38_test;
    reg [2:0]a;
    wire [7:0]y;
    decode38 uut(a,y);
    initial
    begin
    a=0;#100;
    a=1;#100;
    a=2;#100;
    a=3;#100;
    a=4;#100;
    a=5;#100;
    a=6;#100;
    a=7;#100;
    $stop;
    end
endmodule
```

得到的 3 位二进制译码器仿真波形图如图 4-19 所示。

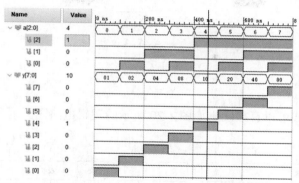

图 4-19　3 位二进制译码器仿真波形图

4.4.2　二-十进制译码器

该译码器将十进制数的二进制编码，即 BCD 码翻译成对应的 10 个输出信号，是一种二-十进制译码器。其中输入为 4 位，输出为 10 位，故又称 4 线-10 线译码器。输入端出现使用 1010～1111 时，电路不响应，输出 Y_0 ～Y_9 全为 0，也就是说均为无效状态。二-十进制译码器的真值表如表 4-7 所示。

表 4-7　二-十进制译码器的真值表

输入				输出									
A_3	A_2	A_1	A_0	Y_9	Y_8	Y_7	Y_6	Y_5	Y_4	Y_3	Y_2	Y_1	Y_0
0	0	0	0	0	0	0	0	0	0	0	0	0	1
0	0	0	1	0	0	0	0	0	0	0	0	1	0
0	0	1	0	0	0	0	0	0	0	0	1	0	0
0	0	1	1	0	0	0	0	0	0	1	0	0	0
0	1	0	0	0	0	0	0	0	1	0	0	0	0
0	1	0	1	0	0	0	0	1	0	0	0	0	0
0	1	1	0	0	0	0	1	0	0	0	0	0	0
0	1	1	1	0	0	1	0	0	0	0	0	0	0
1	0	0	0	0	1	0	0	0	0	0	0	0	0
1	0	0	1	1	0	0	0	0	0	0	0	0	0

由表 4-7 直接可得公式（4-30）～公式（4-39）。

$$Y_0=\overline{A_3}\,\overline{A_2}\,\overline{A_1}\,\overline{A_0} \tag{4-30}$$

$$Y_1=\overline{A_3}\,\overline{A_2}\,\overline{A_1}\,A_0 \tag{4-31}$$

$$Y_2=\overline{A_2}A_1\overline{A_0} \tag{4-32}$$

$$Y_3=\overline{A_2}A_1A_0 \tag{4-33}$$

$$Y_4=A_2\overline{A_1}\,\overline{A_0} \tag{4-34}$$

$$Y_5=A_2\overline{A_1}A_0 \tag{4-35}$$

$$Y_6 = A_2 A_1 \overline{A_0} \qquad\qquad (4\text{-}36)$$

$$Y_7 = A_2 A_1 A_0 \qquad\qquad (4\text{-}37)$$

$$Y_8 = A_3 \overline{A_0} \qquad\qquad (4\text{-}38)$$

$$Y_9 = A_3 A_0 \qquad\qquad (4\text{-}39)$$

根据上述各表达式可以直接画出如图 4-20 所示的逻辑电路图。

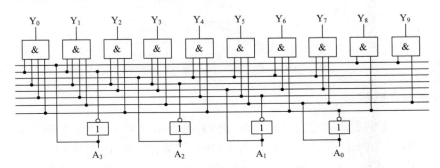

图 4-20　二-十进制译码器逻辑电路图

【例 4-29】二-十进制译码器的门级建模参考实现。

```verilog
module decode4_10(
    input [3:0] a,
    output [9:0] y
    );
        not (_a0,a[0]), (_a1,a[1]), (_a2,a[2]), (_a3,a[3]);
        and(y[0], _a3, _a2, _a1, _a0);
        and(y[1], _a3, _a2, _a1, a[0]);
        and(y[2], _a2, a[1], _a0);
        and(y[3], _a2, a[1], a[0]);
        and(y[4], a[2], _a1, _a0);
        and(y[5], a[2], _a1, a[0]);
        and(y[6], a[2], a[1], _a0);
        and(y[7], a[2], a[1], a[0]);
        and(y[8], a[3], _a0);
        and(y[9], a[3], a[0]);
endmodule
```

【例 4-30】二-十进制译码器的数据流级建模参考实现。

```verilog
module decode4_10(
    input [3:0] a,
    output [9:0] y
    );
        assign y[0]=~a[3]&~a[2]&~a[1]&~a[0];
```

```
        assign y[1]=~a[3]&~a[2]&~a[1]& a[0];
        assign y[2]=~a[2]& a[1]&~a[0];
        assign y[3]=~a[2]& a[1]& a[0];
        assign y[4]= a[2]&~a[1]&~a[0];
        assign y[5]= a[2]&~a[1]& a[0];
        assign y[6]= a[2]& a[1]&~a[0];
        assign y[7]= a[2]& a[1]& a[0];
        assign y[8]= a[3]&~a[0];
        assign y[9]= a[3]& a[0];
endmodule
```

【例 4-31】二-十进制译码器的行为级建模参考实现。

```
module decode4_10(
    input [3:0] a,
    output reg[9:0] y
    );
    always @(*)
    begin
      y=0;
      case (a)
        0:y[0]=1;
        1:y[1]=1;
        2:y[2]=1;
        3:y[3]=1;
        4:y[4]=1;
        5:y[5]=1;
        6:y[6]=1;
        7:y[7]=1;
        8:y[8]=1;
        9:y[9]=1;
      endcase
    end
endmodule
```

用以下仿真代码测试上述设计。

```
module decode4_10_test;
    reg [3:0]a;
    wire [9:0]y;
    decode4_10 uut(a,y);
    initial
    begin
```

```
    a=0;#100;
    a=1;#100;
    a=2;#100;
    a=3;#100;
    a=4;#100;
    a=5;#100;
    a=6;#100;
    a=7;#100;
    a=8;#100;
    a=9;#100;
    $stop;
    end
endmodule
```

得到二-十进制译码器仿真波形图如图 4-21 所示。

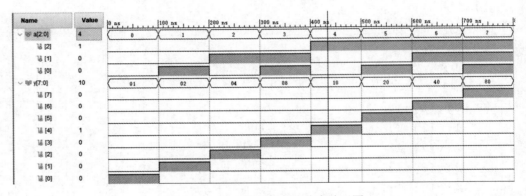

图 4-21　二-十进制译码器仿真波形图

4.4.3　显示译码器

在数字系统和装置中，经常需要把数字、文字和符号等的二进制编码翻译成人们习惯的形式直观地显示出来，以便于查看和对话。由于各种工作方式的现实器件对译码器的要求区别很大，而实际工作中又希望显示器和译码器配合使用，甚至直接利用译码器驱动显示器，这种类型的译码器称为显示译码器。

现在我们以在 Xilinx FPGA 板卡 Basys 3（芯片型号 xc7a35tcpg236-3）上使用 1 个 7 段数码管显示 4 位二进制数的十六进制数表示为例，说明显示译码器的设计过程。输入是 4 位的十六进制数，输出是 7 段共阳极数码管 a～g 的值。如图 4-22 所示，真值表如表 4-8 所示。

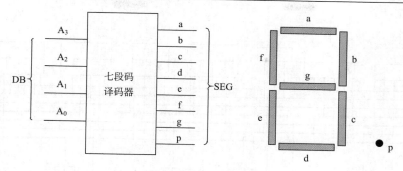

图 4-22　显示译码器

表 4-8　显示译码器的真值表

输入				输出							字型
A_3	A_2	A_1	A_0	Y_a	Y_b	Y_c	Y_d	Y_e	Y_f	Y_g	
0	0	0	0	0	0	0	0	0	0	1	0
0	0	0	1	1	0	0	1	1	1	1	1
0	0	1	0	0	0	1	0	0	1	0	2
0	0	1	1	0	0	0	0	1	1	0	3
0	1	0	0	1	0	0	1	1	0	0	4
0	1	0	1	0	1	0	0	1	0	0	5
0	1	1	0	0	1	0	0	0	0	0	6
0	1	1	1	0	0	0	1	1	1	1	7
1	0	0	0	0	0	0	0	0	0	0	8
1	0	0	1	0	0	0	0	1	0	0	9

由表 4-8 直接可得公式（4-40）～公式（4-46）。

$$Y_a = \overline{A_3 + A_1 + \overline{A_2}\,\overline{A_0} + A_2 A_0} \tag{4-40}$$

$$Y_b = \overline{A_2 + \overline{A_1}\,\overline{A_0} + A_1 A_0} \tag{4-41}$$

$$Y_c = \overline{A_2 + \overline{A_1} + A_0} \tag{4-42}$$

$$Y_d = \overline{A_3 + \overline{A_2}\,\overline{A_1}\,\overline{A_0} + A_2\,\overline{A_1}A_0 + \overline{A_2}A_1 A_0} \tag{4-43}$$

$$Y_e = \overline{\overline{A_2}\,\overline{A_0} + A_1\overline{A_0}} \tag{4-44}$$

$$Y_f = \overline{A_3 + \overline{A_1}\,\overline{A_0} + A_2\overline{A_1} + A_2\overline{A_0}} \tag{4-45}$$

$$Y_g = \overline{A_3 + A_2\overline{A_1} + \overline{A_2}A_0 A_2\overline{A_0}} \tag{4-46}$$

根据上述各表达式可以直接画出如图 4-23 所示的逻辑电路图。

Basys 3 板卡上有 4 个 7 段共阳极数码管，要想使用它们作为译码器的显示器，首先要点亮数码管，然后再点亮数码管对应的 LED 段。以下代码使用 4 位的输出信号 AN 点亮数码管，使用 7 位的输出信号 a_to_g 点亮数码管对应的 LED 段。

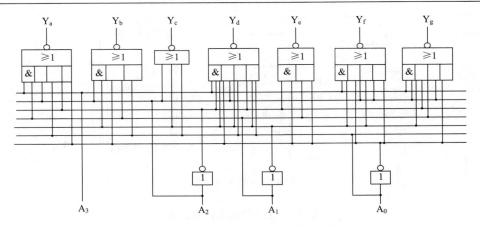

图 4-23　4 位二-十六进制显示译码器逻辑电路图

【例 4-32】4 位二-十六进制显示译码器的行为级建模参考实现。

```verilog
module hex7seg(
    input wire [3:0] digit,
    output wire [3:0] AN,
    output reg [6:0] a_to_g
    );
    assign AN = 4'b1110;
    always@(*)
    case(digit)
       0:a_to_g=7'b0000001;
       1:a_to_g=7'b1001111;
       2:a_to_g=7'b0010010;
       3:a_to_g=7'b0000110;
       4:a_to_g=7'b1001100;
       5:a_to_g=7'b0100100;
       6:a_to_g=7'b0100000;
       7:a_to_g=7'b0001111;
       8:a_to_g=7'b0000000;
       9:a_to_g=7'b0000100;
       'hA:a_to_g=7'b0001000;
       'hb:a_to_g=7'b1100000;
       'hC:a_to_g=7'b0110001;
       'hd:a_to_g=7'b1000010;
       'hE:a_to_g=7'b0110000;
       'hF:a_to_g=7'b0111000;
       default:a_to_g=7'b0000001;
    endcase
```

```
endmodule
```

【例 4-33】FPGA 板卡验证。

现在我们通过 Basys 3 板卡上的拨码开关 SW15～SW12 输入要显示的 4 位二进制数，再使用最右侧的那个数码管显示其对应的十六进制数表示。

引脚分配如下：

```
set_property PACKAGE_PIN U7 [get_ports {a_to_g[0]}]
set_property IOSTANDARD LVCMOS33 [get_ports {a_to_g[0]}]
set_property PACKAGE_PIN V5 [get_ports {a_to_g[1]}]
set_property IOSTANDARD LVCMOS33 [get_ports {a_to_g[1]}]
set_property PACKAGE_PIN U5 [get_ports {a_to_g[2]}]
set_property IOSTANDARD LVCMOS33 [get_ports {a_to_g[2]}]
set_property PACKAGE_PIN V8 [get_ports {a_to_g[3]}]
set_property IOSTANDARD LVCMOS33 [get_ports {a_to_g[3]}]
set_property PACKAGE_PIN U8 [get_ports {a_to_g[4]}]
set_property IOSTANDARD LVCMOS33 [get_ports {a_to_g[4]}]
set_property PACKAGE_PIN W6 [get_ports {a_to_g[5]}]
set_property IOSTANDARD LVCMOS33 [get_ports {a_to_g[5]}]
set_property PACKAGE_PIN W7 [get_ports {a_to_g[6]}]
set_property IOSTANDARD LVCMOS33 [get_ports {a_to_g[6]}]

set_property PACKAGE_PIN W4 [get_ports {AN[3]}]
set_property IOSTANDARD LVCMOS33 [get_ports {AN[3]}]
set_property PACKAGE_PIN V4 [get_ports {AN[2]}]
set_property IOSTANDARD LVCMOS33 [get_ports {AN[2]}]
set_property PACKAGE_PIN U4 [get_ports {AN[1]}]
set_property IOSTANDARD LVCMOS33 [get_ports {AN[1]}]
set_property PACKAGE_PIN U2 [get_ports {AN[0]}]
set_property IOSTANDARD LVCMOS33 [get_ports {AN[0]}]

set_property PACKAGE_PIN R2 [get_ports {digit[3]}]
set_property IOSTANDARD LVCMOS33 [get_ports {digit[3]}]
set_property PACKAGE_PIN T1 [get_ports {digit[2]}]
set_property IOSTANDARD LVCMOS33 [get_ports {digit[2]}]
set_property PACKAGE_PIN U1 [get_ports {digit[1]}]
set_property IOSTANDARD LVCMOS33 [get_ports {digit[1]}]
set_property PACKAGE_PIN W2 [get_ports {digit[0]}]
set_property IOSTANDARD LVCMOS33 [get_ports {digit[0]}]
```

Basys 3 板卡显示结果如下：

拨码开关 SW15～SW12 输入要显示的 4 位二进制数为 1010，最右侧的数码管显示其对应的十六进制数表示 A。如图 4-24 所示。

图 4-24 二-十六进制显示译码器上板显示图

4.5 数据选择器

数据选择器又称多路选择器，常见分类有 2 选 1 数据选择器、4 选 1 数据选择器、8 选 1 数据选择器（型号为 74151、74LS151、74251、74LS152）、16 选 1 数据选择器（可以用两片 74151 连接起来构成）等。多路选择器还包括总线的多路选择、模拟信号的多路选择等，相应的器件也有不同的特性和使用方法。

4.5.1 二路选择器

二路选择器又称 2 选 1 数据选择器，主要功能是进行两路选择。实例化多路选择器时，可使用#(XXX)，实例化位宽为 XXX 的多路选择器。其结构如图 4-25 所示。

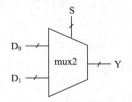

图 4-25 2 选 1 数据选择器符号

2 选 1 数据选择器的真值表如表 4-9 所示。

表 4-9　2 选 1 数据选择器的真值表

S	D_0	D_1	Y
0	0	0	0
0	0	1	0
0	1	0	1
0	1	1	1
1	0	0	0
1	0	1	1
1	1	0	0
1	1	1	1

逻辑表达式如公式（4-47）所示。

$$Y = D_0\overline{S} + D_1S \qquad\qquad (4-47)$$

逻辑电路图如图 4-26 所示。

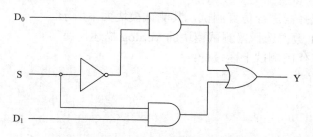

图 4-26　2 选 1 数据选择器逻辑电路图

【例 4-34】2 选 1 数据选择器门级建模的 Verilog 描述。

```
module mux2_1(d0,d1,sel,y);
    input d0,d1,sel;
    output y;
    wire s1;
    wire y0,y1;
    not(s1,sel);
    and(y0,d0,s1);
    and(y1,d1,sel);
    or(y,y0,y1);
endmodule
```

【例 4-35】2 选 1 数据选择器数据流级建模的 Verilog 描述。

```
module mux2_1(d0,d1,sel,y);
    input d0,d1,sel;
    output y;
```

```
    assign y=(d0&~sel)|(d1&sel);
endmodule
```

【例 4-36】2 选 1 数据选择器行为级建模的 Verilog 描述。

```
module mux2_1(d0,d1,sel,y);
    input d0,d1,sel;
    output y;
    reg y;
    always @ *
    begin
        case(sel)
        1'b0: y = d0;
        1'b1: y = d1;
        default: y = 1'bx;
        endcase
    end
endmodule
```

对 2 选 1 数据选择器进行仿真测试，其测试模块如下所示。

【例 4-37】2 选 1 数据选择器测试模块的 Verilog 描述。

我们用以下仿真代码测试上述设计：

```
module test();
    reg clk;
    reg d0,d1;
    reg sel;
    wire  y;
    mux2_1 u0(d0,d1,sel,y);
    always  #10 clk=~clk;
      initial
        begin
            clk=0;
            sel=1'b0;//选择X1, Y=X1
            d0=1'b0;
            d1=1'b1;
            #40;
            sel=1'b1;//选择X1, Y=X1
            d0=1'b0;
            d1=1'b1;
            #40;
          $stop;
        end
endmodule
```

利用 Xilinx Vivado 获取仿真波形图如图 4-27 所示。

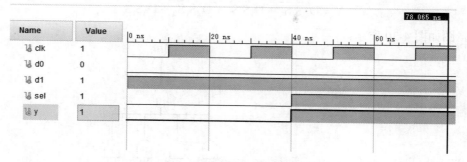

图 4-27 2 选 1 数据选择器仿真波形图

4.5.2 四路选择器

四路选择器的主要功能是对输入的 4 路信号选择 1 路输出。实例化多路选择器时，可使用#(XXX)，实例化位宽为 XXX 的多路选择器。其结构如图 4-28 所示。

4 选 1 选择器可以用于 4 路信号的切换。

4 选 1 数据选择器原理示意图如图 4-29 所示。

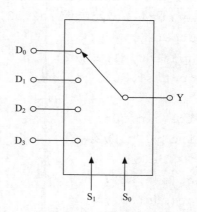

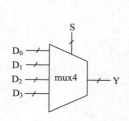

图 4-28 4 选 1 数据选择器符号

图 4-29 4 选 1 数据选择器原理示意图

4 选 1 数据选择器的真值表如表 4-10 所示。

表 4-10 4 选 1 数据选择器的真值表

S_1	S_0	Y
0	0	D_0
0	1	D_1
1	0	D_2
1	1	D_3

逻辑表达式如公式（4-48）所示。

$$Y = D_0 \overline{S_1}\,\overline{S_0} + D_1 \overline{S_1}S_0 + D_2 S_1 \overline{S_0} + D_3 S_1 S_0 \qquad (4\text{-}48)$$

逻辑图如图 4-30 所示。

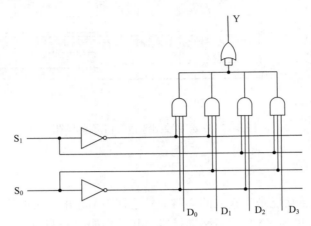

图 4-30　4 选 1 数据选择器逻辑电路图

【例 4-38】4 选 1 数据选择器门级建模的 Verilog 描述。

```verilog
module mux4_1(y,d0,d1,d2,d3,s1,s0);
    output y;
    input d0,d1,d2,d3;
    input s1,s0;

    wire s1n,s0n;
    wire y0,y1,y2,y3;

    not(s1n,s1);
    not(s0n,s0);
    and(y0,s1n,s0n,d0);
    and(y1,s1n,s0n,d1);
    and(y2,s1n,s0n,d2);
    and(y3,s1n,s0n,d3);
    or(y,y0,y1,y2,y3);
endmodule
```

【例 4-39】4 选 1 数据选择器数据流级建模的 Verilog 描述。

```verilog
module mux4_1( y,d0,d1,d2,d3,s1,s0);
    parameter N=8;    //该参数定义了一个（8位）的4选1多路选择器
    input[N-1: 0] d0,d1,d2,d3,s1,s0;
    output wire [N-1: 0] y;
```

```
    assign y=(～s1&s0&d0)|(～s1&～s0&d1)|(s1&s0&d2)|(s1&～s0&d3);
endmodule
```

【例 4-40】4 选 1 数据选择器行为级建模的 Verilog 描述。

```
module mux4_1(y,d0,d1,d2,d3,sel);
    output y;
    input d0,d1,d2,d3;
    input[1:0] sel;
    reg y;
    always @(d0 or d1 or d2 or d3 or sel)    //敏感信号列表
    case(sel)
        2'b00:  y=d0;
        2'b01:  y=d1;
        2'b10:  y=d2;
        2'b11:  y=d3;
        default: y=2'bx;
    endcase
endmodule
```

【例 4-41】4 选 1 数据选择器测试模块的 Verilog 描述。

如果数据位数可变，可将 4 选 1 数据选择器描述如下：

```
module multiplexer_N (y,d0,d1,d2,d3,sel);
    parameter N=8;
    output [N-1:0] y;
    input [N-1:0] d0,d1,d2,d3;
    input[1:0] sel;
    reg [N-1:0] y;
    always @(d0 or d1 or d2 or d3 or sel)    //敏感信号列表
    case(sel)
        2'b00:  y=d0;
        2'b01:  y=d1;
        2'b10:  y=d2;
        2'b11:  y=d3;
        default: y=N'bx;
    endcase
endmodule
```

我们用以下仿真代码测试上述设计：

```
module test();
    parameter N=8;
    reg clk;
    reg [N-1:0] d0,d1,d2,d3;
```

```
reg [1:0] sel;
wire [N-1:0] y;
multiplexer_N u0(d0,d1,d2,d3,sel,y);
always  #10 clk=~clk;
initial
begin
 clk=0;
 sel=2'b00;//选择d0，y=d0
 d0=8'b00101010;
 d1=8'b11111111;
 d2=8'b11000000;
 d3=8'b11100101;
 #40;
 sel=2'b01;//选择d1，y=d1
 d0=8'b00101010;
 d1=8'b11111111;
 d2=8'b11000000;
 d3=8'b11100101;
 #40;
 sel=2'b10;//选择d2，y=d2
 d0=8'b00101010;
 d1=8'b11111111;
 d2=8'b11000000;
 d3=8'b11100101;
 #40;
 sel=2'b11;//选择d3，y=d3
 d0=8'b00101010;
 d1=8'b11111111;
 d2=8'b11000000;
 d3=8'b11100101;
 #40;
 $stop;
end

endmodule
```

利用 Xilinx Vivado 获取仿真波形图如图 4-31 所示。

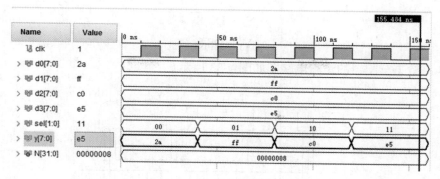

图 4-31　4 选 1 数据选择器仿真波形图

4.6　数据分配器

将 1 个输入数据，根据需要传送到 m 个输出端中的任何一个输出端的电路，叫多路分配器。其逻辑功能正好与数据选择器相反。

1 路-4 路数据分配器结构如图 4-32 所示。

1 路-4 路数据分配器真值表如表 4-11 所示。

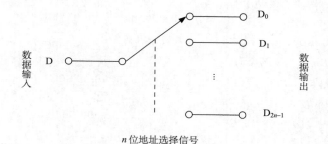

图 4-32　1 路-4 路数据分配器示意图

表 4-11　1 路-4 路数据分配器真值表

输入		输出			
S_1	S_0	Y_0	Y_1	Y_2	Y_3
0	0	D	0	0	0
0	1	0	D	0	0
1	0	0	0	D	0
1	1	0	0	0	D

注：左侧合并单元格为 D

1 路-4 路数据分配器的逻辑表达式如公式（4-49）～公式（4-52）所示。

$$Y_0 = D\overline{S_1}\,\overline{S_0} \tag{4-49}$$

$$Y_1 = D\overline{S_1}S_0 \tag{4-50}$$

$$Y_2 = DS_1\overline{S_0} \tag{4-51}$$

$$Y_3 = DS_1S_0 \tag{4-52}$$

1 路-4 路数据分配器的逻辑电路图如图 4-33 所示。

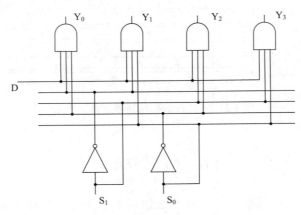

图 4-33　　1 路-4 路数据分配器逻辑电路图

【例 4-42】1 路-4 路数据分配器门级建模的 Verilog 描述。

```
module dis4(d,s1,s0,y0,y1,y2,y3);
    input d;
    input s1,s0;
    output y0,y1,y2,y3;
    wire s1n,s0n;
    not(s1n,s1);
    not(s0n,s0);
    and(y0,d,s1n,s0n);
    and(y1,d,s1n,s0);
    and(y2,d,s1,s0n);
    and(y3,d,s1,s0);
endmodule
```

【例 4-43】1 路-4 路数据分配器数据流级建模的 Verilog 描述。

```
module dis4(d,s1,s0,y0,y1,y2,y3);
    input  d;
    input s1,s0;
    output  y0,y1,y2,y3;
    assign y0 = ({s1,s0}==2'b00)?d:32'b0;
    assign y1 = ({s1,s0}==2'b01)?d:32'b0;
    assign y2 = ({s1,s0}==2'b10)?d:32'b0;
    assign y3 = ({s1,s0}==2'b11)?d:32'b0;
endmodule
```

【例 4-44】1 路-4 路数据分配器行为级建模的 Verilog 描述。

```verilog
module dis4(d,s1,s0,y0,y1,y2,y3);
    input  d;
    input s1,s0;
    output reg y0,y1,y2,y3;
    always @ *
    if({s1,s0}== 2'b00)
    begin
    y0=d;y1=0;y2=0;y3=0;
    end
    else if({s1,s0}== 2'b01)
    begin
    y0=0;y1=d;y2=0;y3=0;
    end
    else if({s1,s0}== 2'b10)
    begin
    y0=0;y1=0;y2=d;y3=0;
    end
    else
    begin
    y0=0;y1=0;y2=0;y3=d;
    end
endmodule
```

对 1 路-4 路数据分配器进行仿真测试，其测试模块如下所示。

【例 4-45】1 路-4 路数据分配器测试模块的 Verilog 描述。

我们用以下仿真代码测试上述设计：

```verilog
module test();
    reg clk;
    reg  d;
    reg s1,s0;
    wire  y0,y1,y2,y3;
    dis4 u0(d,s1,s0,y0,y1,y2,y3);
    always  #10 clk=~clk;
    initial
    begin
        clk=0;
        d=1;
        {s1,s0}=2'b00  ;
        #40;
```

```
            {s1,s0}=2'b01;
            #40;
            {s1,s0}=2'b10;
            #40;
            {s1,s0}=2'b11;
            #40;
            $stop;
        end
endmodule
```

利用 Xilinx Vivado 获取仿真波形图如图 4-34 所示。

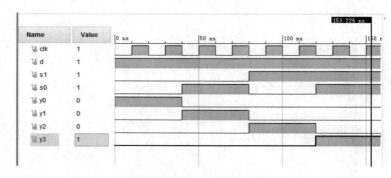

图 4-34　1 路-4 路数据分配器仿真波形图

4.7　实　　验

4.7.1　数值比较器

一、实验目的

1. 掌握 1 位数值比较器的建模方法与验证技术。
2. 掌握 4 位数值比较器的建模方法与验证技术。

二、实验要求

1. 利用 Verilog HDL 对 1 位数值比较器建模与验证。
2. 利用 Verilog HDL 对 4 位数值比较器建模与验证。

三、实验内容

1. 1 位数值比较器建模与验证
（1）依据给出的输出方程及逻辑电路图，建立工程。
（2）1 位数值比较器结构化建模。
（3）设计 1 位数值比较器的 Test Bench 模块。

（4）仿真 1 位数值比较器，查看波形图。

（5）分析 1 位数值比较器，查看 RTL 原理图。

（6）综合 1 位数值比较器，查看原理图。

2. 4 位数值比较器建模与验证

（1）依据给出的输出方程及逻辑电路图，建立工程。

（2）4 位数值比较器结构化建模。

（3）设计 4 位数值比较器的 Test Bench 模块。

（4）仿真 4 位数值比较器，查看波形图。

（5）分析 4 位数值比较器，查看 RTL 原理图。

（6）综合 4 位数值比较器，查看原理图。

四、实验思考

1. 试用 Verilog HDL 对 4 位数值比较器建模，编写 Test Bench 进行仿真，进行 RTL 分析查看其原理图，综合后查看原理图、获得最大功耗、资源消耗和最大延迟。

2. 分析比较 1 位数值比较器门级建模、4 位数值比较器数据流级建模的延迟。

4.7.2　加法器

一、实验目的

1. 掌握 4 位串行进位加法器的建模方法与验证技术。

2. 掌握 4 位超前进位加法器的建模方法与验证技术。

3. 掌握二进制并行加法/减法器的建模方法与验证技术。

二、实验要求

1. 利用 Verilog HDL 对 4 位串行进位加法器建模与验证。

2. 利用 Verilog HDL 对 4 位超前进位加法器建模与验证。

3. 利用 Verilog HDL 对二进制并行加法/减法器建模与验证。

三、实验内容

1. 4 位串行进位加法器建模与验证

（1）依据给出的输出方程及逻辑电路图，建立工程。

（2）4 位串行进位加法器结构化建模。

（3）设计 4 位串行进位加法器的 Test Bench 模块。

（4）仿真 4 位串行进位加法器，查看波形图。

（5）分析 4 位串行进位加法器，查看 RTL 原理图，填写分析表。

（6）综合 4 位串行进位加法器，查看原理图，填写功耗、资源消耗和延迟分析表。

2. 4 位超前进位加法器门级建模与验证、数据流级建模与验证

（1）依据给出的输出方程及逻辑电路图，建立工程。

（2）4 位超前进位加法器结构化门级建模。

（3）设计 4 位超前进位加法器结构化门级建模的 Test Bench 模块。

（4）仿真 4 位超前进位加法器结构化门级建模，查看波形图。

（5）分析使用门级建模的 4 位超前进位加法器，查看 RTL 原理图，填写分析表。

（6）综合使用门级建模的 4 位超前进位加法器，查看原理图，填写功耗、资源消耗和延迟分析表。

（7）4 位超前进位加法器数据流级建模。

（8）设计 4 位超前进位加法器数据流级建模的 Test Bench 模块。

（9）仿真 4 位超前进位加法器数据流级建模，查看波形图。

（10）分析使用数据流级建模的 4 位超前进位加法器，查看 RTL 原理图，填写分析表。

（11）综合使用数据流级建模的 4 位超前进位加法器，查看原理图，填写功耗、资源消耗和延迟分析表。

3. 二进制并行加法/减法器建模与验证

（1）依据给出的输出方程及逻辑电路图，建立工程。

（2）二进制并行加法/减法器结构化建模。

（3）设计二进制并行加法/减法器结构化建模的 Test Bench 模块。

（4）仿真二进制并行加法/减法器结构化建模，查看波形图。

（5）分析二进制并行加法/减法器，查看 RTL 原理图，填写分析表。

（6）综合二进制并行加法/减法器，查看原理图，填写功耗、资源消耗和延迟分析表。

四、实验思考

1. 试用 Verilog HDL 对 4 位超前进位加法器建模，编写 Test Bench 进行仿真，进行 RTL 分析查看其原理图，综合后查看原理图，获得最大功耗、资源消耗和最大延迟。

2. 分析比较 4 位串行进位加法器门级建模与 4 位超前进位加法器门级建模、数据流级建模的延迟。

4.7.3　超前进位加法器

一、实验目的

1. 掌握 4 位超前进位加法器的数据流级建模和结构化建模方法与验证技术。
2. 掌握 8 位超前进位加法器的数据流级建模和结构化建模方法与验证技术。

二、实验要求

1. 利用 Verilog HDL 对 4 位超前进位加法器进行数据流级建模和结构化建模与验证。
2. 利用 Verilog HDL 对 8 位超前进位加法器进行数据流级建模和结构化建模与验证。

三、实验内容

1. 4 位超前进位加法器的数据流级建模和结构化建模

从 4 位超前进位加法器的数据流级建模中，可以找出逻辑表达式的规律，从而定义两个辅助函数：进位生成函数 G_i 和进位传递函数 P_i。

$$G_i = X_i Y_i \tag{4-53}$$

$$P_i = X_i \oplus Y_i \tag{4-54}$$

通常把实现上述逻辑的电路称为进位生成/传递部件。每一位的全加和与下一位进位的逻辑方程为

$$S_i = P_i \oplus C_i, \quad C_{i+1} = G_i + P_i C_i \quad (i = 0, 1, \cdots, n) \tag{4-55}$$

设 $n = 4$ ，则进位 C_i 为

$$\begin{aligned}
C_1 &= G_0 + P_0 C_0 \\
C_2 &= G_1 + P_1 C_1 = G_1 + P_1 G_0 + P_1 P_0 C_0 \\
C_3 &= G_2 + P_2 C_2 = G_2 + P_2 G_1 + P_2 P_1 G_0 + P_2 P_1 P_0 C_0 \\
C_4 &= G_3 + P_3 C_3 = G_3 + P_3 G_2 + P_3 P_2 G_1 + P_3 P_2 P_1 G_0 + P_3 P_2 P_1 P_0 C_0
\end{aligned} \tag{4-56}$$

由上式可知：各进位之间无等待、相互独立并同时产生。通常把实现上述逻辑的电路称为 4 位 CLA 部件。由此，根据 $S_i = P_i \oplus C_i$ ，可并行求出各位和。通常把实现 $S_i = P_i \oplus C_i$ 的电路称为求和部件。

CLA 加法器由"进位生成/传递部件"、"CLA 部件"和"求和部件"构成，它们各自的 Verilog 描述如下所示。

```verilog
module GU (Xi, Yi, Gi);//进位生成部件
    input wire Xi;
    input wire Yi;
    output wire Gi;


    assign Gi = Xi & Yi;
endmodule

module PU (Xi, Yi, Pi);//进位传递部件
    input wire Xi;
    input wire Yi;
    output wire Pi;


    assign Pi = Xi ^ Yi;
endmodule

module CarryLookAhead_4 (P, G, C0, C);//CLA部件, 4-bit Carry Look
Ahead
    input wire [3:0] P;
    input wire [3:0] G;
    input wire C0;
    output wire [4:1] C;
```

```
    assign C[1] = G[0] | (P[0] & C0);
    assign C[2] = G[1] | (P[1] & G[0]) | (P[1] & P[0] & C0);
    assign C[3] = G[2] | (P[2] & G[1]) | (P[2] & P[1] & G[0]) | (P[2]
& P[1] & P[0] & C0);
    assign C[4] = G[3] | (P[3] & G[2]) | (P[3] & P[2] & G[1]) | (P[3]
& P[2] & P[1] & G[0]) | (P[3] & P[2] & P[1] & P[0] & C0);
endmodule

module SUM (Pi, Ci, Si);//求和部件
    input wire Pi;
    input wire Ci;
    output wire Si;

    assign Si = Pi ^ Ci;
endmodule
```

4 位超前进位加法器数据流级建模和结构化建模的逻辑结构如图 4-35 所示。

（1）依据给出的输出方程及逻辑结构图，建立工程。

（2）对上述的 4 位超前进位加法器进行数据流级建模和结构化建模。

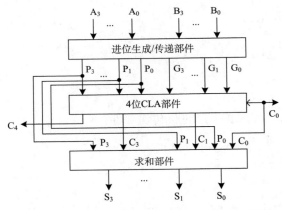

图 4-35　4 位超前进位加法器数据流级建模和结构化建模的逻辑结构图

4 位超前进位加法器的数据流级建模和结构化建模描述如下。

```
module ParallelAdder4 (A, B, Cin, S, Cout);//4位超前进位加法器
    input wire [3:0] A;
    input wire [3:0] B;
    input wire Cin;
    output wire Cout;
    output wire [3:0] S;
    wire [3:0] G;
```

```
    wire [3:0] P;
    wire [4:1] C;

    GU GU0 (A[0], B[0], G[0]);
    GU GU1 (A[1], B[1], G[1]);
    GU GU2 (A[2], B[2], G[2]);
    GU GU3 (A[3], B[3], G[3]);

    PU PU0 (A[0], B[0], P[0]);
    PU PU1 (A[1], B[1], P[1]);
    PU PU2 (A[2], B[2], P[2]);
    PU PU3 (A[3], B[3], P[3]);

    CarryLookAhead_4 CLA (P, G, Cin, C);

    SUM SUM0 (P[0], Cin, S[0]);
    SUM SUM1 (P[1], C[1], S[1]);
    SUM SUM2 (P[2], C[2], S[2]);
    SUM SUM3 (P[3], C[3], S[3]);

    assign Cout = C[4];
endmodule
```

（3）设计上述的 4 位超前进位加法器的 Test Bench 模块。

4 位超前进位加法器的仿真模块描述如下。

```
module test;
    reg [3:0] a;
    reg [3:0] b;
    reg cin;
    wire [3:0] sum;
    wire cout;

    ParallelAdder4 u0 (a, b, cin, sum, cout);

    initial begin
        cin = 1'b0; a = 4'h0; b = 4'h0;
        #10;
        cin = 1'b0; a = 4'h0; b = 4'h1;
        #10;
        cin = 1'b0; a = 4'h8; b = 4'h1;
```

```
        #10;
        cin = 1'b0; a = 4'h9; b = 4'h9;
        #10;
        cin = 1'b1; a = 4'hf; b = 4'hf;
        $finish;
    end
endmodule
```

（4）仿真此 4 位超前进位加法器，查看波形图，如图 4-36 所示。

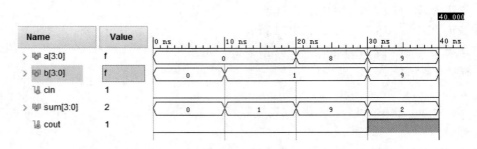

图 4-36　4 位超前进位加法器的仿真波形图

（5）分析此 4 位超前进位加法器，查看 RTL 原理图。

（6）综合此 4 位超前进位加法器，查看原理图。

（7）查看最大功耗、资源消耗和最大延迟。

2. 8 位超前进位加法器的数据流级建模和结构化建模

参考 4 位超前进位加法器的数据流级建模和结构化建模，试用 Verilog HDL 对 8 位超前进位加法器进行建模。8 位超前进位加法器的逻辑结构如图 4-37 所示。

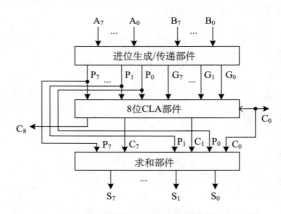

图 4-37　8 位超前进位加法器的逻辑结构图

从 4 位超前进位加法器的数据流级建模中，可以找出逻辑表达式的规律，从而得到 8 位超前进位加法器的数据流级建模和结构化建模的逻辑表达式。同样地，定义两个辅助函数：进位生成函数 G_i 和进位传递函数 P_i。

$$G_i = X_i Y_i \tag{4-57}$$

$$P_i = X_i \oplus Y_i \tag{4-58}$$

每一位的全加和与下一位进位的逻辑方程为

$$S_i = P_i \oplus C_i, \quad C_{i+1} = G_i + P_i C_i \quad (i = 0, 1, \cdots, n) \tag{4-59}$$

设 $n = 8$ ，则进位 C_i 为

$$
\begin{aligned}
C_1 &= G_0 + P_0 C_0 \\
C_2 &= G_1 + P_1 C_1 = G_1 + P_1 G_0 + P_1 P_0 C_0 \\
C_3 &= G_2 + P_2 C_2 = G_2 + P_2 G_1 + P_2 P_1 G_0 + P_2 P_1 P_0 C_0 \\
C_4 &= G_3 + P_3 C_3 = G_3 + P_3 G_2 + P_3 P_2 G_1 + P_3 P_2 P_1 G_0 + P_3 P_2 P_1 P_0 C_0 \\
C_5 &= G_4 + P_4 C_4 = G_4 + P_4 G_3 + P_4 P_3 G_2 + P_4 P_3 P_2 G_1 + P_4 P_3 P_2 P_1 G_0 \\
&\quad + P_4 P_3 P_2 P_1 P_0 C_0 \\
C_6 &= G_5 + P_5 C_5 = G_5 + P_5 G_4 + P_5 P_4 G_3 + P_5 P_4 P_3 G_2 + P_5 P_4 P_3 P_2 G_1 \\
&\quad + P_5 P_4 P_3 P_2 P_1 G_0 + P_5 P_4 P_3 P_2 P_1 P_0 C_0 \\
C_7 &= G_6 + P_6 C_6 = G_6 + P_6 G_5 + P_6 P_5 G_4 + P_6 P_5 P_4 G_3 + P_6 P_5 P_4 P_3 G_2 \\
&\quad + P_6 P_5 P_4 P_3 P_2 G_1 + P_6 P_5 P_4 P_3 P_2 P_1 G_0 + P_6 P_5 P_4 P_3 P_2 P_1 P_0 C_0 \\
C_8 &= G_7 + P_7 C_7 = G_7 + P_7 G_6 + P_7 P_6 G_5 + P_7 P_6 P_5 G_4 + P_7 P_6 P_5 P_4 G_3 \\
&\quad + P_7 P_6 P_5 P_4 P_3 G_2 + P_7 P_6 P_5 P_4 P_3 P_2 G_1 + P_7 P_6 P_5 P_4 P_3 P_2 P_1 G_0 \\
&\quad + P_7 P_6 P_5 P_4 P_3 P_2 P_1 P_0 C_0
\end{aligned}
\tag{4-60}
$$

把实现上述逻辑的电路称为 8 位 CLA 部件。由此，根据 $S_i = P_i \oplus C_i$ ，可并行求出各位和。把实现 $S_i = P_i \oplus C_i$ 的电路称为求和部件。

（1）依据给出的输出方程及逻辑结构图，建立工程。

（2）对上述的 8 位超前进位加法器进行建模。

8 位超前进位加法器的 CLA 部件描述如下。

```
module CarryLookAhead_8 (P, G, C0, C);//CLA部件
    input wire [7:0] P;
    input wire [7:0] G;
    input wire C0;
    output wire [8:1] C;

    assign C[1] = G[0] | (P[0] & C0);
    assign C[2] = G[1] | (P[1] & G[0]) | (P[1] & P[0] & C0);
    assign C[3] = G[2] | (P[2] & G[1]) | (P[2] & P[1] & G[0]) | (P[2]
& P[1] & P[0] & C0);
    assign C[4] = G[3] | (P[3] & G[2]) | (P[3] & P[2] & G[1]) | (P[3]
& P[2] & P[1] & G[0]) | (P[3] & P[2] & P[1] & P[0] & C0);
    assign C[5] = G[4] | (P[4] & G[3]) | (P[4] & P[3] & G[2]) | (P[4]
& P[3] & P[2] & G[1]) | (P[4] & P[3] & P[2] & P[1] & G[0]) | (P[4] &
P[3] & P[2] & P[1] & P[0] & C0);
```

```
        assign C[6] = G[5] | (P[5] & G[4]) | (P[5] & P[4] & G[3]) | (P[5]
& P[4] & P[3] & G[2]) | (P[5] & P[4] & P[3] & P[2] & G[1]) | (P[5] &
P[4] & P[3] & P[2] & P[1] & G[0]) | (P[5] & P[4] & P[3] & P[2] & P[1]
& P[0] & C0);
        assign C[7] = G[6] | (P[6] & G[5]) | (P[6] & P[5] & G[4]) | (P[6]
& P[5] & P[4] & G[3]) | (P[6] & P[5] & P[4] & P[3] & G[2]) | (P[6] &
P[5] & P[4] & P[3] & P[2] & G[1]) | (P[6] & P[5] & P[4] & P[3] & P[2]
& P[1] & G[0]) | (P[6] & P[5] & P[4] & P[3] & P[2] & P[1] & P[0] & C0);
        assign C[8] = G[7] | (P[7] & G[6]) | (P[7] & P[6] & G[5]) | (P[7]
& P[6] & P[5] & G[4]) | (P[7] & P[6] & P[5] & P[4] & G[3]) | (P[7] &
P[6] & P[5] & P[4] & P[3] & G[2]) | (P[7] & P[6] & P[5] & P[4] & P[3]
& P[2] & G[1]) | (P[7] & P[6] & P[5] & P[4] & P[3] & P[2] & P[1] & G[0])
| (P[7] & P[6] & P[5] & P[4] & P[3] & P[2] & P[1] & P[0] & C0);
    endmodule
```

8 位超前进位加法器的描述如下。

```
    module CarryLookAheadAdder_8 (A, B, Cin, S, Cout);//8位超前进位加
法器
        input wire [7:0] A;
        input wire [7:0] B;
        input wire Cin;
        output wire Cout;
        output wire [7:0] S;

        wire [7:0] G;
        wire [7:0] P;
        wire [8:1] C;

        GU GU0 (A[0], B[0], G[0]);
        GU GU1 (A[1], B[1], G[1]);
        GU GU2 (A[2], B[2], G[2]);
        GU GU3 (A[3], B[3], G[3]);
        GU GU4 (A[4], B[4], G[4]);
        GU GU5 (A[5], B[5], G[5]);
        GU GU6 (A[6], B[6], G[6]);
        GU GU7 (A[7], B[7], G[7]);

        PU PU0 (A[0], B[0], P[0]);
        PU PU1 (A[1], B[1], P[1]);
        PU PU2 (A[2], B[2], P[2]);
```

```
    PU PU3 (A[3], B[3], P[3]);
    PU PU4 (A[4], B[4], P[4]);
    PU PU5 (A[5], B[5], P[5]);
    PU PU6 (A[6], B[6], P[6]);
    PU PU7 (A[7], B[7], P[7]);

    CarryLookAhead_8 CLA (P, G, C0, C);

    SUM SUM0 (P[0], Cin, S[0]);
    SUM SUM1 (P[1], C[1], S[1]);
    SUM SUM2 (P[2], C[2], S[2]);
    SUM SUM3 (P[3], C[3], S[3]);
    SUM SUM4 (P[4], C[4], S[4]);
    SUM SUM5 (P[5], C[5], S[5]);
    SUM SUM6 (P[6], C[6], S[6]);
    SUM SUM7 (P[7], C[7], S[7]);

    assign Cout = C[8];
endmodule
```

（3）设计上述 8 位超前进位加法器的 Test Bench 模块。

8 位超前进位加法器的仿真模块描述如下。

```
module test;
    reg [7:0] a;
    reg [7:0] b;
    reg cin;
    wire [7:0] sum;
    wire cout;

    CarryLookAheadAdder_8 u0 (a, b, cin, sum, cout);

    initial begin
        cin = 1'b0; a = 8'h00; b = 8'h00;
        #10;
        cin = 1'b0; a = 8'hff; b = 8'hff;
        #10;
        cin = 1'b1; a = 8'hff; b = 8'hff;
        #10;
        cin = 1'b0; a = 8'h78; b = 8'h78;
        #10;
```

```
        cin = 1'b1; a = 8'h78; b = 8'h78;
        #10;
        $finish;
    end
endmodule
```

（4）仿真 8 位超前进位加法器数据流级建模和结构化建模，查看波形图，如图 4-38 所示。

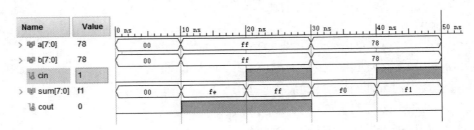

图 4-38　8 位超前进位加法器数据流级建模和结构化建模的仿真波形图

（5）分析 8 位超前进位加法器，查看 RTL 原理图。

（6）综合 8 位超前进位加法器，查看原理图。

（7）查看最大功耗、资源消耗和最大延迟。

四、实验思考

1. 试用 Verilog HDL 对 8 位多级先行进位加法器建模，编写 Test Bench 进行仿真，进行 RTL 分析查看其原理图，综合后查看原理图，获得最大功耗、资源消耗和最大延迟。

2. 分析比较 4 位串行进位加法器、4 位超前进位加法器的数据流级建模、4 位超前进位加法器的数据流级建模和结构化建模的延迟。

4.7.4　多位单级/多级先行进位加法器

一、实验目的

1. 掌握 32 位单级先行进位加法器的建模方法与验证技术。

2. 掌握 16 位多级先行进位加法器的建模方法与验证技术。

二、实验要求

1. 利用 Verilog HDL 对 32 位单级先行进位加法器建模与验证。

2. 利用 Verilog HDL 对 16 位多级先行进位加法器建模与验证。

三、实验内容

1. 32 位单级先行进位加法器建模与验证

单级先行进位加法器又名局部先行进位加法器（Partial Carry Look Ahead Adder）。实现全先行进位加法器的成本太高，一般通过连接一些 4 位或 8 位的先行进位加法器，形成更多位的局部先行进位加法器。如图 4-39 所示为通过级联 4 个 8 位的先行进位加法器，构成 32 位单级先行进位加法器。

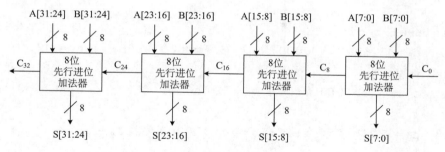

图 4-39　32 位单级先行进位加法器

（1）依据给出的输出方程及逻辑结构图，建立工程。

（2）对上述的 32 位单级先行进位加法器进行建模。

32 位单级先行进位加法器的结构化建模描述如下。

```verilog
module PartialCarryLookAheadAdder_32 (A, B, C0, S, C32);//32位单级
先行进位加法器
    input wire [31:0] A;
    input wire [31:0] B;
    input wire C0;
    output wire [31:0] S;
    output wire C32;
    wire C8, C16, C24;

    CarryLookAheadAdder_8 U_CLAA8_0 (A[7:0], B[7:0], C0, S[7:0], C8);
    CarryLookAheadAdder_8 U_CLAA8_1 (A[15:8], B[15:8], C8, S[15:8], C16);
    CarryLookAheadAdder_8  U_CLAA8_2  (A[23:16], B[23:16], C16,
S[23:16], C24);
    CarryLookAheadAdder_8  U_CLAA8_3  (A[31:24], B[31:24], C24,
S[31:24], C32);
    endmodule
```

（3）设计上述 32 位单级先行进位加法器的 Test Bench 模块。

32 位单级先行进位加法器的仿真模块描述如下。

```verilog
module test;
    reg cin;
    reg [31:0] a;
    reg [31:0] b;
    wire [31:0] sum;
    wire cout;
```

```
PartialCarryLookAheadAdder_32 u_adder32 (a, b, cin, sum, cout);

initial begin
    a = 32'h0000_0000; b = 32'h0000_0000; cin = 1'b0;
    #10;
    a = 32'hf0f0_0f0f; b = 32'h0f0f_f0f0; cin = 1'b0;
    #10;
    a = 32'hffff_ffff; b = 32'h0000_0000; cin = 1'b0;
    #10;
    a = 32'h1234_0000; b = 32'h0000_1234; cin = 1'b0;
    #10;
    a = 32'hffff_ffff; b = 32'hffff_ffff; cin = 1'b0;
    #10;
    a = 32'hffff_ffff; b = 32'hffff_ffff; cin = 1'b1;
    #10;
    a = 32'h1234_5678; b = 32'h1234_5678; cin = 1'b0;
    #10;
    a = 32'h1234_5678; b = 32'h1234_5678; cin = 1'b1;
    #10;
    $finish;
end
endmodule
```

（4）仿真 32 位单级先行进位加法器，查看波形图，如图 4-40 所示。

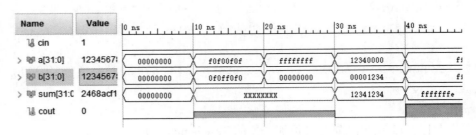

图 4-40　32 位单级先行进位加法器的仿真波形图

（5）分析 32 位单级先行进位加法器，查看 RTL 原理图。

（6）综合 32 位单级先行进位加法器，查看原理图。

（7）查看最大功耗、资源消耗和最大延迟。

2. 16 位多级先行进位加法器建模与验证

为提高运算速度，可以参照超前进位加法器的设计思路，把 16 位加法器中的每 4 位作为一组，用位间快速进位的形成方法来实现 16 位加法器中的"组间快速进位"，就能得到 16 位快速加法器。其工作特点是组内并行、组间并行。

设 16 位加法器，4 位一组，分为 4 组，各组的进位逻辑表达式如下所示。

第 1 组进位逻辑式：

组内：

$$C_1 = G_1 + P_1 C_0$$
$$C_2 = G_2 + P_2 G_1 + P_2 P_1 C_0$$
$$C_3 = G_3 + P_3 G_2 + P_3 P_2 G_1 + P_3 P_2 P_1 C_0$$

（4-61）

组间：

$$C_4 = G_4 + P_4 G_3 + P_4 P_3 G_2 + P_4 P_3 P_2 G_1 + P_4 P_3 P_2 P_1 C_0$$

（4-62）

所以 $C_I = G_I + P_I C_0$，其中，$G_I = G_4 + P_4 G_3 + P_4 P_3 G_2 + P_4 P_3 P_2 G_1$，$P_I = P_4 P_3 P_2 P_1$。

第 2 组进位逻辑式：

组内：

$$C_5 = G_5 + P_5 C_I$$
$$C_6 = G_6 + P_6 G_5 + P_6 P_5 C_I$$
$$C_7 = G_7 + P_7 G_6 + P_7 P_6 G_5 + P_7 P_6 P_5 C_I$$

（4-63）

组间：

$$C_8 = G_8 + P_8 G_7 + P_8 P_7 G_6 + P_8 P_7 P_6 G_5 + P_8 P_7 P_6 P_5 C_I$$

（4-64）

所以 $C_{II} = G_{II} + P_{II} C_I$，其中，$G_{II} = G_8 + P_8 G_7 + P_8 P_7 G_6 + P_8 P_7 P_6 G_5$，$P_{II} = P_8 P_7 P_6 P_5$。

第 3 组进位逻辑式：

组内：

$$C_9 = G_9 + P_9 C_{II}$$
$$C_{10} = G_{10} + P_{10} G_9 + P_{10} P_9 C_{II}$$
$$C_{11} = G_{11} + P_{11} G_{10} + P_{11} P_{10} G_9 + P_{11} P_{10} P_9 C_{II}$$

（4-65）

组间：

$$C_{12} = G_{12} + P_{12} G_{11} + P_{12} P_{11} G_{10} + P_{12} P_{11} P_{10} G_9 + P_{12} P_{11} P_{10} P_9 C_{II}$$

（4-66）

所以 $C_{III} = G_{III} + P_{III} C_{II}$，其中，$G_{III} = G_{12} + P_{12} G_{11} + P_{12} P_{11} G_{10} + P_{12} P_{11} P_{10} G_9$，$P_{III} = P_{12} P_{11} P_{10} P_9$。

第 4 组进位逻辑式：

组内：

$$C_{13} = G_{13} + P_{13} C_{III}$$
$$C_{14} = G_{14} + P_{14} G_{13} + P_{14} P_{13} C_{III}$$
$$C_{15} = G_{15} + P_{15} G_{14} + P_{15} P_{14} G_{13} + P_{15} P_{14} P_{13} C_{III}$$

（4-67）

组间：

$$C_{16} = G_{16} + P_{16} G_{15} + P_{16} P_{15} G_{14} + P_{16} P_{15} P_{14} G_{13} + P_{16} P_{15} P_{14} P_{13} C_{III}$$

（4-68）

所以 $C_{IV} = G_{IV} + P_{IV} C_{III}$，其中，$G_{IV} = G_{16} + P_{16} G_{15} + P_{16} P_{15} G_{14} + P_{16} P_{15} P_{14} G_{13}$，$P_{IV} = P_{16} P_{15} P_{14} P_{13}$。

各组间进位逻辑：

$$C_I = G_I + P_I C_0$$
$$C_{II} = G_{II} + P_{II}C_I = G_{II} + P_{II}(G_I + P_I C_0) = G_{II} + P_{II}G_I + P_{II}P_I C_0$$
$$C_{III} = G_{III} + P_{III}C_{II} = G_{III} + P_{III}(G_{II} + P_{II}G_I + P_{II}P_I C_0)$$
$$= G_{III} + P_{III}G_{II} + P_{III}P_{II}G_I + P_{III}P_{II}P_I C_0 \tag{4-69}$$
$$C_{IV} = G_{IV} + P_{IV}C_{III} = G_{IV} + P_{IV}(G_{III} + P_{III}G_{II} + P_{III}P_{II}G_I + P_{III}P_{II}P_I C_0)$$
$$= G_{IV} + P_{IV}G_{III} + P_{IV}P_{III}G_{II} + P_{IV}P_{III}P_{II}G_I + P_{IV}P_{III}P_{II}P_I C_0$$

将以上各式变形，使用复合门电路予以实现，变形后的公式中各式所需要的 G 、 P 正是 4 位超前进位加法器中所提供的输出端 G 和 P 。将 $C_I \sim C_{IV}$ 的产生电路独立出来，称为超前进位产生电路（也称超前进位扩展器）。

　　1 个 16 位的加法器部件，要实现组内并行、组间并行运算，需要 4 块 4 位超前进位加法器芯片和 1 块超前进位产生电路芯片。4 位超前进位加法器实现算术逻辑运算及组内并行，超前进位产生电路接收组间的辅助函数，产生组间的并行进位信号 C_I、 C_{II}、 C_{III}，分别将其送到各小组的加法器上。16 位多级先行进位加法器的逻辑结构如图 4-41 所示。

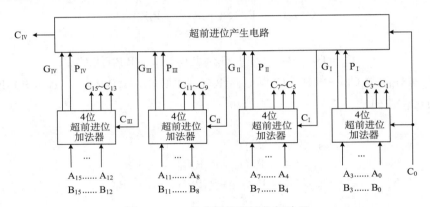

图 4-41　16 位多级先行进位加法器

（1）依据给出的输出方程及逻辑结构图，建立工程。

（2）对上述的 16 位多级先行进位加法器进行建模。

4 位全先行进位加法器的 Verilog 描述如下。

```
module CarryLookAheadAdder_4 (A, B, C0, S, P, G);//4位全先行进位加
法器
    input wire [3:0] A;
    input wire [3:0] B;
    input wire C0;
    output wire [3:0] S;
    output wire P;
    output wire G;
    wire [3:0] p;
    wire [3:0] g;
    wire [4:1] C;
```

```
    GU GU0 (A[0], B[0], g[0]);
    GU GU1 (A[1], B[1], g[1]);
    GU GU2 (A[2], B[2], g[2]);
    GU GU3 (A[3], B[3], g[3]);

    PU PU0 (A[0], B[0], p[0]);
    PU PU1 (A[1], B[1], p[1]);
    PU PU2 (A[2], B[2], p[2]);
    PU PU3 (A[3], B[3], p[3]);

    CarryLookAhead_4 CLA (p, g, C0, C);//组内超前进位产生部件

    SUM SUM0 (p[0], C0, S[0]);
    SUM SUM1 (p[1], C[1], S[1]);
    SUM SUM2 (p[2], C[2], S[2]);
    SUM SUM3 (p[3], C[3], S[3]);

    assign G = g[3] | (p[3] & g[2]) | (p[3] & p[2] & g[1]) | (p[3]
& p[2] & p[1] & g[0]);
    assign P = p[3] & p[2] & p[1] & p[0];
endmodule
```

16 位多级先行进位加法器的 Verilog 描述如下。

```
module MultistageCarryLookAheadAdder_16 (A, B, Cin, S, Cout);//16
位多级先行进位加法器
    input wire [15:0]  A, B;
    input wire Cin;
    output wire [15:0] S;
    output wire Cout;

    wire [4:1] C, P, G;

    CarryLookAheadAdder_4 U_CLAA4_1 (A[3:0], B[3:0], Cin, S[3:0],
P[1], G[1]);
    CarryLookAheadAdder_4 U_CLAA4_2 (A[7:4], B[7:4], C[1], S[7:4],
P[2], G[2]);
    CarryLookAheadAdder_4  U_CLAA4_3  (A[11:8],  B[11:8],  C[2],
S[11:8], P[3], G[3]);
```

```
        CarryLookAheadAdder_4 U_CLAA4_4 (A[15:12], B[15:12], C[3],
S[15:12], P[4], G[4]);

        CarryLookAhead_4 U_CLA_4 (P, G, Cin, C);//组间超前进位产生部件

        assign Cout = C[4];
    endmodule
```

（3）设计上述 16 位多级先行进位加法器的 Test Bench 模块。

16 位多级先行进位加法器的仿真模块描述如下。

```
`timescale 1ns / 10ps

module test;
    parameter WIDTH = 16;
    reg cin;
    reg [WIDTH-1:0] a;
    reg [WIDTH-1:0] b;
    wire [WIDTH-1:0] sum;
    wire cout;

    MultistageCarryLookAheadAdder_16 u0 (a, b, cin, sum, cout);

    initial begin
        a = 32'h0000; b = 32'h0000; cin = 1'b0;
        #10;
        a = 32'hf0f0; b = 32'h0f0f; cin = 1'b0;
        #10;
        a = 32'hffff; b = 32'h0000; cin = 1'b0;
        #10;
        a = 32'h1234; b = 32'h0000; cin = 1'b0;
        #10;
        a = 32'hffff; b = 32'hffff; cin = 1'b0;
        #10;
        a = 32'hffff; b = 32'hffff; cin = 1'b1;
        #10;
        a = 32'h1234; b = 32'h5678; cin = 1'b0;
        #10;
        a = 32'h1234; b = 32'h5678; cin = 1'b1;
        #10;
        $finish;
```

```
     end
   endmodule
```

（4）仿真 16 位多级先行进位加法器，查看波形图，如图 4-42 所示。

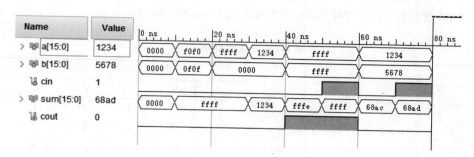

图 4-42　16 位多级先行进位加法器的仿真波形图

（5）分析 16 位多级先行进位加法器，查看 RTL 原理图。

（6）综合 16 位多级先行进位加法器，查看原理图。

（7）查看最大功耗、资源消耗和最大延迟。

四、实验思考

1. 试用 Verilog HDL 对 32 位多级先行进位加法器建模，编写 Test Bench 进行仿真，进行 RTL 分析查看其原理图，综合后查看原理图，获得最大功耗、资源消耗和最大延迟。

2. 分析比较 32 位串行进位加法器、单级先行进位加法器和多级先行进位加法器的延迟。

4.7.5　编码器与译码器

一、实验目的

1. 掌握 16-4 优先编码器的建模方法与验证技术。

2. 掌握 4-16 译码器的建模方法与验证技术。

二、实验要求

1. 利用 Verilog HDL 对 16-4 优先编码器建模与验证。

2. 利用 Verilog HDL 对 4-16 译码器建模与验证。

三、实验内容

1. 使用两片"8-3 优先编码器"74LS148 实现 16-4 优先编码器。

（1）"8-3 优先编码器"的外引脚功能端排列图如图 4-43 所示。

在图 4-43 中，ST 的非为选通输入端，当 $\overline{ST}=0$ 时，允许编码；当 $\overline{ST}=1$ 时，输出

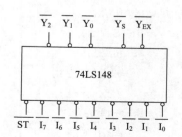

图 4-43　"8-3 优先编码器"的外引脚功能端排列图

$\overline{Y_2}$、$\overline{Y_1}$、$\overline{Y_0}$ 和 Y_S、$\overline{Y_{EX}}$ 均封锁，编码被禁止。Y_S 为选通输出端，级联应用时，高位片的 Y_S 端与低位片的 $\overline{ST}$ 端连接起来，可以扩展优先编码功能。$\overline{Y_{EX}}$ 为优先扩展输出端，级联应用时可作输出位的扩展端。

（2）"8-3 优先编码器" 74LS148 的真值表如表 4-12 所示。

表 4-12　74LS148 真值表

输入									输出				
ST	I_7	I_6	I_5	I_4	I_3	I_2	I_1	I_0	Y_2	Y_1	Y_0	Y_{EX}	Y_S
1	x	x	x	x	x	x	x	x	1	1	1	1	1
0	1	1	1	1	1	1	1	1	1	1	1	1	0
0	0	x	x	x	x	x	x	x	0	0	0	0	1
0	1	0	x	x	x	x	x	x	0	0	1	0	1
0	1	1	0	x	x	x	x	x	0	1	0	0	1
0	1	1	1	0	x	x	x	x	0	1	1	0	1
0	1	1	1	1	0	x	x	x	1	0	0	0	1
0	1	1	1	1	1	0	x	x	1	0	1	0	1
0	1	1	1	1	1	1	0	x	1	1	0	0	1
0	1	1	1	1	1	1	1	0	1	1	1	0	1

（3）创建工程。

（4）创建 encoder_74ls148.v 文件，使用行为级描述方法设计模块 encoder_74ls148。

```verilog
module encoder_74ls148(
    input ST_n,
    input I7_n,I6_n,I5_n,I4_n,I3_n,I2_n,I1_n,I0_n,
    output Y2_n,Y1_n,Y0_n,
    output reg YEX_n,YS
    );
    wire [7:0]x;
    assign x={I7_n,I6_n,I5_n,I4_n,I3_n,I2_n,I1_n,I0_n};
    reg [2:0]y=3'b111;
    integer i;
    always@(*)
        if(ST_n)
            begin
            y=3'b111;
            YEX_n=1;
            YS=1;
            end
        else
```

```
                 if(&x)
                    begin
                    y=3'b111;
                    YEX_n=1;
                    YS=0;
                    end
                 else
                    begin
                    YEX_n=0;
                    YS=1;
                    for(i=0;i<8;i=i+1)
                       if(x[i]==0)
                           y=~i;
                    end
       assign Y2_n=y[2];
       assign Y1_n=y[1];
       assign Y0_n=y[0];
endmodule
```

（5）新建仿真文件 encoder_74ls148_test.v，测试模块 encoder_74ls148。

```
module encoder_74ls148_test;
    reg ST_n,I7_n,I6_n,I5_n,I4_n,I3_n,I2_n,I1_n,I0_n;
    wire Y2_n,Y1_n,Y0_n,YEX_n,YS;
    encoder_74ls148 uut
   (ST_n,I7_n,I6_n,I5_n,I4_n,I3_n,I2_n,I1_n,I0_n,Y2_n,Y1_n,Y0_n,YE
X_n,YS);
    initial
    begin
    ST_n=1;
    {I7_n,I6_n,I5_n,I4_n,I3_n,I2_n,I1_n,I0_n}=8'b11111111;
    #50;
    ST_n=0;
    #50;
    I7_n=0;#50;
    {I7_n,I6_n}=2'b10;#50;
    {I7_n,I6_n,I5_n}=3'b110;#50;
    {I7_n,I6_n,I5_n,I4_n}=4'b1110;#50;
    {I7_n,I6_n,I5_n,I4_n,I3_n}=5'b11110;#50;
    {I7_n,I6_n,I5_n,I4_n,I3_n,I2_n}=6'b111110;#50;
    {I7_n,I6_n,I5_n,I4_n,I3_n,I2_n,I1_n}=7'b1111110;#50;
```

```
    {I7_n,I6_n,I5_n,I4_n,I3_n,I2_n,I1_n,I0_n}=8'b11111110;#50;
    {I7_n,I6_n,I5_n,I4_n,I3_n,I2_n,I1_n,I0_n}=8'b11111111;#50;
    {I7_n,I6_n,I5_n,I4_n,I3_n,I2_n,I1_n,I0_n}=8'b00000000;#50;
    I7_n=1;#50;
    I6_n=1;#50;
    I5_n=1;#50;
    I4_n=1;#50;
    I3_n=1;#50;
    I2_n=1;#50;
    I1_n=1;#50;
    $stop;
    end
endmodule
```

（6）仿真分析，查看波形图。

（7）进行 RTL 分析，查看电路原理图。

（8）进行综合，查看综合后的电路图。

（9）画出使用两片"8-3 优先编码器"74LS148 设计 16-4 优先编码器的逻辑电路图，如图 4-44 所示。

（10）$\overline{A_0} \sim \overline{A_{15}}$ 是编码输入信号，0 有效，$\overline{A_{15}}$ 优先级别最高，$\overline{A_{14}}$ 次之，依此类推，$\overline{A_0}$ 最低。$\overline{Z_3} \sim \overline{Z_0}$ 是输出的 4 位二进制代码（反码），即 0000～1111。

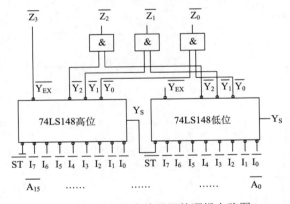

图 4-44　16-4 优先编码器的逻辑电路图

（11）创建 encoder16_4.v 文件，按照结构化建模（模块实例化）方法，利用设计好的 2 个 encoder_74ls148 模块，搭建 1 个 16-4 优先编码器模块 encoder16_4。

```
module encoder16_4(
    input ST_n,
    input
A15_n,A14_n,A13_n,A12_n,A11_n,A10_n,A9_n,A8_n,A7_n,A6_n,A5_n,A4_n,
A3_n,A2_n,A1_n,A0_n,
```

```
    output Z3_n,Z2_n,Z1_n,Z0_n,
    output YEX_n,YS
     );
  encoder_741s148
   uutH(ST_n,A15_n,A14_n,A13_n,A12_n,A11_n,A10_n,A9_n,A8_n,Y2H_n,Y
1H_n,Y0H_n,YEXH_n,YSH_STL);
     encoder_741s148
uutL(YSH_STL,A7_n,A6_n,A5_n,A4_n,A3_n,A2_n,A1_n,A0_n,Y2L_n,Y1L_n,Y
0L_n,YEXL_n,YS);
     and(YEX_n,YEXH_n,YEXL_n);
     and(Z3_n,YEXH_n,YEXH_n);
     and(Z2_n,Y2H_n,Y2L_n);
     and(Z1_n,Y1H_n,Y1L_n);
     and(Z0_n,Y0H_n,Y0L_n);
  endmodule
```

（12）新建仿真文件 encoder16_4_test.v，测试模块 encoder16_4。

```
module encoder16_4_test;
   reg
ST_n,A15_n,A14_n,A13_n,A12_n,A11_n,A10_n,A9_n,A8_n,A7_n,A6_n,A5_n,
A4_n,A3_n,A2_n,A1_n,A0_n;
   wire Z3_n,Z2_n,Z1_n,Z0_n,YEX_n,YS;
   encoder16_4
uut(ST_n,A15_n,A14_n,A13_n,A12_n,A11_n,A10_n,A9_n,A8_n,A7_n,A6_n,A
5_n,A4_n,A3_n,A2_n,A1_n,A0_n,Z3_n,Z2_n,Z1_n,Z0_n,YEX_n,YS);
     initial
     begin
     ST_n=1;
{A15_n,A14_n,A13_n,A12_n,A11_n,A10_n,A9_n,A8_n,A7_n,A6_n,A5_n,A4_n
,A3_n,A2_n,A1_n,A0_n}=16'hffff;
     #50;
     ST_n=0;
     #50;
{A15_n,A14_n,A13_n,A12_n,A11_n,A10_n,A9_n,A8_n,A7_n,A6_n,A5_n,A4_n
,A3_n,A2_n,A1_n,A0_n}=16'h0000;
     #50;
     A15_n=1;#50;
     A14_n=1;#50;
     A13_n=1;#50;
     A12_n=1;#50;
```

```
        A11_n=1;#50;
        A10_n=1;#50;
        A9_n=1;#50;
        A8_n=1;#50;
        A7_n=1;#50;
        A6_n=1;#50;
        A5_n=1;#50;
        A4_n=1;#50;
        A3_n=1;#50;
        A2_n=1;#50;
        A1_n=1;#50;
        $stop;
        end
endmodule
```

（13）仿真分析，查看波形图。

（14）进行 RTL 分析，查看电路原理图。

（15）进行综合，查看综合后的电路图。

2.使用两片"3-8 译码器"74LS138 实现 4-16 译码器。

（1）"3-8 译码器"74LS138 的外引脚功能端排列图如图 4-45 所示。

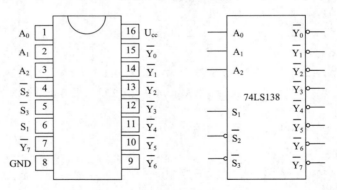

图 4-45　74LS138 外引脚功能端排列图

在图 4-46 中，A_2、A_1、$-A_0$ 是 3 个输入端，$\overline{Y}_7 \sim \overline{Y}_0$ 是 8 个输出端。S_1、$\overline{S}_2$、$\overline{S}_3$ 是 3 个输入选通控制端，当 $S_1 = 1$ 且 $\overline{S}_2 + \overline{S}_3 = 0$ 时，译码器正常工作；否则译码器被禁止，所有输出端 $\overline{Y}_7 \sim \overline{Y}_0$ 都是高电平。

当译码器正常工作时可以由逻辑图写出表达式，如公式（4-70）～公式（4-77）所示。

$$\overline{Y}_0 = \overline{\overline{Y}_2\,\overline{A}_1\,\overline{A}_0} = \overline{m}_0 \tag{4-70}$$

$$\overline{Y}_1 = \overline{\overline{A}_2\,\overline{A}_1\,A_0} = \overline{m}_1 \tag{4-71}$$

$$\overline{Y}_2 = \overline{\overline{A}_2\,A_1\,\overline{A}_0} = \overline{m}_2 \tag{4-72}$$

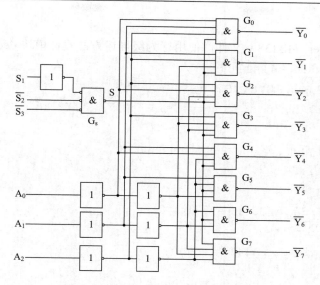

图 4-46　3-8 译码器 74LS138 的逻辑图

$$\overline{Y}_3 = \overline{\overline{A_2} A_1 A_0} = \overline{m_3} \qquad\qquad (4\text{-}73)$$

$$\overline{Y}_4 = \overline{A_2 \overline{A_1} \overline{A_0}} = \overline{m_4} \qquad\qquad (4\text{-}74)$$

$$\overline{Y}_5 = \overline{A_2 \overline{A_1} A_0} = \overline{m_5} \qquad\qquad (4\text{-}75)$$

$$\overline{Y}_6 = \overline{A_2 A_1 \overline{A_0}} = \overline{m_6} \qquad\qquad (4\text{-}76)$$

$$\overline{Y}_7 = \overline{A_2 A_1 A_0} = \overline{m_7} \qquad\qquad (4\text{-}77)$$

可以看出，译码器的输出 $\overline{Y}_7 \sim \overline{Y}_0$ 正好是 A_2、A_1、A_0 3 个变量中的全部最小项，所以这种译码器又可以称为最小项译码器，只是 74LS138 的输出是最小项的"非"。

（2）根据表达式可以列出"3-8 译码器"74LS138 的真值表如表 4-13 所示。

表 4-13　74LS138 的真值表

输入					输出							
控制码		数码										
S_1	$\overline{S}_2 + \overline{S}_3$	A_2	A_1	A_0	$\overline{Y}_0$	$\overline{Y}_1$	$\overline{Y}_2$	$\overline{Y}_3$	$\overline{Y}_4$	$\overline{Y}_5$	$\overline{Y}_6$	$\overline{Y}_7$
x	1	x	x	x	1	1	1	1	1	1	1	1
0	x	x	x	x	1	1	1	1	1	1	1	1
1	0	0	0	0	0	1	1	1	1	1	1	1
1	0	0	0	1	1	0	1	1	1	1	1	1
1	0	0	1	0	1	1	0	1	1	1	1	1
1	0	0	1	1	1	1	1	0	1	1	1	1
1	0	1	0	0	1	1	1	1	0	1	1	1
1	0	1	0	1	1	1	1	1	1	0	1	1
1	0	1	1	0	1	1	1	1	1	1	0	1
1	0	1	1	1	1	1	1	1	1	1	1	0

（3）创建工程。

（4）创建 decoder_74ls138.v 文件，使用行为级描述方法设计模块 decoder_74ls138。

```verilog
module decoder_74ls138(
    input A2,A1,A0,S1,S2_n,S3_n,
    output Y7_n,Y6_n,Y5_n,Y4_n,Y3_n,Y2_n,Y1_n,Y0_n
    );
    reg[7:0]y;
    integer i;
    always@(*)
      if({S1,S2_n,S3_n}==3'b100)
        for(i=0;i<8;i=i+1)
            if({A2,A1,A0}==i)
                y[i]=0;
            else
                y[i]=1;
        else
            y=8'b11111111;
    assign{Y7_n,Y6_n,Y5_n,Y4_n,Y3_n,Y2_n,Y1_n,Y0_n}=y;
endmodule
```

（5）新建仿真文件 decoder_74ls138_test.v，测试模块 decoder_74ls138。

```verilog
module decoder_74ls138_test;
    reg A2,A1,A0,S1,S2_n,S3_n;
    wire Y7_n,Y6_n,Y5_n,Y4_n,Y3_n,Y2_n,Y1_n,Y0_n;
    decoder_74ls138
uut(A2,A1,A0,S1,S2_n,S3_n,Y7_n,Y6_n,Y5_n,Y4_n,Y3_n,Y2_n,Y1_n,Y0_n);
    initial
    begin
    {S1,S2_n,S3_n}=3'b000;
    {A2,A1,A0}=0;
    #100;
    S1=1;S3_n=1;
    #100;
    S3_n=0;
    #100;
    {A2,A1,A0}=1;#100;
    {A2,A1,A0}=2;#100;
    {A2,A1,A0}=3;#100;
    {A2,A1,A0}=4;#100;
    {A2,A1,A0}=5;#100;
```

```
    {A2,A1,A0}=6;#100;
    {A2,A1,A0}=7;#100;
    $stop;
    end
endmodule
```

（6）仿真分析，查看波形图。

（7）进行 RTL 分析，查看电路原理图。

（8）进行综合，查看综合后的电路图。

（9）画出使用两片"3-8 译码器" 74LS138 设计 4-16 译码器的逻辑电路图，如图 4-47 所示。

A_3、A_2、A_1、A_0 是 4 个输入端，高电平有效；$\overline{Y}_{15} \sim \overline{Y}_0$ 是 16 个输出端，低电平有效；$\overline{S}$ 是输入选通控制端，低电平有效。

输入 4 位二进制代码，当高位 $A_3 = 0$ 时，低位片（1）的 $\overline{S}_3 = 0$ 工作，高位片（2）的 $S_1 = 0$ 被禁止，输出 $\overline{Y}_7 \sim \overline{Y}_0$ 是 0000～0111 的译码；当高位 $A_3 = 1$ 时，低位片（1）的 $\overline{S}_3 = 1$ 被禁止，高位片（2）的 $S_1 = 1$ 工作，输出 $\overline{Y}_{15} \sim \overline{Y}_8$ 是 1000～1111 的译码。整个级联电路的使能端是 $\overline{S}$，$\overline{S} = 0$ 正常译码，$\overline{S} = 1$ 所有输出均为高电平。

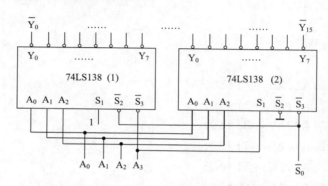

图 4-47　4-16 译码器的逻辑电路图

（10）创建 decoder4_16.v 文件，按照结构化建模（模块实例化）方法，利用设计好的 2 个 decoder_74ls138 模块，搭建 1 个 4-16 译码器模块 decoder4_16。

```
module decoder4_16(
    input A3,A2,A1,A0,S_n,
    output
Y15_n,Y14_n,Y13_n,Y12_n,Y11_n,Y10_n,Y9_n,Y8_n,Y7_n,Y6_n,Y5_n,Y4_n,
Y3_n,Y2_n,Y1_n,Y0_n
    );
    decoder_74ls138
uutH(A2,A1,A0,A3,0,S_n,Y15_n,Y14_n,Y13_n,Y12_n,Y11_n,Y10_n,Y9_n,Y8
_n);
```

```
      decoder_741s138
uutL(A2,A1,A0,1,S_n,A3,Y7_n,Y6_n,Y5_n,Y4_n,Y3_n,Y2_n,Y1_n,Y0_n);
   endmodule
```

（11）新建仿真文件 decoder4_16_test.v，测试模块 decoder4_16。

```
   module decoder4_16_test;
         reg A3,A2,A1,A0,S_n;
         wire
Y15_n,Y14_n,Y13_n,Y12_n,Y11_n,Y10_n,Y9_n,Y8_n,Y7_n,Y6_n,Y5_n,Y4_n,
Y3_n,Y2_n,Y1_n,Y0_n;
         decoder4_16
uut(A3,A2,A1,A0,S_n,Y15_n,Y14_n,Y13_n,Y12_n,Y11_n,Y10_n,Y9_n,Y8_n,
Y7_n,Y6_n,Y5_n,Y4_n,Y3_n,Y2_n,Y1_n,Y0_n);
         initial
         begin
         S_n=1;
         {A3,A2,A1,A0}=0;
         #50;
         S_n=0;
         #50;
         {A3,A2,A1,A0}=1;#50;
         {A3,A2,A1,A0}=2;#50;
         {A3,A2,A1,A0}=3;#50;
         {A3,A2,A1,A0}=4;#50;
         {A3,A2,A1,A0}=5;#50;
         {A3,A2,A1,A0}=6;#50;
         {A3,A2,A1,A0}=7;#50;
         {A3,A2,A1,A0}=8;#50;
         {A3,A2,A1,A0}=9;#50;
         {A3,A2,A1,A0}=10;#50;
         {A3,A2,A1,A0}=11;#50;
         {A3,A2,A1,A0}=12;#50;
         {A3,A2,A1,A0}=13;#50;
         {A3,A2,A1,A0}=14;#50;
         {A3,A2,A1,A0}=15;#50;
         $stop;
         end
   endmodule
```

（12）仿真分析，查看波形图。

（13）进行 RTL 分析，查看电路原理图。

（14）进行综合，查看综合后的电路图。

四、实验思考

1.查看综合后的 16-4 优先编码器与 4-16 译码器电路原理图，分析其资源消耗、功耗和延迟。

2.试用 74LS138 设计 1 位全加器。

4.7.6　数据选择器与分配器

一、实验目的

1. 掌握 2 路数据选择器的建模方法与验证技术。
2. 掌握 4 路数据选择器的建模方法与验证技术。
3. 掌握 4 路数据分配器的建模方法与验证技术。

二、实验要求

1. 利用 Verilog HDL 对 2 路数据选择器建模与验证。
2. 利用 Verilog HDL 对 4 路数据选择器建模与验证。
3. 利用 Verilog HDL 对 4 路数据分配器建模与验证。

三、实验内容

1. 2 路数据选择器门级建模与验证、数据流级建模与验证、行为级建模与验证。
（1）依据给出的输出方程及逻辑电路图，建立工程。
（2）利用 Verilog HDL 对 2 路数据选择器结构化门级建模。
（3）设计 2 路数据选择器结构化门级建模的 Test Bench 模块。
（4）仿真 2 路数据选择器结构化门级建模，查看波形图。
（5）Verilog HDL 对 2 路数据选择器数据流级建模。
（6）设计 2 路数据选择器数据流级建模的 Test Bench 模块。
（7）仿真 2 路数据选择器数据流级建模，查看波形图。
（8）Verilog HDL 对 2 路数据选择器行为级建模。
（9）设计 2 路数据选择器行为级建模的 Test Bench 模块。
（10）仿真 2 路数据选择器行为级建模，查看波形图。
（11）分析 2 路数据选择器，查看 RTL 原理图。
（12）综合 2 路数据选择器，查看原理图。
2. 4 路数据选择器门级建模与验证、数据流级建模与验证、行为级建模与验证。
（1）依据给出的输出方程及逻辑电路图，建立工程。
（2）4 路数据选择器结构化门级建模。
（3）设计 4 路数据选择器结构化门级建模的 Test Bench 模块。
（4）仿真 4 路数据选择器结构化门级建模，查看波形图。
（5）4 路数据选择器数据流级建模。

（6）设计 4 路数据选择器数据流级建模的 Test Bench 模块。

（7）仿真 4 路数据选择器数据流级建模，查看波形图。

（8）4 路数据选择器行为级建模。

（9）设计 4 路数据选择器行为级建模的 Test Bench 模块。

（10）仿真 4 路数据选择器行为级建模，查看波形图。

（11）分析 4 路数据选择器，查看 RTL 原理图。

（12）综合 4 路数据选择器，查看原理图。

3. 4 路数据分配器门级建模与验证、数据流级建模与验证、行为级建模与验证。

（1）依据给出的输出方程及逻辑电路图，建立工程。

（2）4 路数据分配器结构化门级建模。

（3）设计 4 路数据分配器结构化门级建模的 Test Bench 模块。

（4）仿真 4 路数据分配器结构化门级建模，查看波形图。

（5）4 路数据分配器数据流级建模。

（6）设计 4 路数据分配器数据流级建模的 Test Bench 模块。

（7）仿真 4 路数据分配器数据流级建模，查看波形图。

（8）4 路数据分配器行为级建模。

（9）设计 4 路数据分配器行为级建模的 Test Bench 模块。

（10）仿真 4 路数据分配器行为级建模，查看波形图。

（11）分析 4 路数据分配器，查看 RTL 原理图。

（12）综合 4 路数据分配器，查看原理图。

四、实验思考

1. 试用 Verilog HDL 对两个 4 路数据选择器组成的 8 选 1 数据选择器建模，编写 Test Bench 进行仿真，进行 RTL 分析查看其原理图，综合后查看原理图、获得最大功耗、资源消耗和最大延迟。

2. 查看综合后的 4 路数据分配器电路原理图，分析其资源消耗、功耗和延迟。

第5章 触 发 器

本章导言

  数字电路，要实现复杂、连续的运算与控制，就必须保存输入信号与运算结果，以便进行下一步运算与控制。因此，数字电路中应具有记忆功能的逻辑电路，通过电路的两种稳定的状态分别表示二进制0、1信号。触发器就是具有记忆1位二进制的逻辑电路。本章主要介绍RS触发器、D触发器、JK触发器和T触发器的逻辑电路设计。

5.1 RS触发器

5.1.1 基本RS触发器

  基本RS触发器（又称RS锁存器）是一种结构简单的存储单元电路，是构成其他负载电路结构的锁存器和触发器的基础。基本RS触发器可以用两个交叉耦合的或非门组成，电路结构如图5-1所示。

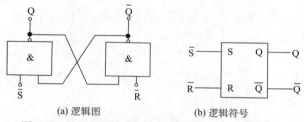

(a) 逻辑图   (b) 逻辑符号

图5-1 与非门基本RS触发器逻辑图与逻辑符号图

基本RS触发器的真值表如表5-1所示。

表5-1 基本RS触发器真值表

输入现态			次态
R	S	Q^n	Q^{n+1}
0	0	0	0（保持）
0	0	1	1（保持）
0	1	0	1
0	1	1	1
1	0	0	0
1	0	1	0
1	1	0	不用
1	1	1	不用

对表 5-1 中的数据进行分析可知，当 R=0，S=0 的时候，次态保持不变；当 R=0，S=1 的时候，次态为 1；当 R=1，S=0 的时候，次态为 0；R=1，S=1 会导致次态不稳定，故不允许。结合以上分析，对表 5-1 进行化简，可得表 5-2 所示结果。

表 5-2　基本 RS 触发器化简真值表

R	S	Q^{n+1}
0	0	保持
0	1	1
1	0	0
1	1	不用

从真值表可得出基本 RS 触发器特征方程如下：

$$Q^{n+1} = S + \overline{R}Q^n$$
$$RS = 0$$

（5-1）

一个逻辑电路是由许多逻辑门和开关组成，因此用基本的逻辑门描述逻辑电路结构是最直观的，Verilog HDL 提供了一些门类型的关键字，可用于门级结构建模。

【例 5-1】基本 RS 触发器门级建模。

```
module RS (
        input  Sn, Rn,      // Sn表示对S取反，Rn表示对R取反。本章以下类似
        output Q, Qn
        );
        nand G1 (Q, Sn, Qn);
        nand G2 (Qn, Rn, Q);
endmodule
```

【例 5-2】基本 RS 触发器数据流级建模。

```
module RS (
        input  Sn, Rn,
        output Q, Qn
        );
        assign Q = ~(Sn && Qn);
        assign Qn = ~(Rn && Q);
endmodule
```

【例 5-3】基本 RS 触发器行为级建模。

```
module RS (
        input  Sn, Rn,
        output Q, Qn
        );
        reg Q, Qn;
        always @(*)
```

```
            begin
                if (Sn ^ Rn)
                    begin
                        Q = Rn;
                        Qn = !Q;
                    end
                else
                    if (Sn & Rn)
                        begin
                            Q = Q;
                            Qn = !Q;
                        end
                    else
                        begin
                            Q = 1'bz;
                            Qn = 1'bz;
                        end
            end
endmodule
```

【例 5-4】基本 RS 触发器仿真测试模块。

```
module RS_tb( );
        reg s, r;
        wire q, qn;
        RS u1 (.Sn(s), .Rn(r), .Q(q), .Qn(qn));
        initial
        begin
        s = 1;
        r = 1;
        #10 r = 0;
        s = 1;
        #10 r = 1;
        s = 0;
        #10 r = 1;
        s = 1;
        #10 r = 1;
        s = 0;
        #10 r = 0;
        s = 1;
        #10 r = 0;
```

```
        s = 0;
        #10 r = 1;
        s = 1;
        #10 r = 0;
        s = 0;
    end
endmodule
```

对基本 RS 触发器进行仿真测试，其测试结果如图 5-2 所示。

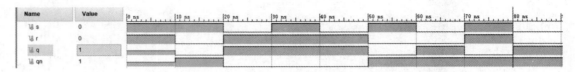

图 5-2　基本 RS 触发器仿真波形图

5.1.2　同步 RS 触发器

基本 RS 触发器的输入信号是直接加在输出门的输入端上的，在其存在期间直接控制着 Q、$\overline{Q}$ 端的状态，并因此叫做直接置位、复位触发器。这种由输入信号直接控制输出信号的方式不仅使电路的抗干扰能力下降，而且也不便于多个触发器同步工作，于是工作受时钟脉冲控制的同步触发器（简称为同步触发器）便应运而生了。

1. 电路结构

同步 RS 触发器的电路组成如图 5-3 所示。

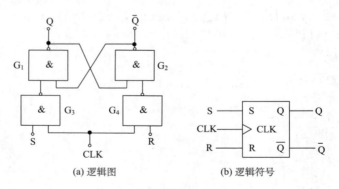

(a) 逻辑图　　　　　　　　　　(b) 逻辑符号

图 5-3　同步 RS 触发器

2. 工作原理

同步 RS 触发器的真值表如表 5-3 所示。

表 5-3 同步 RS 触发器真值表

输入现态				次态
CLK	S	R	Q^n	Q^{n+1}
0	×	×	×	Q^n
1	0	0	0	0（保持）
1	0	0	1	1（保持）
1	0	1	0	0（置 0）
1	0	1	1	0（置 0）
1	1	0	0	1（置 1）
1	1	0	1	1（置 1）
1	1	1	0	不允许
1	1	1	1	不允许

从以上分析可得出同步 RS 触发器特征方程如下：

$$\begin{cases} Q^{n+1} = S + \overline{R}Q^n \\ RS = 0 \end{cases} \quad （CLK=1 \text{ 时有效}） \tag{5-2}$$

3. 主要特点

同基本 RS 触发器相比，同步 RS 触发器具有以下特点。

1）时钟电平控制

在 CLK=1 期间触发器接收输入信号，当 CLK=0 时触发器保持状态不变。多个这样的触发器可以在同一时钟脉冲控制下同步工作，这给用户的使用带来了方便，而且由于这种触发器只在 CLK=1 时工作，CLK=0 时被禁止，所以其抗干扰能力比基本 RS 触发器强得多。

2）R、S 之间有约束

同步 RS 触发器在使用过程中，如果违反了 RS=0 的基本约束条件，则可能出现下列 4 种情况：

（1）CLK=1 期间，若 R=S=1，将出现 Q 端和 $\overline{Q}$ 端均为高电平的不正常情况。

（2）CLK=1 期间，若 R、S 分时撤销，则触发器的状态取决于后撤销者。

（3）CLK=1 期间，若 R、S 同时从 1 变为 0，则会出现竞争现象，而竞争结果是不能预先确定的。

（4）若 R=S=1 时，CLK 突然撤销，即由 1 跳变为 0，也会出现竞争现象，而竞争结果也是不能预先确定的。

【例 5-5】同步 RS 触发器门级建模。

```
module SYN_RS (
    input R, S, CLK,
    output Q, Qn
    );
    wire g42, g31;
    nand g3 (g31, S, CLK);
```

```
    nand g4 (g42, R, CLK);
    nand g1 (Q, g31, Qn);
    nand g2 (Qn, Q, g42);
endmodule
```

【例 5-6】同步 RS 触发器数据流级建模。

```
module SYN_RS (
    input R, S, CLK,
    output Q, Qn
     );
wire g42, g31;
assign g31 = ~(S & CLK);
assign g42 = ~(R & CLK);
assign Q = ~(g31 & Qn);
assign Qn = ~(Q & g42);
endmodule
```

【例 5-7】同步 RS 触发器行为级建模。

```
module SYN_RS (
   input R, S, CLK,
   output Q, Qn
    );
   reg Q, Qn;
   always @(*)
     begin
       if (CLK) //  CLK维持高电平
         if (S ^ R)
           begin
             Q = S;
             Qn = ~Q;
           end
         else //R=1,S=1;R=0,S=0
           if (S & R) //R=1,S=1不允许
             begin
               Q = 1'bz;
               Qn = 1'bz;
             end
           else //R=0,S=0保持
             begin
               Q = Q;
               Qn = ~Q;
```

```
                        end
                else //CLK=0
                  begin
                     Q = Q;
                     Qn = ~Q;
                  end
        end
endmodule
```

【例 5-8】同步 RS 触发器仿真测试模块。

```
module  SYN_RS_tb();
    reg s, r, clk;
    wire q, qn;
    SYN_RS u1 (.S(s), .R(r), .CLK(clk), .Q(q), .Qn(qn));
    initial
      begin
        clk = 0;
        s = 0;
        r = 0;
        #10 clk = 1;
        r = 0;
        s = 0;
        #10 clk = 1;
        r = 0;
        s = 1;
        #10 clk = 1;
        r =1;
        s =0;
        #10 clk = 0;
        r = 0;
        s = 0;
        #10 clk = 0;
        r = 1;
        s = 0;
        #10 clk = 0;
        r = 0;
        s = 1;
        #10 clk = 1;
        r = 1;
        s = 1;
```

```
        end
    endmodule
```

对同步 RS 触发器进行仿真测试，其测试结果如图 5-4 所示。

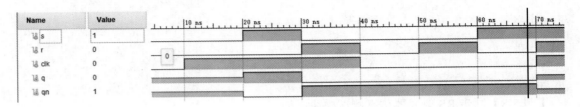

图 5-4　同步 RS 触发器仿真波形图

5.2　D 触发器

5.2.1　同步 D 触发器

R、S 之间有约束，限制了同步 RS 触发器的使用，为了解决该问题，便出现了电路的改进形式——同步 D 触发器，又叫 D 锁存器。

1. 电路结构

同步 D 触发器的电路组成如图 5-5 所示，通过观察很容易发现，在同步 RS 触发器的基础上，增加了反相器 G_5，通过它把加在 S 端的 D 信号反相后送到 R 端。

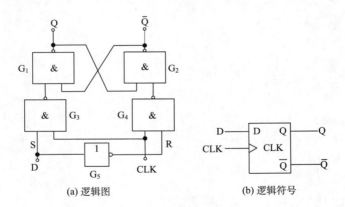

(a) 逻辑图　　　　　　　(b) 逻辑符号

图 5-5　同步 D 触发器

2. 工作原理

同步 D 触发器的真值表如表 5-4 所示。

由上述分析可知，同步 D 触发器的特征方程如公式（5-3）所示。

$$Q^{n+1}=D（CLK=1 \text{ 期间有效}）$$

（5-3）

表 5-4　同步 D 触发器真值表

现态			次态
CLK	D	Q^n	Q^{n+1}
0	×	×	维持 Q^n 不变
1	0	0	0（置 0）
1	1	0	1（置 1）
1	1	1	1（置 1）

3. 主要特点

1）时钟电平控制，无约束问题

时钟电平控制，这点和同步 RS 触发器相同。在时钟电平为低电平时，同步 D 触发器输出保持不变；在时钟电平为高电平时，次态由输入端 D 的值决定。触发器既可以置 1，也可以置 0，但由于电路是在同步 RS 触发器的基础上改进而来的，所以约束问题就不存在了。

2）CLK=1 时跟随，下降沿来到时才锁存

在 CLK=1 时，输出端 Q 和 $\overline{Q}$ 的状态跟随 D 变化，D 怎么变，Q 端的状态就怎么变。只有当 CLK 脉冲下降沿来到时才锁存，锁存的内容是 CLK 下降沿瞬间 D 的值。

【例 5-9】同步 D 触发器门级建模。

```
module  SYN_D (
    input D, clk,
    output Q, Qn, Dn
    );
    wire g43, g31;
    not g5 (Dn, D);
    nand g3 (g31, Dn, clk);
    nand g4 (g42, D, clk);
    nand g1 (Q, g31, Qn);
    nand g2 (Qn, Q, g42);
endmodule
```

【例 5-10】同步 D 触发器数据流级建模。

```
module SYN_D (
    input D, clk,
    output Q, Qn, Dn
    );
wire g42, g31;
assign Dn = ~D;
    assign g31 = ~(D & clk);
    assign g42 = ~(Dn & clk);
    assign Q = ~(g31 & Qn);
```

```
assign Qn = ~(Q & g42);
endmodule
```

【例 5-11】同步 D 触发器行为级建模。

```
module SYN_D (
    input D, clk,
    output Q, Qn
    );
    reg Q, Qn;
    always @(*)
      begin
        if (clk)
          begin
            Q = D;
            Qn = ~Q;
          end
        else
          begin
            Q = Q;
            Qn = Qn;
          end
      end
endmodule
```

【例 5-12】同步 D 触发器仿真测试模块。

```
module D_tb();
    reg d, clk;
    wire q, qn;
    SYN_D u1 (.D(d), .clk(clk), .Q(q), .Qn(qn));
    initial
      begin
        clk = 0;
        d = 0;
        #10 clk = 0;
        d = 1;
        #10 clk = 1;
        d = 0;
        #10 clk = 1;
        d = 1;
        #10 clk = 0;
        d = 0;
```

```
        #10 clk = 0;
            d = 1;
        end
endmodule
```

对同步 D 触发器进行仿真测试，其测试结果如图 5-6 所示。

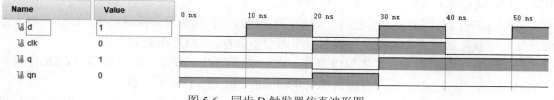

图 5-6 同步 D 触发器仿真波形图

5.2.2 边沿 D 触发器

为了解决同步 D 触发器时钟电平控制问题，增强电路工作可靠性，便出现了边沿 D 触发器。边沿触发器的具体电路结构形式较多。但边沿触发或控制的特点却是相同的。

1. 电路结构

图 5-7 所示是用两个同步 D 触发器级联起来构成的边沿 D 触发器，它是一种具有主从结构形式的边沿控制电路。

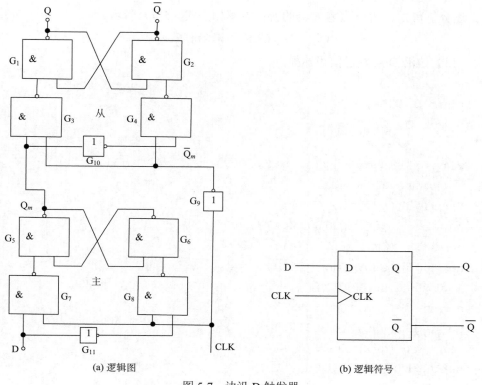

(a) 逻辑图   (b) 逻辑符号

图 5-7 边沿 D 触发器

2. 工作原理

图 5-7（a）所示为具有主从结构形式的边沿 D 触发器，由两个同步 D 触发器组成，主触发器受 CLK 操作，从触发器用 $\overline{CLK}$ 管理。

（1）CLK=0 时，门 G_7、G_8 被封锁，门 G_3、G_4 打开，从触发器的状态决定于主触发器的状态，$Q = Q_m$，$\overline{Q} = \overline{Q_m}$。输入信号 D 被拒之门外。

（2）CLK=1 时，门 G_7、G_8 打开，门 G_3、G_4 被封锁，从触发器保持不变，D 信号进入主触发器。但要特别注意，这时主触发器只跟随而不锁存，即 Q_m 跟随 D 变化。

（3）CLK 下降沿到来时，将封锁门 G_7、G_8，打开门 G_3、G_4，主触发器锁存 CLK 下降沿时刻 D 的值，即 Q_m=D，随后将该值送入从触发器，使 Q = D，$\overline{Q} = \overline{D}$。

（4）CLK 下降沿过后，主触发器锁存的 CLK 下降沿时刻 D 的值显然保持不变，从触发器的状态当然也不会发生变化。

边沿 D 触发器的真值表如 5-5 所示。

表 5-5　边沿 D 触发器真值表

时钟	现态		次态
CLK	D	Q^n	Q^{n+1}
↓	0	0	0（置 0）
↓	1	0	1（置 1）

由上述分析可知，边沿 D 触发器的特征方程如公式（5-4）所示。

$$Q^{n+1}=D（CLK 下降沿有效） \tag{5-4}$$

【例 5-13】边沿 D 触发器门级建模。

```
module D (
    input D, CLK,
    output Q, Qn
    );
    wire g118, g86, g75, g65, Qm, Qmn, g42, g31, CLKn;
    not g11 (g118, D);
    nand g7 (g75, D, CLK);
    nand g8 (g86, g118, CLK);
    nand g5 (Qm, g65, g75);
    nand g6 (g65, Qm, g86);
    not g9 (CLKn, CLK);
    not g10 (Qmn, Qm);
    nand g3 (g31, Qm, CLKn);
    nand g4 (g42, Qmn, CLKn);
    nand g1 (Q, g31, Qn);
```

```
    nand g2 (Qn, Q, g42);
endmodule
```

【例 5-14】边沿 D 触发器行为级建模。

```
module D(
    input D, CLK,
    output Q, Qn
     );
     reg Q, Qn;
    always @(negedge CLK)
       begin
          Q <= D;
          Qn <= ～D;
endendmodule
```

【例 5-15】边沿 D 触发器仿真测试模块。

```
module D_tb();
    reg d, clk;
    wire q, qn;
    D u1 (.D(d), .CLK(clk), .Q(q), .Qn(qn));
    always #3 clk = ～clk;
    initial
       begin
          clk = 0;
          d = 0;
          #10 d = 1;
          #10 d = 0;
          #5 d = 1;
          #11 d = 0;
          #14 d = 1;
          #3 d = 0;
          #3 d = 1;
          #3 d = 1;
          #3 d = 0;
          #3 d = 1;
       end
endmodule
```

对边沿 D 触发器进行仿真测试，其测试结果如图 5-8 所示。

图 5-8　边沿 D 触发器仿真波形图

5.2.3　带异步置位和异步清零边沿 D 触发器

1. 电路结构

图 5-9 所示为带有异步置位和异步清零的边沿 D 触发器。其中 $\overline{R_D}$、$\overline{S_D}$ 为异步输入端，当 $\overline{R_D}$ =0 时，触发器被复位到 0 状态；当 $\overline{S_D}$ =0 时，触发器被置位到 1 状态。其作用与时钟脉冲无关，故名异步输入。

2. 工作原理

1) $\overline{R_D}$ 端的工作原理

在图 5-9（a）所示的电路中，在 $\overline{R_D}$ =0 时，为了可靠地将触发器复位到 0 状态，$\overline{R_D}$ 既接到门 G_2、G_6 的输入端，也接到门 G_7 的输入端。这不仅将主触发器和从触发器同时直接复位到 0 状态，而且也封住了门 G_7，使得 D 即便是 CLK=1 也不能起到作用。也就是说无论时钟如何，加在 $\overline{R_D}$ 端的低电平均能将触发器可靠地复位到 Q=0、$\overline{Q}$ =1，即 0 状态。

2) $\overline{S_D}$ 端的工作原理

在图 5-9（a）所示的电路中，$\overline{S_D}$ 分别接到门 G_1、G_5、G_8 的输入端。因此，无论 CLK 为何值，加在 $\overline{S_D}$ 端的 0 信号都能可靠地把触发器置位到 Q=1、$\overline{Q}$ =0，即 1 状态。即使时钟 CLK 为高电平，由于门 G_8 被封锁，D 信号也进不了主触发器，也就是说，只要加在 $\overline{S_D}$ 端的 0 信号一到，无论时钟为何状态、D 为何值，触发器一定置 1。

异步输入端用来预置触发器初始值，或在触发器工作的过程中使其强制置位和清零。图 5-9（b）所示的逻辑符号中，$\overline{R_D}$、$\overline{S_D}$ 端的小圆圈表示低电平有效，即 $\overline{R_D}$ =0 时触发器被复位，$\overline{S_D}$ =0 时触发器被置位。反之，若无小圆圈则表示高电平有效，即 $\overline{R_D}$ =1 时触发器被复位，$\overline{S_D}$ =1 时触发器被置位。而且 $\overline{R_D}$ 和 $\overline{S_D}$ 之间是有约束条件的，约束条件为 $\overline{R_D}+\overline{S_D} \neq 0$，如果违反了约束条件，那么将会出现 Q 端和 $\overline{Q}$ 端同时为高电平的情况，这是不允许的。

【例 5-16】带异步置位和复位的边沿 D 触发器门级建模。

```
module D_S_R (
   input D, CLK, Sn, Rn,
   output Q, Qn
    );
    wire g118, g86, g75, g65, Qm, Qmn, g42, g31, CLKn;
    not g11 (g118, D);
```

```
    nand g7 (g75, D, CLK, Rn);
    nand g8 (g86, g118, CLK, Sn);
    nand g5 (Qm, g65, g75, Sn);
    nand g6 (g65, Qm, g86, Rn);
    not g9 (CLKn, CLK);
    not g10 (Qmn, Qm);
    nand g3 (g31, Qm, CLKn);
    nand g4 (g42, Qmn, CLKn);
    nand g1 (Q, g31, Qn, Sn);
    nand g2 (Qn, Q, g42, Rn);
endmodule
```

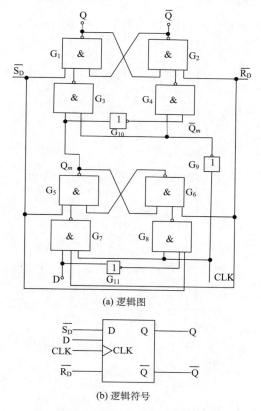

(a) 逻辑图

(b) 逻辑符号

图 5-9 带异步置位和复位的边沿 D 触发器

【例 5-17】带异步置位和复位的边沿 D 触发器行为级建模。

```
module D_S_R (
    input D, CLK, Sn, Rn,
    output Q, Qn
    );
```

```verilog
      reg Q, Qn;
      always @(negedge CLK or negedge Rn or negedge Sn)
        begin
          if (Rn == 0)
            Q <= 0;
          else if (Sn == 0)
                Q <= 1;
              else
                Q <= D;
                Qn <= ~D;
        end
endmodule
```

【例 5-18】带异步置位和复位的边沿 D 触发器仿真测试模块。

```verilog
module D_tb();
    reg d, clk, r, s;
    wire q, qn;
    D_S_R u1 (.D(d), .CLK(clk), .Q(q), .Qn(qn), .Sn(s), .Rn(r));
    always #3 clk = ~clk;
    initial
      begin
        clk = 0;
        d = 0;
        r = 0;
        s = 1;
        #5 d = 1;
        #5 d = 0;
        #5 d = 1;
        #2 r = 1;
        #4 d = 0;
        #2 s = 0;
        #4 d = 1;
        #3 d = 0;
        #3 d = 1;
        s = 1;
        #3 d = 1;
        #2 d = 0;
        #2 s = 0;
        #3 d = 1;
        #3 d = 0;
```

```
        #1 s = 1;
    end
endmodule
```

对边沿 D 触发器进行仿真测试，其测试结果如图 5-10 所示。

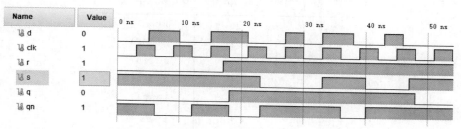

图 5-10　带异步置位和复位的边沿 D 触发器仿真波形图

5.3　JK 触发器和 T 触发器

5.3.1　边沿 JK 触发器

1. 电路结构

在边沿 D 触发器的基础上，增加 3 个与非门，把输出 Q 反馈送 G_{11}、G_{13}，就构成了如图 5-11 所示的边沿 JK 触发器。

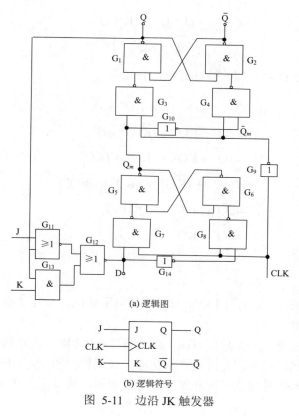

(a) 逻辑图

(b) 逻辑符号

图 5-11　边沿 JK 触发器

边沿 JK 触发器的真值表如表 5-6 所示。

表 5-6　边沿 JK 触发器真值表

输入现态			次态
J	K	Q^n	Q^{n+1}
0	0	0	0（保持）
0	0	1	1（保持）
0	1	0	0（置 0）
0	1	1	0（置 0）
1	0	0	1（置 1）
1	0	1	1（置 1）
1	1	0	1（翻转）
1	1	1	0（翻转）

2. 工作原理

由图 5-11 所示的逻辑，可以很容易得到逻辑表达式：

$$\begin{aligned}
D &= \overline{\overline{J + Q^n} + KQ^n} \\
&= (J + Q^n) \cdot \overline{KQ^n} \\
&= (J + Q^n) \cdot (\overline{K} + \overline{Q^n}) \\
&= J\overline{Q^n} + \overline{K}Q^n + J\overline{K}
\end{aligned}$$
（5-5）

将上述表达式代入边沿 D 触发器的特征方程，并化简可得

$$\begin{aligned}
Q^{n+1} = D &= J\overline{Q^n} + \overline{K}Q^n + J\overline{K} \\
&= J\overline{Q^n} + \overline{K}Q^n + J\overline{K}(Q^n + \overline{Q^n}) \\
&= J\overline{Q^n} + \overline{K}Q^n + J\overline{K}Q^n + J\overline{K}\,\overline{Q^n} \\
&= (J\overline{Q^n} + J\overline{K}\,\overline{Q^n}) + (\overline{K}Q^n + J\overline{K}Q^n) \\
&= J\overline{Q^n}(1 + \overline{K}) + \overline{K}Q^n(1 + J) \\
&= J\overline{Q^n} + \overline{K}Q^n
\end{aligned}$$
（5-6）

3. 主要特点

（1）时钟脉冲边沿控制，在 CLK 上升沿或下降沿瞬间，加在 J 端和 K 端的信号才会被接收，也称之为边沿触发。

（2）抗干扰能力极强，工作速度很高。因为只要在 CLK 触发沿瞬间 J 和 K 的值是稳定的，触发器就能够按照状态方程的规定更新状态，在其他时间里，J 和 K 不起作用。由于是边沿控制，需要的输入信号建立时间和保持时间都很短，所以工作速度可以很高。

（3）功能齐全，使用灵活方便，在 CLK 边沿控制下，根据 J 和 K 取值的不同，边沿 JK
触发器具有保持、置 1、置 0、翻转这 4 种功能。

【例 5-19】边沿 JK 触发器门级建模。

```verilog
module JK (
    input J, K, CLK,
    output Q, Qn
    );
    wire g148, g86, g75, g65, Qm, Qmn, g42, g31, g1112, g1312, CLKn, D;
    nand g11 (g1112, Q, J);
    and g13 (g1312, Q, K);
    nand g12 (D, g1112, g1312);
    not g14 (g148, D);
    nand g7 (g75, D, CLK);
    nand g8 (g86, g148, CLK);
    nand g5 (Qm, g65, g75);
    nand g6 (g65, Qm, g86);
    not g9 (CLKn, CLK);
    not g10 (Qmn, Qm);
    nand g3 (g31, Qm, CLKn);
    nand g4 (g42, Qmn, CLKn);
    nand g1 (Q, g31, Qn);
    nand g2 (Qn, Q, g42);
endmodule
```

【例 5-20】边沿 JK 触发器行为级建模。

```verilog
module JK (
    input J, K, CLK,
    output Q, Qn
    );
    reg Q, Qn;
    always @(negedge CLK)
      begin
        if(J ^ K == 1)//置0或置1
          begin
            Q <= J;
            Qn <= K;
          end
        else
          if(J && K == 1)//翻转
            begin
```

```
                    Q <= Qn;
                    Qn <= Q;
              end
       end
endmodule
```

【例 5-21】边沿 JK 触发器仿真测试模块。

```
module JK_tb();
    reg J, K, clk;
    wire q, qn;
    JK u1 (.J(J), .K(K), .CLK(clk), .Q(q), .Qn(qn));
    always #3 clk = ~clk;
    initial
      begin
        clk = 0;
        #10 J = 1; K = 0;
        #10 J = 0; K = 1;
        #5 J = 1; K = 1;
        #11 J = 0; K = 0;
        #14 J = 1; K = 1;
        #3 J = 0; K = 0;
        #3 J = 1; K = 0;
        #3 J = 1; K = 1;
      end
endmodule
```

对边沿 JK 触发器进行仿真测试，其测试结果如图 5-12 所示。

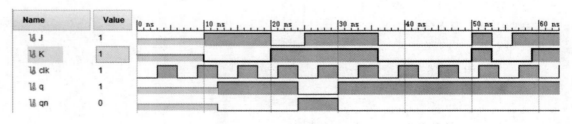

图 5-12　JK 触发器仿真波形图

5.3.2　带异步置位和异步清零边沿 JK 触发器

图 5-13 所示为带有异步置位和异步清零的边沿 JK 触发器。其中 $\overline{R_D}$、$\overline{S_D}$ 为异步输入端，当 $\overline{R_D}$ =0 时，触发器被复位到 0 状态；当 $\overline{S_D}$ =0 时，触发器被置位到 1 状态。其作用与时钟脉冲无关，故名异步输入。具体置位和清零的工作原理参见 5.2.3 节。

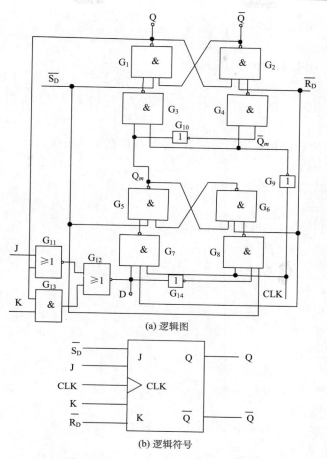

(a) 逻辑图

(b) 逻辑符号

图 5-13 带异步置位和异步清零边沿 JK 触发器

【例 5-22】带异步置位和复位的边沿 JK 触发器门级建模。

```
module JK_R_S (
    input J, K, CLK, Rn, Sn,
    output Q, Qn
    );
    wire g148, g86, g75, g65, Qm, Qmn, g42, g31, g1112, g1312, CLKn, D;
    nor g11 (g1112, Q, J);
    and g13 (g1312, Q, K);
    nor g12 (D, g1112, g1312);
    not g14 (g148, D);
    nand g7 (g75, D, CLK, Rn);
    nand g8 (g86, g148, CLK, Sn);
    nand g5 (Qm, g65, g75, Sn);
    nand g6 (g65, Qm, g86, Rn);
    not g9 (CLKn, CLK);
```

```
    not g10 (Qmn, Qm);
    nand g3 (g31, Qm, CLKn);
    nand g4 (g42, Qmn, CLKn);
    nand g1 (Q, g31, Qn, Sn);
    nand g2 (Qn, Q, g42, Rn);
endmodule
```

【例 5-23】带异步置位和复位的边沿 JK 触发器仿真测试模块。

```
module JK_tb();
    reg J, K, clk, r, s;
    wire q, qn;
    JK_R_S u1 (.J(J), .K(K), .CLK(clk), .Q(q), .Qn(qn), .Rn(r), .Sn(s));
    always #3 clk = ~clk;
    initial
      begin
        clk = 0;
        r = 1;
        s = 1;
        J = 1;
        K = 0;
        #1 r = 0;
        #5 J = 0; K = 1;
        #4 J = 1; K = 1;
        r = 1;
        #5 J = 0; K = 0;
        #5 J = 1; K = 1;
        #1 s = 0;
        #3 J = 0; K = 0;
        #3 J = 1; K = 0;
        #3 J = 1; K = 1;
        #1 s = 1;
        #4 s = 0;
        #4 s = 1;
        #3 J = 1; K = 0;
        #5 J = 0; K = 0;
        #6 J = 0; K = 1;
        #5 J = 0; K = 0;
        #7 J = 1; K = 0;
        #5 J = 0; K = 0;
        #6 J = 1; K = 1;
```

```
            #6 J = 0; K = 0;
        end
endmodule
```

对带异步置位和复位的边沿 JK 触发器进行仿真测试，其测试结果如图 5-14 所示。

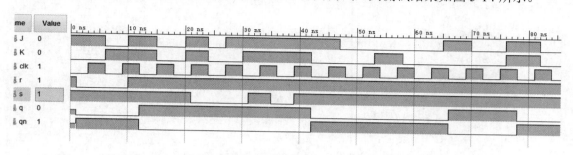

图 5-14　带异步置位和复位的边沿 JK 触发器仿真波形图

5.3.3　T 触发器

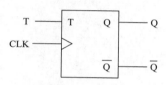

图 5-15　T 触发器逻辑符号图

将 JK 触发器的 J 输入端口和 K 输入端口连接到一起，即构成 T 触发器。观察 T 触发器的真值表可知，在时钟脉冲操作下，根据输入信号 T 的取值不同，具有保持和翻转功能。即当 T=0 时次态保持不变，T=1 时次态翻转。T 触发器逻辑符号如图 5-15 所示。

T 触发器真值表如表 5-7 所示。

表 5-7　T 触发器真值表

T	Q^n	Q^{n+1}
0	0	0(保持)
0	1	1(保持)
1	0	1(翻转)
1	1	0(翻转)

由上述分析可知，T 触发器的特征方程为如公式（5-7）所示。

$$Q^{n+1} = \overline{Q^n} \qquad (\text{CLK 下降沿有效}) \tag{5-7}$$

对 T 触发器的数据流级建模和门级建模与 JK 触发器类似，不再赘述。

【例 5-24】T 触发器行为级建模。

```
module T (
    input T, CLK,
    output Q, Qn
    );
    reg Q, Qn;
```

```
//以下initial语句初始化Q和Qn，便于仿真测试，
//该语句不可综合
initial
   begin
      Q = 1;
      Qn = 0;
   end
   always @(negedge CLK)
      begin
         if(T)//翻转
            begin
               Q <= !Q;
               Qn <= !Qn;
            end
         else
            begin
               Q <= Q;
               Qn <= Qn;
            end
      end
endmodule
```

【例 5-25】T 触发器仿真测试模块。

```
module T_tb();
   reg t, clk;
   wire q, qn;
   T u1 (.T(t), .CLK(clk), .Q(q), .Qn(qn));
   always #3 clk = ~clk;
   initial
      begin
         clk = 0;
         t = 0;
         #10 t = 1;
         #10 t = 0;
         #5 t = 1;
         #11 t = 0;
         #14 t = 1;
         #3 t = 1;
         #3 t = 0;
         #3 t = 1;
```

```
            #3 t = 0;
            #3 t = 1;
        end
endmodule
```

对 T 触发器进行仿真测试，其测试结果如图 5-16 所示。

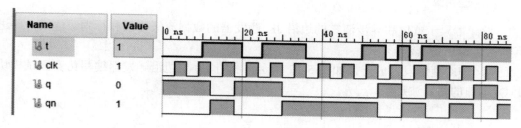

图 5-16　T 触发器仿真波形图

5.4　实　　验

5.4.1　D 触发器实验

一、实验目的

1. 了解不同类型 D 触发器的电路结构和逻辑功能。
2. 掌握不同类型 D 型触发器的建模方法（包括门级、数据流级、行为级建模）。

二、实验要求

利用 Verilog HDL 的模块化建模方式对 D 触发器进行建模和分析。

三、实验内容

1. 参考图 5-7 所示电路图，对边沿 D 触发器进行数据流级建模，并进行测试验证，给出仿真波形图。
2. 参考图 5-9 所示电路图，对带异步置位和异步清零的边沿 D 触发器进行数据流级建模，并进行测试验证，给出仿真波形图。

四、实验思考

1. 同步 D 触发器和边沿 D 触发器的异同何在？
2. 如何用 Verilog HDL 门级建模方式建立边沿 D 触发器的模型？

5.4.2　JK 触发器实验

一、实验目的

1. 了解 JK 触发器的电路结构和逻辑功能。

2. 掌握 JK 型触发器的建模方法（包括门级、数据流级、行为级建模）。

二、实验要求

利用 Verilog HDL 的模块化建模方式对以下要求进行建模和分析。

三、实验内容

1. 设计带异步置位和异步清零的边沿 JK 触发器的数据流级建模和行为级建模，并进行仿真测试，给出仿真波形图。

2. 两个 JK 型触发器的连接如图 5-17 所示，利用 JK 型边沿触发器编写仿真测试模块，给出 Q_1 端口的仿真波形图。

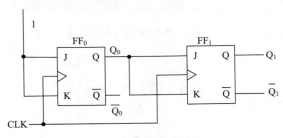

图 5-17　两个 JK 触发器的连接电路

四、实验思考

1.【例 5-24】的 T 触发器中为什么要给出 Q 的赋值初始化操作，不给会是怎样的输出波形？

2. 图 5-17 给出的例子实现了什么功能？它与单个 JK 型边沿触发器有何异同？

第6章　时序逻辑电路

本章导言

在组合逻辑电路中，电路输出值只和当前输入变量有关，且为瞬时输出值。然而，常用的电路输出不仅与该时刻的输入有关，还与输入变量前一个时刻的状态有关，这就意味着，电路中必须包含一些存储器件来记住这些输入变量的过去值，这样的电路一般会用到锁存器、触发器等。这种电路称之为时序逻辑电路。本章主要介绍寄存器和计数器两种时序逻辑电路设计，并拓展介绍 Fibonacci 数列、最大公约数求解和二进制-十进制转换逻辑电路。

6.1　寄　存　器

在数字电路系统中，用于存储一组二进制数的存储单元称为寄存器。因为一个触发器可以存储 1 位二进制数，所以构成一个 N 位的寄存器就需要 N 个触发器。触发器的类型不受限制，因为寄存器只需要进行置 1 或置 0 的操作，所以通常由 D 触发器构成。一个 N 位的寄存器通常包括一个 N 位的数据输入信号 inp、一个时钟信号 clk、一个输入控制信号 load、一个 N 位的输出信号 Q。当时钟信号 clk 上升沿来到时，如果控制信号 load 值为 1，则输出信号的值等于输入信号的值；如果控制信号 load 的值为 0，则输出保持不变。

寄存器按功能可分为基本寄存器和移位寄存器，基本寄存器主要实现数据的并行输入/并行输出，移位寄存器主要实现数据的串行输入/串行输出。

6.1.1　基本寄存器

1 位寄存器的框图如图 6-1 所示，当 load 为 1 时，在下一个时钟上升沿到来时，inp 的值被存储在 Q 中，否则存储器输出保持不变。

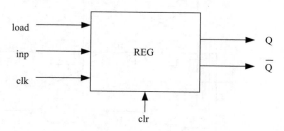

图 6-1　1 位寄存器框图

【例 6-1】1 位寄存器结构化建模。

```
module reg1(
    input load,
    input inp,
```

```
    input clk,
    input clr,
    output Q,
    output Q_n
);
    or(D,g21,g31);
    and(g21,Q,load_n);
    and(g31,inp,load);
    not(load_n,load);
    Dff reg1_Dff(clk,D,0,clr,Q,Q_n);
endmodule
```

1 位寄存器电路的组成如图 6-2 所示，它包含 1 个非门、2 个与门、1 个或门和 1 个带异步置位和复位的正边沿触发的 D 触发器（图 6-3）。

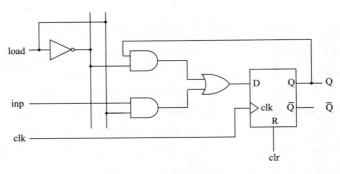

图 6-2　1 位寄存器电路图

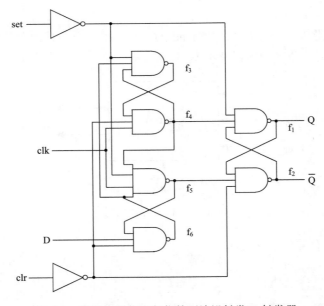

图 6-3　带异步置位和复位的正边沿触发 D 触发器

```
module Dff(
    input clk,
    input D,
    input set,
    input clr,
    output Q,
    output Q_n
);
    not(clr_n,clr);
    not(set_n,set);
    nand(f1,f4,f2,set_n);
    nand(f2,f1,f5,clr_n);
    nand(f3,f6,f4,set_n);
    nand(f4,f3,clk,clr_n);
    nand(f5,f4,clk,f6,set_n);
    nand(f6,f5,D,clr_n);
    and(Q,f1);
    and(Q_n,f2);
endmodule
```

【例 6-2】1 位寄存器行为级建模。

```
module reg1 (
    input load,
    input inp,
    input clk,
    input clr,
    output reg Q);
    //带load信号的1位寄存器
    always @(posedge clk or posedge clr)
    begin
        if(clr == 1)
            Q <= 0;
        else if(load == 1)
            Q <= inp;
    end
endmodule
```

对 1 位寄存器进行仿真测试，其测试模块如【例 6-3】所示。

【例 6-3】1 位寄存器仿真测试模块。

```
module reg1_tb();
    reg clr;
```

```
        reg load;
        reg clk;
        reg inp;
        wire  Q;
        reg1 uut(.load(load),.inp(inp),.clk(clk),.clr(clr),.Q(Q));
        initial
          begin
            load=0;
            inp=0;
            clk=0;
            clr=1;
            #150 clr=0;
            #700 clr=1;
          end
        always  #250 load <= ~load;
        always  #50 inp<=~inp;
        always  #20 clk <= ~clk;
endmodule
```

利用 Xilinx Vivado 获取仿真波形图如图 6-4 所示。

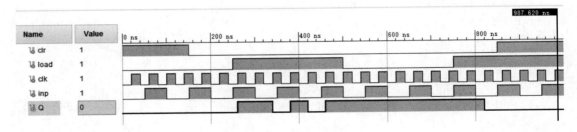

图 6-4　1 位寄存器仿真波形图

6.1.2　4 位寄存器

我们将 4 个如图 6-1 所示的带有 load 信号和 clk 信号的 1 位寄存器模块组合在一起,构成 1 个如图 6-5 所示的 4 位寄存器(图中省略了共用的 clr 信号)。

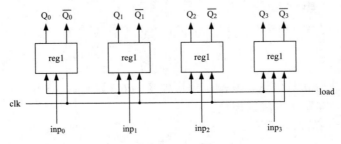

图 6-5　4 位寄存器框图

【例 6-4】4 位寄存器结构化建模。

```verilog
module reg4 (  input load,
              input [3:0]inp,
              input clk,
              input clr,
              output [3:0] Q);
    //用4个1位寄存器实现4位寄存器
    reg1 uut0 (.load(load),.inp(inp[0]),.clk(clk),.clr(clr),.Q(Q[0]));
    reg1 uut1 (.load(load),.inp(inp[1]),.clk(clk),.clr(clr),.Q(Q[1]));
    reg1 uut2 (.load(load),.inp(inp[2]),.clk(clk),.clr(clr),.Q(Q[2]));
    reg1 uut3 (.load(load),.inp(inp[3]),.clk(clk),.clr(clr),.Q(Q[3]));
endmodule
```

【例 6-5】4 位寄存器行为级建模。

```verilog
module reg4 (  input load,
              input [3:0]inp,
              input clk,
              input clr,
              output reg[3:0] Q);
    //带load信号的4位寄存器
    always @(posedge clk or posedge clr)
    begin
       if(clr == 1)
          Q <= 0;
       else if(load == 1)
          Q <= inp;
    end
endmodule
```

【例 6-6】4 位寄存器仿真测试模块。

```verilog
module reg4_tb();
    reg load;
    reg clk;
    reg clr;
    reg [3:0] inp;
    wire [3:0] Q;
    reg4 uut (.load(load), .inp(inp), .clk(clk), .clr(clr), .Q(Q));
    initial
      begin
        clk = 0;
        clr = 1;
```

```
        load = 0;
        inp = 4'b0000;
        #100 clr = 0;
        #200 load = 1;
        #200 load = 0;
    end
  always #20 clk <= ~clk;
  always #40 inp <= inp + 1;
endmodule
```

仿真波形图如图 6-6 所示。

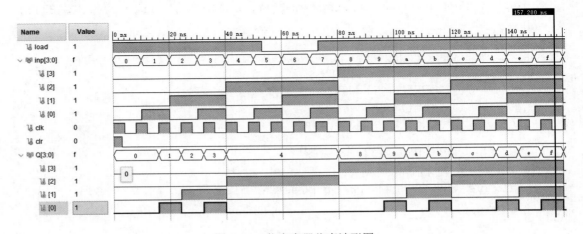

图 6-6　4 位寄存器仿真波形图

6.1.3　N 位寄存器

我们可以用 N 个 1 位寄存器构成 1 个 N 位寄存器。N 位寄存器框图如图 6-7 所示，其工作过程与 4 位寄存器一致。

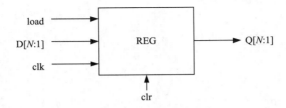

图 6-7　N 位寄存器框图

【例 6-7】带异步清零和加载信号的 N 位寄存器行为级建模。

```
module regN
  #(parameter  N = 8)
  (  input load,
```

```
    input [N-1:0] inp,
    input clk,
    input clr,
    output reg[N-1:0] Q);
    //带load信号的N位寄存器
    always @(posedge clk or posedge clr)
    begin
        if(clr == 1)
            Q <= 0;
        else if(load == 1)
            Q <= inp;
    end
endmodule
```

6.1.4 单向移位寄存器

图 6-8 所示是 1 个由 4 个触发器组成的 4 位右移寄存器框图。其中，clk 为时钟信号，clr 为清零端，D_{in} 为串行输入端，Q_{out} 为串行输出端，$Q_3 \sim Q_0$ 为并行输出端。

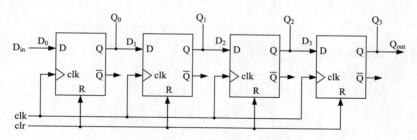

图 6-8 4 位右移寄存器框图

本小节使用 Verilog 中的行为语句描述实现具有右移功能的 4 位寄存器。注意：在 always 语句块中，要使用非阻塞赋值运算符"<="，而不能使用阻塞赋值运算符"="。因为当使用非阻塞赋值运算符"<="时，变量的值进入 always 块时所拥有的值，即 always 块中赋值操作之前的值。当寄存器正常工作时，我们希望将 Q_0 的原值赋给 Q_1，即在 always 块开始时所拥有的值，而非在 always 块中来自 D_{in} 的值，所以要用非阻塞赋值运算符"<="完成这一功能。如果使用阻塞赋值运算符"="，就不能有移位的功能，而仅仅是一个位寄存器，即在时钟上升沿所有的输出都获得 D_{in} 的值。

【例 6-8】4 位右移寄存器行为级建模。

```
module Shift_Reg4 (
    input clk,
    input clr,
    input Din,
    output reg [3:0] Q
```

```
    );

    always @(posedge clk or posedge clr) begin
        if(clr == 1)
            Q <= 0;
        else begin
            Q[0] <= Din;
            Q[3:1] = Q[2:0];
        end
    end
endmodule
```

【例 6-9】4 位右移寄存器结构化建模。

```
module Shift_Reg4 (
    input clk,
    input clr,
    input Din,
    output reg [3:0] Q
    );

    //用 4 个触发器实现 4 位右移移位寄存器
    Dff f0 (clk, Din, 0, clr, Q[0]);
    Dff f1 (clk, Q[0], 0, clr, Q[1]);
    Dff f2 (clk, Q[1], 0, clr, Q[2]);
    Dff f3 (clk, Q[2], 0, clr, Q[3]);
endmodule
```

【例 6-10】4 位右移寄存器仿真测试模块。

```
`timescale 1ns / 1ps
module Shift_Reg4_tb ();
    reg clk;
    reg clr;
    reg Din;
    wire [3:0] Q;

    Shift_Reg4 u1 (.clk(clk), .clr(clr), .Din(Din), .Q(Q));

    initial begin
        clk = 1;
        clr = 1;
        Din = 1;
```

```
            #3 clr = 0;
            #20 Din = 0;
            #20 clr = 1;
            #2 Din = 1;
        end

        always #2 clk <= ~clk;
endmodule
```

4 位右移寄存器的仿真波形图如图 6-9 所示。

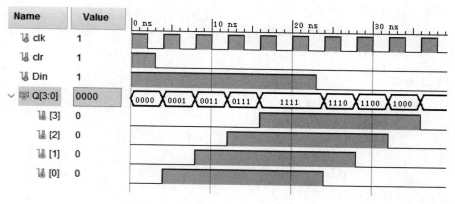

图 6-9　4 位右移寄存器的仿真波形图

6.1.5　双向移位寄存器

把左移和右移移位寄存器组合起来，加上移位方向控制信号，便可以方便地构成双向移位寄存器。

图 6-10 所示是基本的 4 位双向移位寄存器。M 是移位方向控制信号，D_{SR} 是右移串行输入端，D_{SL} 是左移串行输入端，$Q_0 \sim Q_3$ 是并行输出端，CP 是时钟脉冲——移位操作信号。

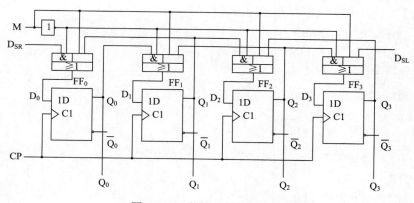

图 6-10　4 位双向移位寄存器

图 6-10 中，4 个与或门构成了 4 个 2 选 1 数据选择器，其输出就是送给相应边沿 D 触发器的同步输入端信号，M 是移位方向控制信号，由电路可得驱动方程

$$\begin{cases} D_0 = \overline{M}D_{SR} + MQ_1^n \\ D_1 = \overline{M}Q_0^n + MQ_2^n \\ D_2 = \overline{M}Q_1^n + MQ_3^n \\ D_3 = \overline{M}Q_2^n + MD_{SL} \end{cases} \tag{6-1}$$

代入 D 型触发器的特性方程便可求出状态方程

$$\begin{cases} D_0 = \overline{M}D_{SR} + MQ_1^n \\ D_1 = \overline{M}Q_0^n + MQ_2^n \\ D_2 = \overline{M}Q_1^n + MQ_3^n \\ D_3 = \overline{M}Q_2^n + MD_{SL} \end{cases} \quad （CP 上升沿时刻有效） \tag{6-2}$$

（1）当 M=0 时，

$$\begin{cases} Q_0^{n+1} = D_{SR} \\ Q_1^{n+1} = Q_0^n \\ Q_2^{n+1} = Q_1^n \\ Q_3^{n+1} = Q_2^n \end{cases} \quad （CP 上升沿时刻有效） \tag{6-3}$$

显然，电路成为 4 位右移移位寄存器。

（2）当 M =1 时，

$$\begin{cases} Q_0^{n+1} = Q_1^n \\ Q_1^{n+1} = Q_2^n \\ Q_2^{n+1} = Q_3^n \\ Q_3^{n+1} = D_{SL} \end{cases} \quad （CP 上升沿时刻有效） \tag{6-4}$$

不难理解，电路将按照 4 位左移移位寄存器的工作原理运行。

因此结论是：图 6-10 所示电路具有双向移位功能，当 M=0 时右移、M=1 时左移。

【例 6-11】4 位双向移位寄存器行为级建模。

```verilog
module bi_shift_reg4(
    input clk,
    input clr,
    input Dsr,Dsl,M,
    output reg [0:3] Q
    );
    always @(posedge clk or posedge clr)
    begin
        if(clr == 1)Q <= 0;
        else
```

```
            case(M)
                0:
                    begin
                        Q[0]  <= Dsr;
                        Q[1:3] <= Q[0:2];
                    end
                1:
                    begin
                        Q[3]  <= Dsl;
                        Q[0:2] <= Q[1:3];
                    end
            endcase
    end
endmodule
```

【例 6-12】4 位双向移位寄存器结构化建模。

```
module bi_shift_reg4(
    input clk,
    input clr,
    input Dsr,Dsl,M,
    output [0:3] Q
    );
    wire [0:3] D;

    not(M_n,M);
    and(m0n,M_n,Dsr);
    and(m0,M,Q[1]);
    or(D[0],m0n,m0);
    and(m1n,M_n,Q[0]);
    and(m1,M,Q[2]);
    or(D[1],m1n,m1);
    and(m2n,M_n,Q[1]);
    and(m2,M,Q[3]);
    or(D[2],m2n,m2);
    and(m3n,M_n,Q[2]);
    and(m3,M,Dsl);
    or(D[3],m3n,m3);

    Dff uut0(clk,D[0],0,clr,Q[0]);
    Dff uut1(clk,D[1],0,clr,Q[1]);
```

```
      Dff uut2(clk,D[2],0,clr,Q[2]);
      Dff uut3(clk,D[3],0,clr,Q[3]);
   endmodule
```

【例 6-13】4 位双向移位寄存器测试模块。

```
module bi_shift_reg4_tb();
   reg clk;
   reg clr;
   reg Dsr,Dsl,M;
   wire [0:3] Q;

   bi_shift_reg4 uut(clk,clr,Dsr,Dsl,M,Q);
   always #20 clk = ~clk;
   initial
      begin
         clk = 0;clr = 1;
         Dsr = 1;Dsl = 1;M = 0;
         #40 clr = 0;
         #160 Dsr = 0;
         #160 M = 1;
         #160 Dsl = 0;
         #180 $stop;
      end
   endmodule
```

利用 Xilinx Vivado 获取仿真波形图如图 6-11 所示。

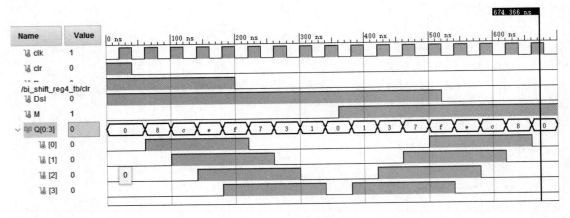

图 6-11　4 位双向移位寄存器仿真波形图

6.1.6 通用移位寄存器

通用移位寄存器可以加载并行数据，将其内容向左移位、向右移位或保持原有状态。它可以实现并转串（首先加载并行输入，然后移位）或串转并（首先移位，然后并行输出）。实现这种操作需要两位控制信号 ctrl。设计如下：

【例 6-14】通用移位寄存器行为级建模。

```verilog
module Nuiv_Shift_Reg #(parameter N = 8) (
    input clk,
    input reset,
    input ctrl,
    input [N-1:0] d,
    output [N-1:0] q
    );

    reg [N-1:0] r_reg, r_next;

    always @(posedge clk or posedge reset) begin
        if (reset)
            r_reg <= 0;
        else
            r_reg <= r_next;
    end

    always @(*) begin //next-state logic
        case (ctrl)
            2'b00: r_next  <= r_reg;//无操作
            2'b01: r_next <={r_reg[N-2:0], d[0]};//左移
            2'b10: r_next <= {d[N-1], r_reg[N-1:1]};//右移
            default: r_next  <= d;//载入
        endcase
    end

    assign q = r_reg; //输出逻辑
endmodule
```

在【例 6-14】中，把通用移位寄存器分为组合逻辑和时序逻辑两部分，各用一个 always 块来描述。使用 4 选 1 的多路选择器来选择寄存器所需下一状态逻辑值。注意，d 的最低位和最高位用来作为串行输入的左移和右移操作。

6.1.7　5 个按钮开关抖动的消除

当按下板卡上的任何按钮时，在它们稳定下来之前，都会有几毫秒的轻微抖动。这就意味着输入到 FPGA 上的并不是清晰的从 0 到 1 的变化，而可能是在几毫秒的时间里有从 0 到 1 的来回抖动。时序电路中，在一个时钟信号上升沿到来时，发生这种抖动将有可能产生严重的错误。因为时钟信号改变的速度要比开关抖动的快很多，这就有可能把错误的值锁存在寄存器中。因此，当在时序电路中使用开关按钮时，消除它们的抖动是非常重要的。

如图 6-12 所示的电路可以用于消除按钮输入信号 inp 产生的抖动。输入时钟频率必须足够低，这样才能够使开关抖动在 3 个时钟周期结束前消除。一般会使用频率为 190Hz 的时钟。

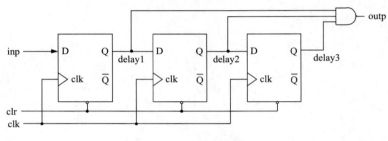

图 6-12　消抖电路框图

【例 6-15】消抖按键行为级建模。

```verilog
module Shake_Reduce (
    input clk,
    input clr,
    input [4:0] inp,
    output [4:0] outp
    );

    reg [4:0] delay1;
    reg [4:0] delay2;
    reg [4:0] delay3;

    always @(posedge clk or posedge clr) begin
        if (clr == 1) begin
            delay1 <= 0;
            delay2 <= 0;
            delay3 <= 0;
        end
        else begin
            delay1 <= inp;
            delay2 <= delay1;
```

```
            delay3 <= delay2;
        end
    end

    assign outp = delay1 & delay2 & delay3;
endmodule
```

【例6-16】消抖按键仿真测试模块。

```
module Shake_Reduce_tb();
    reg clk;
    reg clr;
    reg [4:0] inp;
    wire [4:0] outp;

    Shake_Reduce u1 (.clk(clk), .clr(clr), .inp(inp), .outp(outp));

    initial begin
        inp = 0;
        clk = 1;
        clr = 1;
        #3 clr = 0;
        #20 inp = 5'b00010;
        #20 inp = 5'b00011;
        #20 inp = 5'b10010;
        #20 inp = 5'b00111;
        #20 inp = 5'b01011;
        #5  inp = 5'b00110;
        #20 inp = 5'b10011;
        #20 inp = 5'b10011;
        #20 inp = 5'b01011;
        #20 inp = 5'b00011;
        #20 inp = 5'b10010;
        #20 inp = 5'b01011;
        #20 inp = 5'b10011;
    end

    always #4 clk <= ~clk;
endmodule
```

消抖电路的仿真波形图如图6-13所示。

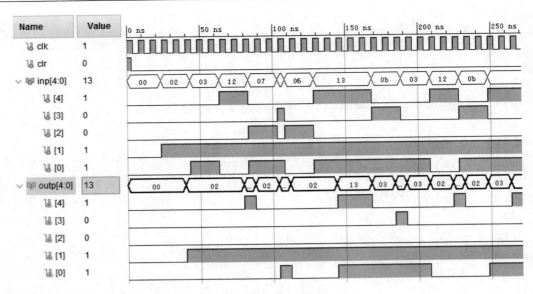

图 6-13　消抖电路的仿真波形图

可以通过观察图 6-13 所示的仿真结果来理解这个消除抖动电路是如何消除抖动的。在仿真测试程序中把 inp[0] 作为抖动输入信号，从图中可以看到，再按下按钮和释放按钮时，都出现了抖动，输出信号 outp[0] 是一个没有抖动的干净信号。那是因为只有输入信号 inp[0] 在连续 3 个时钟周期都为 1 时，输出才为 1；反之，输出将保持为 0。因此使用一个低频率的时钟信号 clk，就是为了确保所有的抖动都被消除。

6.1.8　时钟脉冲

图 6-14 所示的是一个可以产生单脉冲的电路逻辑框图，和之前所说的消抖电路唯一不同的是，与门的最后一个输入是 $\overline{\text{delay3}}$，下面是这个时钟脉冲电路的 Verilog 程序。

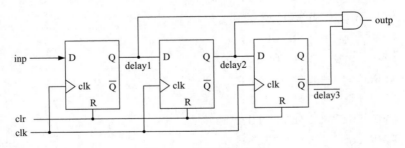

图 6-14　时钟脉冲电路

【例 6-17】时钟脉冲电路行为级建模。

```
module Clock_Pulse (
    input clk,
    input clr,
    input inp,
```

```
   output outp
   );

   reg delay1;
   reg delay2;
   reg delay3;

   always @(posedge clk or posedge clr) begin
      if (clr == 1) begin
         delay1 <= 0;
         delay2 <= 0;
         delay3 <= 0;
      end
      else begin
         delay1 <= inp;
         delay2 <= delay1;
         delay3 <= delay2;
      end
   end

   assign outp = delay1 & delay2 & ~delay3;
endmodule
```

【例 6-18】时钟脉冲电路仿真测试模块。

```
module Clock_Pulse_tb ();
   reg clk;
   reg clr;
   reg inp;
   wire outp;

   Clock_Pulse c1 (.clk(clk), .clr(clr), .inp(inp), .outp(outp));

   initial begin
      inp = 0;
      clk = 1;
      clr = 1;
      #3 clr = 0;
      #20 inp = 1;
      #2 inp = 0;
      #6 inp = 1;
```

```
        #20 inp = 0;
        #2  inp = 1;
        #5  inp = 0;
        #20 inp = 1;
        #20 inp = 0;
        #20 inp = 1;
        #20 inp = 1;
        #20 inp = 0;
        #20 inp = 1;
        #20 inp = 1;
    end

    always #4 clk <= ~clk;
endmodule
```

时钟脉冲电路的仿真波形图如图 6-15 所示。

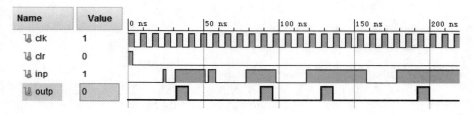

图 6-15　时钟脉冲电路的仿真波形图

6.2　计　数　器

在数字电路系统中，计数器的应用十分广泛。它除了记录时钟脉冲个数外，还具有定时、分频、产生节拍脉冲等作用。

按照计数方法分类，计数器可分为加法计数器、减法计数器和可逆计数器。随着时钟脉冲做递增计数的称为加法计数器，做递减计数的称为减法计数器，可以选择递增计数或递减计数的称为可逆计数器。

按照计数器各个触发器是否同时翻转，计数器可以分为异步计数器和同步计数器。计数器内部各个触发器翻转时刻相同的称为同步计数器，不同的称为异步计数器。异步计数器是将低位触发器的输出信号作为高位触发器的输入信号，因而各个触发器的翻转时刻不同。而同步计数器则将同一个时钟信号输入到计数器中各个触发器的输入时钟端口，所以所有触发器的翻转时刻都相同。

按照计数器的计数容量不同，可以将计数器分为二进制计数器、十进制计数器、N 进制计数器等，计数容量是指计数器连续两次输出 1 之间所间隔的时钟数。

6.2.1　简单二进制计数器

一个简单的二进制计数器通过二进制序列反复循环。例如，一个 4 位简单二进制计数器计数，从 0000、0001、0010、…、1111 而后反复循环。4 位简单二进制计数器的次态卡诺图如表 6-1 所示。

表 6-1　4 位简单二进制计数器卡诺图

$Q_3^n Q_2^n$ ＼ $Q_1^n Q_0^n$	00	01	11	10
00	0001	0010	0100	0011
01	0101	0110	1000	0111
11	1101	1110	0000	1111
10	1001	1010	1100	1011

把表 6-1 的卡诺图分解开，可得如表 6-2～表 6-5 所示的各触发器次态卡诺图。

表 6-2　Q_3^{n+1} 次态的卡诺图

$Q_3^n Q_2^n$ ＼ $Q_1^n Q_0^n$	00	01	11	10
00	0	0	0	0
01	0	0	1	0
11	1	1	0	1
10	1	1	1	1

表 6-3　Q_2^{n+1} 次态的卡诺图

$Q_3^n Q_2^n$ ＼ $Q_1^n Q_0^n$	00	01	11	10
00	0	0	1	0
01	1	1	0	1
11	1	1	0	1
10	0	0	1	0

表 6-4　Q_1^{n+1} 次态的卡诺图

$Q_3^n Q_2^n$ ＼ $Q_1^n Q_0^n$	00	01	11	10
00	0	1	0	1
01	0	1	0	1
11	0	1	0	1
10	0	1	0	1

表 6-5　　Q_0^{n+1} 次态的卡诺图

$Q_3^n Q_2^n$ ＼ $Q_1^n Q_0^n$	00	01	11	10
00	1	0	0	1
01	1	0	0	1
11	1	0	0	1
10	1	0	0	1

由卡诺图可得下列状态方程：

$$Q_0^{n+1} = \overline{Q_0^n} \tag{6-5}$$

$$Q_1^{n+1} = \overline{Q_1^n} Q_0^n + Q_1^n \overline{Q_0^n} \tag{6-6}$$

$$Q_2^{n+1} = Q_2^n \overline{Q_1^n} + Q_2^n \overline{Q_0^n} + \overline{Q_2^n} Q_1^n Q_0^n \tag{6-7}$$

$$Q_3^{n+1} = Q_3^n \overline{Q_2^n} + Q_3^n \overline{Q_1^n} + Q_3^n \overline{Q_0^n} + \overline{Q_3^n} Q_2^n Q_1^n Q_0^n \tag{6-8}$$

JK 触发器的特性方程为

$$Q^{n+1} = J\overline{Q^n} + \overline{K} Q^n \tag{6-9}$$

变换状态方程的形式：

$$Q_0^{n+1} = 1 \cdot \overline{Q_0^n} + \overline{1} \cdot Q_0^n \tag{6-10}$$

$$Q_1^{n+1} = Q_0^n \cdot \overline{Q_1^n} + \overline{Q_0^n} Q_1^n \tag{6-11}$$

$$Q_2^{n+1} = Q_1^n Q_0^n \cdot \overline{Q_2^n} + \overline{Q_1^n Q_0^n} \cdot Q_2^n \tag{6-12}$$

$$Q_3^{n+1} = Q_2^n Q_1^n Q_0^n \cdot \overline{Q_3^n} + \overline{Q_2^n Q_1^n Q_0^n} \cdot Q_3^n \tag{6-13}$$

所以，可得下列驱动方程：

$$J_0 = K_0 = 1 \tag{6-14}$$

$$J_1 = K_1 = Q_0^n \tag{6-15}$$

$$J_2 = K_2 = Q_1^n Q_0^n \tag{6-16}$$

$$J_3 = K_3 = Q_2^n Q_1^n Q_0^n \tag{6-17}$$

4 位简单二进制计数器逻辑电路图如图 6-16 所示。

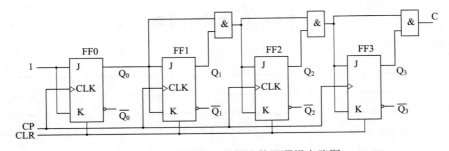

图 6-16　4 位简单二进制计数器逻辑电路图

【例 6-19】带异步清零的 JK 触发器建立 4 位简单二进制计数器结构化建模。

```
module counter_sim_bin_N(CP,clr,cout,qd);
    input CP,clr;
    output cout;
    output [3:0] qd;
    wire [3:0] qdn;
    wire temp0,temp1;
    JK_FF FF0(1,1,CP,clr,qd[0],qdn[0]);
    JK_FF FF1(qd[0],qd[0],CP,clr,qd[1],qdn[1]);
    and and0(temp0,qd[0],qd[1]);
    JK_FF FF2(temp0,temp0,CP,clr,qd[2],qdn[2]);
    and and1(temp1,qd[2],temp0);
    JK_FF FF3(temp1,temp1,CP,clr,qd[3],qdn[3]);
    and and2(cout,temp1,qd[3]);
endmodule
```

【例 6-20】4 位简单二进制计数器的仿真测试模块。

```
module counter_tb();
  reg clk,clr;           //输入激励信号定义为reg型
  wire[3:0] qd;          //输出信号定义为wire型
  wire cout;
  parameter DELY=40;
  counter_sim_bin_N C1(clk,clr,cout,qd);          //调用测试对象
  always #(DELY/2) clk = ~clk;          //产生时钟波形
    initial
      begin          //激励波形定义
        clk =0; clr=0;
        #DELY   clr=1;
        #DELY   clr=0;
        #(DELY*30)  $finish;
      end
endmodule
```

对 4 位简单二进制计数器进行仿真测试，其测试结果如图 6-17 所示。

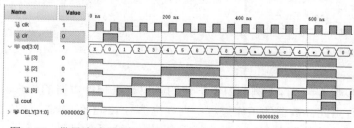

图 6-17　带异步清零的 4 位简单二进制计数器结构化建模仿真图

【例 6-21】4 位简单二进制计数器行为级建模。

```verilog
module counter_sim_bin_N
    #(parameter N=4)
    (
    output[N-1:0] cout,
    output[N-1:0] qd,
    input clk,
    input reset
    );
    reg [N-1:0] regN;
    always @(posedge clk)
        begin
            if (reset)
                regN <= 0;          //同步清0，高电平有效
            else
                regN <= regN + 1;
        end
    assign qd = regN;
    assign cout = (regN==2**N-1)?1'b1:1'b0;
endmodule
```

【例 6-22】4 位简单二进制计数器行为级建模的仿真测试模块。

```verilog
module counter_tb();
    reg clk,reset;          //输入激励信号定义为reg型
    wire[3:0] qd;           //输出信号定义为wire型
    wire cout;
    parameter DELY=40;
    counter_sim_bin_N C1(cout,qd,clk,reset);          //调用测试对象
    always #(DELY/2) clk = ~clk;          //产生时钟波形
        initial
        begin          //激励波形定义
            clk =0; reset=0;
            #DELY   reset=1;
            #DELY   reset=0;
            #(DELY*30) $finish;
        end
endmodule
```

当采用默认参数 N=4 时，【例 6-21】描述的 4 位二进制计数器的仿真波形图如图 6-18 所示。从图中可以看出此计数器的工作过程：当复位信号 reset 有效时，计数器复位清零；在复位信号为低电平时，计数器在下一个时钟上升沿从 0000 开始计数，直至计满 1111，再溢出

为 0000，此时计数器的进位端 cout 输出一个高电平，同时计数器从并行输出口 qd 输出当前计数值。

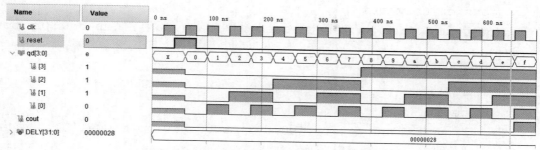

图 6-18　4 位简单二进制计数器的仿真波形图

6.2.2　通用二进制计数器

通用二进制计数器具有更多功能，例如可以实现增/减计数、暂停、预置初值，同时还有同步清零等功能。参数化的通用二进制计数器代码如下：

【例 6-23】通用二进制计数器行为级建模。

```verilog
module counter_univ_bin_N
    #(parameter N=8)
    (
    output[N-1:0] qd,
    input clk,reset,load,up_down,
    input [N-1:0] d
    );
    reg [N-1:0] regN;
    always @(posedge clk)
        begin
            if (reset)
 regN <= 0;
            else if(load)
                regN<=d;
            else if(up_down)
                regN<=regN+1;
            else regN<=regN-1;
        end
    assign qd=regN;
endmodule
```

【例 6-24】通用二进制计数器的仿真测试模块。

```verilog
module counter_univ_bin_N_tb();
    wire [7:0] qd;
```

```
        reg clk,reset,load,up_down;
        reg [7:0] d;
        counter_univ_bin_N
u0(.qd(qd), .clk(clk), .reset(reset), .load(load), .up_down(up_dow
n),.d(d));
        always #10 clk=~clk;
            initial
            begin
                clk=1'b0;reset=1'b0;d=8'b00001010;up_down=1'b1;
                #20 reset=1'b1;
                #20 reset=1'b0;
                #20 load=1'b1;
                #15 load=1'b0;
                #20 up_down=1'b0;
            end
    endmodule
```

当采用默认参数 N=8 时，【例 6-23】描述的 8 位二进制计数器的仿真波形图如图 6-19 所示。计数器采用同步工作方式，同步时钟输入端口是 clk。复位端口 reset 为高电平时，计数器在 clk 上升沿清零。预置控制端口 load，当 load 为高电平时，预置数据输入端 d 的数值被送入计数器的寄存器。增/减计数模式控制端口是 up_down，当 up_down 为高电平时，计数器进行加法计数；当 up_down 为低电平时，计数器进行减法计数。数据输出端口实时输出计数器的计数值。

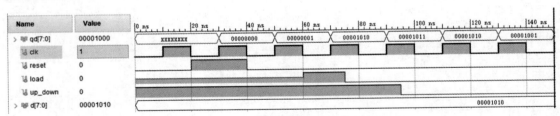

图 6-19　8 位通用计数器仿真波形图

6.2.3　N 进制计数器

N 进制计数器的功能是从 0～N 重复计数。以 N=5 为例，它要经历 5 个状态，输出从 000 变到 100，再回到 000。N=5 时的计数器次态卡诺图，如表 6-6 所示。

表 6-6　五进制计数器次态卡诺图

Q_2^n ＼ $Q_1^n Q_0^n$	00	01	11	10
0	001	010	100	011
1	000	×	×	×

把表 6-6 的次态卡诺图分解开，可得各触发器次态卡诺图，如表 6-7～表 6-9 所示。

表 6-7 Q_2^{n+1} 次态的卡诺图

Q_2^n ＼ $Q_1^n Q_0^n$	00	01	11	10
0	0	0	1	0
1	0	×	×	×

表 6-8 Q_1^{n+1} 次态的卡诺图

Q_2^n ＼ $Q_1^n Q_0^n$	00	01	11	10
0	0	1	0	1
1	0	×	×	×

表 6-9 Q_0^{n+1} 次态的卡诺图

Q_2^n ＼ $Q_1^n Q_0^n$	00	01	11	10
0	1	0	0	1
1	0	×	×	×

由卡诺图可得下列状态方程：

$$Q_0^{n+1} = \overline{Q_2^n Q_0^n} \tag{6-18}$$

$$Q_1^{n+1} = \overline{Q_1^n} Q_0^n + Q_1^n \overline{Q_0^n} \tag{6-19}$$

$$Q_2^{n+1} = Q_1^n Q_0^n \tag{6-20}$$

D 触发器的特性方程为

$$Q^{n+1} = D \tag{6-21}$$

变换状态方程式的形式为

$$D_0 = \overline{Q_2^n Q_0^n} \tag{6-22}$$

$$D_1 = \overline{Q_1^n} Q_0^n + Q_1^n \overline{Q_0^n} \tag{6-23}$$

$$D_2 = Q_1^n Q_0^n \tag{6-24}$$

五进制计数器的逻辑电路图如图 6-20 所示。

【例 6-25】五进制计数器结构化建模。

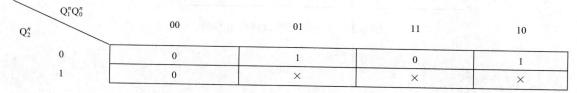

```verilog
module mod5cnt(clk,clr,Q);
    input  clk,clr;
    output [2:0] Q;
```

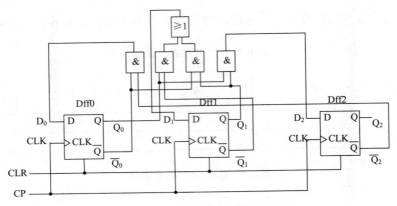

图 6-20　五进制计数器逻辑电路图

```
    wire [2:0]Qn;
    wire [2:0] D;
    wire temp1,temp2;
    Dff u0(D[0],clk,clr,Q[0],Qn[0]);
    Dff u1(D[1],clk,clr,Q[1],Qn[1]);
    Dff u2(D[2],clk,clr,Q[2],Qn[2]);
    and and0(D[0],Qn[0],Qn[2]);
    and and1(temp1,Q[0],Qn[1]);
    and and2(temp2,Q[1],Qn[0]);
    or  or0(D[1],temp1,temp2);
    and and3(D[2],Q[0],Q[1]);
endmodule
```

【例6-26】五进制计数器行为级建模。

```
module mod5cnt
    # (parameter N=5)
    (
    input wire clr,
    input wire clk,
    output reg[2:0] Q
    );
    //五进制计数器
    always @(posedge clk or posedge clr)
      begin
       if(clr==1)
         Q<=0;
       else if(Q == N - 1)
         Q<=0;
```

```
        else
            Q<=Q+1;
        end
endmodule
```

【例 6-27】五进制计数器的仿真测试模块。

```
module mod5cnt _tb();
    reg clk;
    reg clr;
    wire [2:0] Q;
    mod5cnt u1(.clk(clk),.clr(clr),.Q(Q));
        initial
        begin
            clk=1;
            clr=1;
            #2 clr=0;
        end
always  #3 clk=~clk;
endmodule
```

对五进制计数器进行仿真测试，其测试结果如图 6-21 所示。

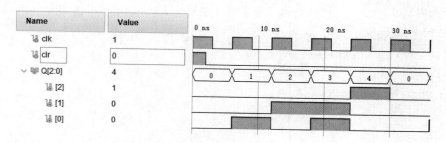

图 6-21 五进制计数器的仿真波形图

6.2.4 时钟分频器

时钟信号的处理是 FPGA 的特色之一，因此分频器也是 FPGA 设计中使用频率非常高的基本设计之一。一般在 FPGA 中都有集成的锁相环可以实现各种时钟的分频和倍频设计，但是通过语言设计进行时钟分频是最基本的训练，在对时钟要求不高的设计中也能节省锁相环资源。本教材中使用的 Nexys 4 开发板提供的系统时钟频率为 100MHz，在【例 6-26】中取 N 的值为 50000000，则可以得到一个 1Hz 的时钟（频率计算：100M/(50M*2)）。

【例 6-28】1Hz 时钟分频器行为级建模。

```
module divider (clk, clk_N);
    input        clk;            // 系统时钟
    output       clk_N;          // 分频后的时钟
```

```
    parameter        N = 50_000_000;        // 1Hz的时钟，N=fclk/fclk_N
    reg [31:0]       counter;
    reg              qclk_N=1'b0;            /* 计数器变量，通过计数实现分频
                                            当计数器从0计数到(N/2-1)时，
                                            输出时钟翻转，计数器清零 */
                                            // 时钟上升沿
    always @(posedge clk)
    begin
     if(counter==N)
       begin
        qclk_N <= ~qclk_N;
        counter <= 32'h0000;
       end
     else
       counter <= counter + 1;
    end
    assign clk_N=qclk_N;
endmodule
```

【例 6-29】时钟分频器的仿真测试模块。

```
module divider_tb();
    reg  clk;
    wire clk_N;
    divider u1(clk,clk_N);
    always  #1 clk=~clk;
    initial begin
      clk=0;
    end
endmodule
```

改变 N 的值，可以产生各种不同频率的时钟。在【例 6-30】中给出另一种时钟分频的设计，该设计可以产生实际应用中常用的 190Hz 和 47.7Hz 两种频率。

【例 6-30】另一种时钟分频器行为级建模。

```
module clkdiv(
    input clk,
    input clr,
    output clk_190,
    output clk_48
    );
    reg[24:0] q;
    always @(posedge clk or posedge clr)
        begin
```

```
        if(clr==1)
          q<=0;
        else
          q<=q+1;
      end
    assign clk_190=q[18];  //190Hz
    assign clk_48=q[20];   //47.7Hz
endmodule
```

6.2.5　脉冲宽度调制

脉冲宽度调制（pulse width modulation，PWM）是利用微处理器的数字输出对模拟电路进行控制的一种非常有效的技术，广泛应用到测量、通信以及功率控制等领域。

PWM 是一种对模拟信号电平进行数字编码的方法。通过高分辨率计数器的使用，方波的占空比被调制，用来对一个具体模拟信号的电平进行编码，PWM 的信号仍然是数字的。

本小节将介绍如何使用 Verilog 语句，产生脉宽调制信号。它的基本思想就是使用一个计数器，当计数值 count 小于 duty 时，让 pwm 信号为 1；而当 count 大于或等于 duty 时，让 pwm 信号为 0。当 count 的值等于 period 时，计数器将复位。

【例 6-31】脉冲宽度调制器行为级建模。

```
module pwmN
  #(parameter N=4)
  (
  input wire clk,
  input wire clr,
  input wire[N-1:0] duty,
  input wire[N-1:0] period,
  output reg pwm
  );
  reg [N-1:0] count;
  always @(posedge clk or posedge clr)
    if(clr==1)
      count<=0;
    else if(count==period-1)
        count<=0;
      else
        count<=count+1;
  always @(*)
    if(count<duty)
      pwm<=1;
    else
```

```
                pwm<=0;
    endmodule
```

【例6-32】脉冲宽度调制器的仿真测试模块。

```
module pwm_tb();
    reg clk;
    reg clr;
    reg [3:0] duty,period;
    wire pwm;
    pwmN
u0(.clk(clk),.clr(clr),.duty(duty),.period(period),.pwm(pwm));
    initial
      begin
        clk=1;
        clr=1;
        duty=1;
        period=4'hf;
        #2 clr=0;
        #60 duty=2;
        #20 duty=3;
      end
    always #2 clk<=~clk;
    endmodule
```

对脉冲宽度调制器进行仿真测试，其测试结果如图6-22所示。

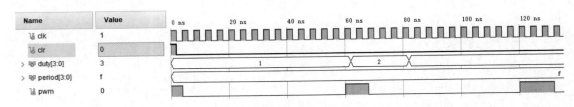

图6-22　脉冲宽度调制仿真波形图

由图6-22可以看出，period可以确定周期时长，duty值来确定占空比，duty越大，占空比越大。

6.3　时序逻辑电路综合设计

本节将介绍两个时序逻辑电路设计的综合实验，Fibonacci数列计算和最大公约数求解。

6.3.1　Fibonacci 数列计算

本小节中，将学习如何产生 Fibonacci 序列，并用 7 段数码管显示 9999 以内的 Fibonacci 数。Fibonacci 方程如下所示：

$$\begin{cases} F(0) = 0 \\ F(1) = 1 \\ F(n) = F(n-1) + F(n-2), n > 2 \end{cases} \tag{6-25}$$

Fibonacci 数从 0 和 1 开始，下一个数字为前两个数字之和，这就需要在数据通路中存储前两个数字。使用寄存器 fnREG 和 fn1REG 完成初始化赋值。图 6-23 所示为 Fibonacci 数列求解的数据通路图。当清零信号 clr=0 时，fnREG 和 fn1REG 赋初值 0 和 1。在时钟上升沿，fnREG 的值更新为 fn1REG 的值；fn1REG 的值更新为 fnREG+fn1REG 的值。当 fn1REG 的值超过 9999 后，计算溢出。fnREG 的值即为小于 9999 的最大 Fibonacci 数。

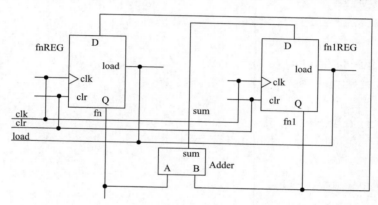

图 6-23　Fibonacci 数列逻辑图

十进制数 9999 转换为 16 进制数是 270F，所以寄存器的数据位宽应该为 14 位，使用 6.1 节中 N 位寄存器模块，设置 N 为 14，即可得 14 位寄存器。

【例 6-33】数据通路中用到的 14 位加法器 Adder 数据流级建模。

```
module adder14(sum, A, B);
    output [13:0] sum;
    input [13:0] A, B;
    assign sum = A + B;
endmodule
```

该加法器模块与组合逻辑电路中的加法器相比，不需要来自低位的进位 cin 和向高位的进位 cout。

数据通路中使用到的 14 位寄存器请参考 6.1 节中 N 位寄存器设计模块。

【例 6-34】Fibonacci 数列结构化建模。

```
module Fibonacci (clk, clr, load, f);
    input clk, clr;
```

```
    input load;
    output[13:0] f;
    wire [13:0]  fn1, fn, sum;
    //load始终置为高电平, cin始终置为低电平
    regN #(14) fnREG(.load(load),.D(fn1),.clk(clk),.clr(clr),.Q(fn));
    regN #(14) fn1REG(.load(load),.D(sum),.clk(clk),.clr(clr),.Q(fn1));
    adder14 adder(.sum(sum),.A(fn),.B(fn1));
    assign f = fn;
endmodule
```

【例 6-35】Fibonacci 数列行为级建模。

```
module Fibonacci (
    input wire clk,
    input wire clr,
    output wire[13:0] f
    );
    reg[13:0] fn,fn1;
    always @(posedge clk or posedge clr)
      begin
        if(clr==1)
          begin
            fn<=1;
            fn1<=1;
          end
        else
          if(fn1<9999)
            begin
              fn<=fn1;
              fn1<=fn+fn1;
            end
      end
    assign f=fn;
endmodule
```

【例 6-36】Fibonacci 数列的仿真测试模块。

```
module Fibonacci_tb();
  reg clk,clr,load;
  wire[13:0] f;
  //wire cout;
  Fibonacci u1(.clk(clk),.clr(clr),.load(load),.f(f));
  initial
```

```
        begin
            clk=1;
            clr=1;
            //cin=0;
            load=1;
            #5 clr=0;
        end
    always #2 clk=~clk;
endmodule
```

对 Fibonacci 数列进行仿真测试，其测试结果如图 6-24 所示。

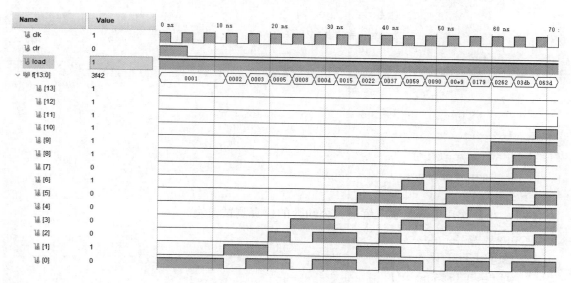

图 6-24　Fibonacci 数列的仿真波形图

6.3.2　最大公约数求解

求两个正整数的最大公约数最常用的算法是欧几里得算法，该算法通过辗转相减可得两个正整数的最大公约数。该算法的高级程序语言描述如下所示。

```
int a,b;
while (a!=b)
    if a>b
        a=a-b;
    else
        b=b-a;
print(b);
```

【例 6-37】欧几里得算法求解最大公约数行为级建模。

```
module gcd1(
```

```
   input wire[3:0] x,y,
   output reg[3:0] gcd
    );
   reg [3:0] regx,regy;
   always @(*)
      begin
        regx=x;
        regy=y;
        while(regx != regy)
           begin
              if (regx < regy)
                  regy = regy-regx;
              else
                  regx = regx-regy;
           end

      end
     always @(*)
       gcd=regx;
endmodule
```

【例 6-38】欧几里得算法求解最大公约数的仿真测试模块。

```
module gcd1_tb();
   reg [3:0]x,y;
   wire [3:0] gcd;
   gcd1 u1(.x(x),.y(y),.gcd(gcd));
   initial
     begin
       x=4'd8;
       # 2 y=4'd12;
     end
endmodule
```

将【例 6-37】中的代码进行综合，会得到错误提示，因为 while 语句中程序运行之前是没有办法得到具体循环的次数。循环执行一次，表示将电路生成一次，循环 n 次就表示产生 n 个同样的电路。故而当循环次数未知时，无法生成电路。这也是电路设计时尽量遵循的一个原则：不要使用循环语句，因为很多时候无法综合。

为了解决上述问题，给出另一种设计模块，如【例 6-39】所示，GCD2 模块的输入信号 go 是持续一个时钟周期的单脉冲信号。当 go 变成高电平时，在下一个时钟上升沿，x 和 y 赋初值，calc 变为高电平。在接下来的时钟上升沿，go 信号被拉低，而 calc 信号保持高电平。注意：当 x 等于 y 且 gcd 寄存器得到最终结果时，calc 信号被拉低，done 信号被拉高。done

信号是单脉冲信号，只持续 1 个周期。

【例 6-39】可被综合的最大公约数求解行为级建模。

```verilog
module gcd2(
    input wire clk,clr,go,
    input wire[3:0] xin,yin,
    output reg done,
    output reg[3:0] gcd
    );
    reg[3:0]x,y;
    reg calc;
    always @(posedge clk or posedge clr)
        begin
            if(clr==1)
                begin
                    x<=0;
                    y<=0;
                    gcd<=0;
                    done<=0;
                    calc<=0;
                end
            else
                begin
                    done<=0;
                    if(go==1)
                        begin
                            x<=xin;
                            y<=yin;
                            calc<=1;
                        end
                    else
                        begin
                            if(calc==1)
                                if(x==y)
                                    begin
                                        gcd<=x;
                                        done<=1;
                                        calc<=0;
                                    end
                                else
```

```
                          if(x<y)
                              y<=y-x;
                          else
                              x<=x-y;
                     end
                end
           end
    endmodule
```

【例 6-40】可被综合的最大公约数求解的仿真测试模块。

```
module gcd2_tb();
    reg [3:0]x,y;
    reg clk,clr,go;
    wire [3:0] gcd;
    wire done;
    gcd2 u1(.clk(clk),.clr(clr),.go(go),.xin(x),.yin(y),.done(done),.
gcd(gcd));
    initial
      begin
        clk = 0;
        clr = 1;
        go = 0;
        x = 4'd8;
        y = 4'd12;
        #6 clr = 0;
        go = 1;
        #6 go = 0;
      end
    always #3 clk = ~clk;
  endmodule
```

对可被综合的最大公约数求解进行仿真测试，其测试结果如图 6-25 所示。

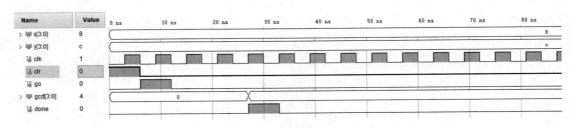

图 6-25　最大公约数的仿真波形图

6.3.3 14 位二进制-十进制转换

根据二进制与十进制转换的定义可知，将二进制数按位加权求和即可得到。用公式描述为 n 位二进制转换十进制，如公式（6-26）所示。

$$A(n-1)*2^{(n-1)} + A(n-2)*2^{(n-2)} + \cdots + A(0)*2^{(0)} = 对应的十进制数 \qquad (6-26)$$

将公式（6-26）一直提取公因子 2，可很容易将公式（6-26）转换为公式（6-27）。

$$[A(n-1)*2 + A(n-2)]*2 + A(n-3)*2 + \cdots + A(0) = 对应的十进制数 \qquad (6-27)$$

即对 n 位二进制数的按权展开求和，最高位是 2 的 n–1 次幂，就相当于最高位是左移了 n–1 次，以此类推第 n–2 位，n–3 位，……这样，乘法操作就可以转换为左移操作。

（1）BCD 码有 0～9 共计 10 个数码，用 4 位二进制 0000～1001 即可表示，而 4 位二进制可以表示数的范围为 0000～1001～1111，即 0～9～15。总计多出了 6 个数码：A～F。我们知道十进制逢十进一，十六进制逢十六进一。从而产生了一个非常关键的问题，BCD 码表示的十进制数转换到大于等于 10 以后就该向高位进位，但是 4 位数据位只能到大于 16 以后才能进位。如 DH（12D），十进制本应进位产生十位 1 和个位 2，但是却变成十六进制的 DH。所以必须进行修正，修正的方法是加 6。

（2）BCD 码是二进制编码的十进制，逢十进一，10/2=5。因此得到判断条件，即判断每 4 位是否大于 4，因为第 5～9 位进一位（左移）溢出。为什么大于 4？BCD 码是 4 位二进制数表示 1 个十进制数的 1 位，如果这 1 位大于 4，比如 5（4′b0101），下一次移位后变成了 4′b1010，BCD 码中是没有 4′b1010 的，所以要加 6，向高位进位，或者加 3 后左移。

（3）对于左移操作，相当于每进 1 位就会丢掉 6，那么就要加上 6/2=3（3 左移 1 位后相当于 6）。每次调整在左移之前完成。

因此二进制转 BCD 的方法是通过左移，然后每 4 位判断是否大于 4，满足则加 3。

【例 6-41】14 位二进制-十进制转换行为级建模。

```verilog
module bin2dec(
    input wire[13:0] b,
    output reg[16:0] p
    );
    reg [32:0] z;
    integer i;
    always @(*)
      begin
        for(i=0;i<=32;i=i+1)
          z[i]=0;
        z[16:3]=b;
        repeat(11)
          begin
            if(z[17:14]>4)
                z[17:14]=z[17:14]+3;
```

```
            if(z[21:18]>4)
                z[21:18]=z[21:18]+3;
            if(z[25:22]>4)
                z[25:22]=z[25:22]+3;
            if(z[29:26]>4)
                z[29:26]=z[29:26]+3;
            z[32:1]=z[31:0];
        end
    p=z[30:14];//十进制输出
    end
endmodule
```

【例 6-42】14 位二进制-十进制转换的仿真测试模块。

```
module bin2dec_tb();
    reg [13:0] b;
    wire[16:0] p;
    bin2dec u1(.b(b),.p(p));
    initial
        begin
            b=14'h2a;
            #3 b=14'hbc;
            #3 b=14'h10;
        end
endmodule
```

对 14 位二进制-十进制转换进行仿真测试，其测试结果如图 6-26 所示。

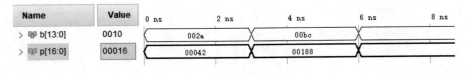

图 6-26　进制转换的仿真时序图

6.4　实　　验

6.4.1　寄存器实验

一、实验目的

掌握 4 位双向移位寄存器 74LS194 的设计和应用。

二、实验要求

利用 Verilog HDL 的行为级建模方法设计 4 位双向移位寄存器 74LS194，并利用结构建模方法实例化 2 个 74LS194 实现 8 位双向移位寄存器。

三、实验内容

1. 带有异步清零的 4 位双向移位寄存器 74LS194 的行为级建模与验证。

74LS194 是 4 位双向移位寄存器，其输入有串行左移输入、串行右移输入和 4 位并行输入 3 种方式。其引脚如图 6-27 所示。

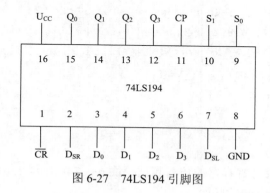

图 6-27 74LS194 引脚图

（1）请依据给出的 74LS194 的引脚图及功能表（表 6-10），建立工程。

表 6-10 74LS194 功能表

功能	输入										输出			
	$\overline{CR}$	S_1	S_0	CP	D_{SR}	D_{SL}	D_0	D_1	D_2	D_3	Q_0^{n+1}	Q_1^{n+1}	Q_2^{n+1}	Q_3^{n+1}
复位	0	×	×	×	×	×	×	×	×	×	0	0	0	0
保持	1	×	×	0	×	×	×	×	×	×	Q_0^n	Q_1^n	Q_2^n	Q_3^n
送数	1	1	1	↑	×	×	D_0	D_1	D_2	D_3	D_0	D_1	D_2	D_3
左移	1	1	0	↑	1	×	×	×	×	×	Q_1^n	Q_2^n	Q_3^n	1
左移	1	1	0	↑	0	×	×	×	×	×	Q_1^n	Q_2^n	Q_3^n	0
右移	1	0	1	↑	×	1	×	×	×	×	1	Q_0^n	Q_1^n	Q_2^n
右移	1	0	1	↑	×	0	×	×	×	×	0	Q_0^n	Q_1^n	Q_2^n
保持	1	0	0	×	×	×	×	×	×	×	Q_0^n	Q_1^n	Q_2^n	Q_3^n

（2）4 位双向移位寄存器行为级建模。

```verilog
module reg_74LS194 (
    input CR_n, CP, S1, S0, Dsl, Dsr, D0, D1, D2, D3,
    output Q0, Q1, Q2, Q3
    );
```

```
    reg [3:0] q_reg = 4'b0000;

    always @(posedge CP or negedge CR_n) begin
        if(!CR_n)
            q_reg <= 4'b0000;
        else
            case({S1, S0})
                2'b00: q_reg <= q_reg;
                2'b01: q_reg <= {Dsr, q_reg[2:0]};
                2'b10: q_reg <= {q_reg[3:1], Dsl};
                2'b11: q_reg <= {D0, D1, D2, D3};
                default: q_reg <= 4'b0000;
            endcase
    end
    assign {Q0, Q1, Q2, Q3} = q_reg;
endmodule
```

（3）设计 4 位双向移位寄存器的仿真测试模块 reg_74LS194_test（注：4 位并行输入、串行左移、串行右移、保持均需测试）。

```
module reg_74LS194_test;
    reg CR_n, CP, S1, S0, Dsl, Dsr, D0, D1, D2, D3;
    wire Q0, Q1, Q2, Q3;

    reg_74LS194 uut (CR_n, CP, S1, S0, Dsl, Dsr, D0, D1, D2, D3,
Q0, Q1, Q2, Q3);

    always #10 CP = ~CP;

    initial begin
        CR_n = 0;
        CP = 0;
        {S1, S0} = 2'b01;
        Dsl = 0;
        Dsr = 1;
        {D0, D1, D2, D3} = 4'b1111;
        #20 {S1, S0} = 2'b11;
        #20 {S1, S0} = 2'b00;
        #20 {S1, S0} = 2'b10;
        #20; CR_n = 1; {S1, S0} = 2'b11;//并行置数
```

```
        #20 {S1, S0} = 2'b10;//左移（高位移出低位补Dsl=0直到为0000）
        #80 {S1, S0} = 2'b01;//右移（低位移出高位补Dsr=1直到为1111）
        #80 {S1, S0} = 2'b10;//左移1位为1110
        #20 {S1, S0} = 2'b00;//保持1110
        #20 {S1, S0} = 2'b10;//再左移1位为1100
        #20 $stop;
    end
endmodule
```

（4）仿真 4 位双向移位寄存器，查看波形图，如图 6-28 所示。

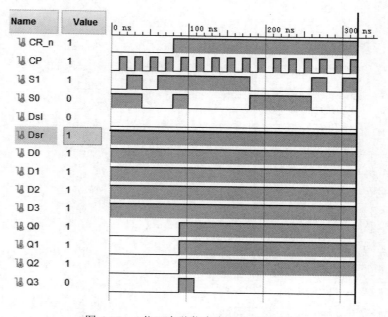

图 6-28　4 位双向移位寄存器仿真波形图

（5）分析 4 位双向移位寄存器，查看 RTL 原理图，填写分析表。

（6）综合 4 位双向移位寄存器，查看原理图，填写功耗、资源消耗和延迟分析表。

2. 用 4 位双向移位寄存器 74LS194 实现带有异步清零的 8 位双向移位寄存器的结构化建模与验证。

（1）依据给出的输出方程及逻辑电路图，建立工程。

（2）8 位双向移位寄存器结构化建模。

```
module reg8bitRL (
    input CR_n, CP, S1, S0, Dsl, Dsr,
    input [7:0] D,
    output [7:0] Q
    );
```

```
        reg_74LS194 reg_74LS194_0 (CR_n, CP, S1, S0, Q[4], Dsr, D[0],
    D[1], D[2], D[3], Q[0], Q[1], Q[2], Q[3]);
        reg_74LS194 reg_74LS194_1 (CR_n, CP, S1, S0, Dsl, Q[3], D[4],
    D[5], D[6], D[7], Q[4], Q[5], Q[6], Q[7]);
    endmodule
```

（3）设计 8 位双向移位寄存器的仿真测试模块 reg8bitRL_test（注：8 位并行输入、串行左移、串行右移、保持均需测试）。

```
module reg8bitRL_test;
    reg CR_n, CP, S1, S0, Dsl, Dsr;
    reg [7:0] D;
    wire [7:0] Q;

    reg8bitRL uut (CR_n, CP, S1, S0, Dsl, Dsr, D, Q);

    always #10 CP = ~CP;

    initial begin
        CR_n = 0;
        CP = 0;
        {S1, S0} = 2'b01;
        Dsl = 0; Dsr = 1;
        D = 8'b11111111;
        #20 {S1, S0} = 2'b11;
        #20 {S1, S0} = 2'b00;
        #20 {S1, S0} = 2'b10;
        #20; CR_n = 1;{S1, S0} = 2'b11;//并行置数
        #20 {S1, S0} = 2'b10;//左移（高位移出低位补Dsl=0直到为00000000）
        #160 {S1, S0} = 2'b01;//右移（低位移出高位补Dsr=1直到为11111111）
        #160 {S1, S0} = 2'b10;//左移1位为11111110
        #20 {S1, S0} = 2'b00;//保持11111110
        #20 {S1, S0} = 2'b10;//再左移1位为11111100
        #20 $stop;
    end
endmodule
```

（4）仿真 8 位双向移位寄存器结构化建模，查看波形图，如图 6-29 所示。

（5）分析 8 位双向移位寄存器，查看 RTL 原理图，填写分析表。

（6）综合 8 位双向移位寄存器，查看原理图，填写功耗、资源消耗和延迟分析表。

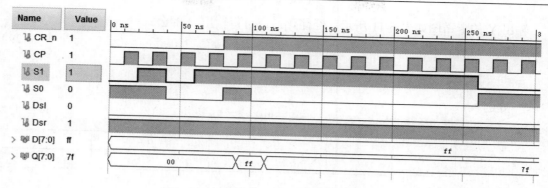

图 6-29　8 位双向移位寄存器仿真波形图

四、实验思考

1. 如何用 D 触发器实现数据寄存器和移位寄存器？

2. 分析 4 位双向移位寄存器和 8 位双向移位寄存器的综合结果，若不使用 4 位双向移位寄存器而是直接建模 8 位双向移位寄存器，综合结果相比之前会怎样变化？

6.4.2　计数器实验

一、实验目的

1. 掌握计数器设计的流程分析能力。
2. 掌握各种计数器的建模与验证技术。
3. 掌握使用集成计数器构建所需计数器的建模方法与验证技术。

二、实验要求

1. 利用 Verilog HDL 对六进制计数器建模与验证。
2. 利用上升沿触发的边沿 D 触发器和各种逻辑门设计一个同步时序电路。
3. 利用 Verilog HDL 对 4 位双向移位寄存器建模与验证。

三、实验内容

1. 设计一个同步时序电路，完成六进制计数器的设计。

（1）根据题目要求画出状态图，如图 6-30 所示。

排列：$Q_2^n Q_1^n Q_0^n$

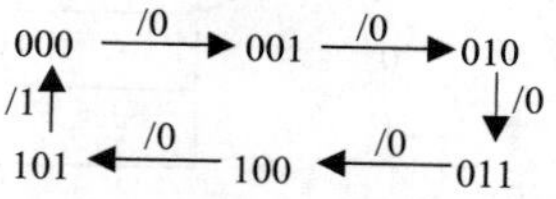

图 6-30　六进制计数器状态图

$$D_0 = \overline{Q_0^n}$$
$$D_1 = \overline{Q_2^n Q_1^n} Q_0^n + Q_1^n \overline{Q_0^n}$$
$$D_2 = Q_1^n Q_0^n + Q_2^n \overline{Q_0^n}$$

（6-28）

（2）列真值表，求输出方程和状态方程。

①输出方程求解

输出 Y 的卡诺图如表 6-11 所示，经简化后，可得输出 Y 的公式：

$$Y = Q_2^n Q_0^n \tag{6-29}$$

表 6-11　输出 Y 的卡诺图

Q_2^n \ $Q_1^n Q_0^n$	00	01	11	10
0	0	0	0	0
1	0	1	×	×

②状态方程求解

由表 6-12 分解可得各触发器的次态卡诺图，如表 6-13～表 6-15 所示。

表 6-12　次态的卡诺图

Q_2^n \ $Q_1^n Q_0^n$	00	01	11	10
0	001	010	100	011
1	101	000	×	×

表 6-13　Q_2^{n+1} 次态的卡诺图

Q_2^n \ $Q_1^n Q_0^n$	00	01	11	10
0	0	0	1	0
1	1	0	×	×

表 6-14　Q_1^{n+1} 次态的卡诺图

Q_2^n \ $Q_1^n Q_0^n$	00	01	11	10
0	0	1	0	1
1	0	0	×	×

表 6-15　Q_0^{n+1} 次态的卡诺图

Q_2^n \ $Q_1^n Q_0^n$	00	01	11	10
0	1	0	0	1
1	1	0	×	×

由以上 3 个卡诺图可以得到次态方程如下。

$$Q_0^{n+1} = \overline{Q_0^n}$$

$$Q_1^{n+1} = \overline{Q_2^n Q_1^n} Q_0^n + Q_1^n \overline{Q_0^n} \qquad (6\text{-}30)$$

$$Q_2^{n+1} = Q_1^n Q_0^n + Q_2^n \overline{Q_0^n}$$

（3）选择所用的触发器，列出驱动方程。

选择 D 触发器，D 触发器的特征方程为

$$Q^{n+1}=D \qquad (6\text{-}31)$$

变换状态方程，使之与 D 触发器特征方程形式一致

$$D_0 = \overline{Q_0^n}$$

$$D_1 = \overline{Q_2^n Q_1^n} Q_0^n + Q_1^n \overline{Q_0^n} \qquad (6\text{-}32)$$

$$D_2 = Q_1^n Q_0^n + Q_2^n \overline{Q_0^n}$$

（4）根据以上驱动方程画出电路图。

（5）用带异步清零的 D 触发器，使用结构化建模的方式完成模块设计。

```verilog
module D(
    input D,CLK,CLR,
    output Q
    );
    reg Q;
    always @(posedge CLK or posedge CLR)
      begin
        if (CLR==1)
          Q<=0;
        else
          Q<=D;
      end
endmodule

module counter6(
    input clk,clr,
    output Q0,Q1,Q2,Y
    );
    wire d0,d1,d2;
    wire q0,q1,q2;
    D f0(.D(d0),.CLK(clk),.CLR(clr),.Q(q0));
    D f1(.D(d1),.CLK(clk),.CLR(clr),.Q(q1));
    D f2(.D(d2),.CLK(clk),.CLR(clr),.Q(q2));
    assign d0=~q0;
    assign d1=~q2&&~q1&&q0||q1&&~q0;
```

```
    assign d2=q1&&q0||q2&&~q0;
    assign Q0=q0;
    assign Q1=q1;
    assign Q2=q2;
    assign Y= q2&&q0;
endmodule
```

（6）使用行为级建模的方式完成六进制计数器设计。

（7）设计 Test Bench 模块。

```
module tb();
  reg clk,clr;
  wire q0,q1,q2,y;
  counter6
u1(.clk(clk),.clr(clr),.Q0(q0),.Q1(q1),.Q2(q2),.Y(y));
    initial
      begin
        clk=0;
        clr=1;
        #5 clr=0;
      end
    always #2 clk=~clk;
  endmodule
```

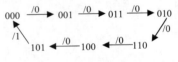

图 6-31　状态转化图

（8）仿真，查看波形图。

2.利用上升沿触发的边沿 D 触发器和各种逻辑门设计一个同步时序电路，完成图 6-31 状态转换。

（1）根据题目要求画出状态图。

（2）列真值表，求输出方程和状态方程。

（3）选择所用的触发器，列出驱动方程。

（4）根据以上驱动方程画出电路图。

（5）利用第 5 章中的带异步清零的 D 触发器，使用结构化建模的方式完成模块设计。

（6）设计 Test Bench 模块。

（7）仿真，查看波形图。

四、实验思考

1. 比较六进制计数器与 $N=5$ 时的 N 进制计数器，分析其综合结果。

2. 图 6-31 所示的状态转换图实现了什么功能？能否自启动？

第 7 章　有限状态机

本章导言

　　按照状态机的状态个数是否有限，状态机可分为有限状态机（finite state machine，FSM）和无限状态机（infinite state machine，ISM），由于逻辑设计中一般所涉及的状态都是有限的，这里我们介绍有限状态机。有限状态机设计技术是进行数字系统设计的重要手段之一，同时也是实现高效和高可靠性逻辑控制的重要途径。大部分数字系统都可以划分为控制单元和数据单元两个组成部分。通常，控制单元的主体是状态机，它可以接收外部信号以及数据单元产生的状态信息，产生控制信号序列。本章主要介绍有限状态机的相关概念、状态机的编码方式以及利用状态机设计技术进行相关控制器数字电路的设计。

7.1　有限状态机简介

7.1.1　有限状态机引例

　　状态机特别适合描述具有逻辑顺序和时序规律的电路，它克服了纯硬件数字系统顺序方式控制不灵活的缺点，且容易构成性能良好的同步时序逻辑模块。使用状态机的目的是要控制某部分电路，完成某种具有逻辑顺序或时序规律的电路设计。

　　状态机设计的思路：从状态变量入手。如果一个电路具有逻辑顺序或时序规律，则对这个电路规划出相关的状态，针对这些状态，分析每个状态的输入、状态转移和状态输出，从而完成电路的功能。

　　由于状态机不仅是一种电路描述工具，更是一种设计思想，且状态机的 HDL 表达方式比较规范，因此对于各种逻辑电路设计，都适合套用状态机的设计理念，从而来提高电路设计的效率和稳定性。

　　下面通过计数器实例来认识一下有限状态机的设计方法。

　　例如：要求设计一个具有异步清零功能的十进制计数器，它能够完成 0～9 的计数。

　　这是一个典型的时序电路设计实例，其设计的步骤如下：

　　（1）进行逻辑抽象，建立原始状态图；

　　（2）进行状态化简，求最简状态图；

　　（3）进行状态分配，画出用二进制数进行编码后的状态图；

　　（4）选择触发器，确定激励方程组和输出方程组；

　　（5）画逻辑电路图并检查自启动。

　　上述描述的方法是通过数字电路的知识进行手工求解，难度大。现在我们通过状态机设计技术来设计。

　　采用状态机方法对电子系统进行分析设计一般从状态转移入手。根据题意，设定原始状态。图 7-1 是十进制计数器的状态转移图，简称状态图。从图中可以看出，电路系统被划分

为 $S_0 \sim S_9$ 共 10 个状态。状态图中的每一个圆圈代表一个状态，在圆圈中显示的是该状态下的输出，即每一次计数的结果为 Q。在时钟信号 clk 上升沿，状态能够进行跳转。

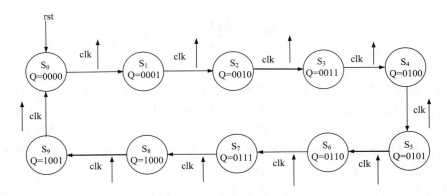

图 7-1　十进制计数器状态转移图

电路的工作过程为：当前状态处于 S_0 态，输出计数结果 Q 为 "0000"；当时钟上升沿到来时，状态能够跳转到 S_1，表示计数一次，输出计数结果 Q 为 "0001"。因此，随着时钟信号上升沿的不断到来，状态将按照：$S_0 \to S_1 \to S_2 \to S_3 \to S_4 \to S_5 \to S_6 \to S_7 \to S_8 \to S_9 \to S_0$ 的顺序跳转，输出计数结果 Q 也从 "0000" 到 "1001" 依次输出，每 10 个时钟周期实现一次循环，从而实现十进制计数。

【例 7-1】十进制计数器行为级建模。

```
module dec_counter(clk, rst, currentState);
    input clk, rst;              //clk:时钟信号，rst:系统的复位控制信号
    output reg [3:0] currentState; //currentState:现态
    reg [3:0] nextState;         //nextState:次态
    parameter[3:0] s0 = 4'b0000,
             s1 = 4'b0001,
             s2 = 4'b0010,
             s3 = 4'b0011,
             s4 = 4'b0100,
             s5 = 4'b0101,
             s6 = 4'b0110,
             s7 = 4'b0111,
             s8 = 4'b1000,
             s9 = 4'b1001; //状态编码
    always @(posedge clk)    //产生下一组状态组合
        case (currentState)
            s0:begin nextState <= s1;end
            s1:begin nextState <= s2;end
            s2:begin nextState <= s3;end
```

```
                s3:begin nextState <= s4;end
                s4:begin nextState <= s5;end
                s5:begin nextState <= s6;end
                s6:begin nextState <= s7;end
                s7:begin nextState <= s8;end
                s8:begin nextState <= s9;end
                s9:begin nextState <= s0;end
                default begin nextState <= s0; end
            endcase
        always @(posedge clk or rst)    //实现状态转移
            if(!rst) currentState <= s0;
            else currentState <= nextState;
endmodule
```

【例 7-2】十进制计数器的仿真测试模块。

```
module dec_counter_sim();
    reg clk;
    reg rst;
    wire[3:0] currentState;
    dec_counter uut (.clk(clk), .rst(rst), .currentState(currentState));
    always #5 clk = ~clk;
    initial begin
        clk = 0;
        rst = 0;
        #10;
        rst = 1;
        #60;
        rst = 0;
        #60;
        rst = 1;
        #600;
        $stop;
    end
endmodule
```

此十进制计数器是在时钟驱动下，将信号 nextState 中的内容赋值给信号 currentState，即在时钟 clk 的每一个上升沿就将次态赋给现态。系统的复位控制信号为 rst，当 rst=1 时，立即回到初态 s0。十进制计数器的仿真结果如图 7-2 所示。从图中可以看出每 10 个时钟周期完成一次计数循环。

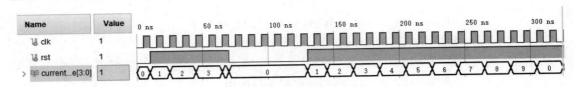

图 7-2　十进制计数器仿真结果

上例中的状态机由两个进程构成：第一个是时序进程，由时钟信号 clk 驱动产生下一组状态，即第一个 always 完成；第二个进程完成状态跳转，由第二个 always 完成。

使用状态机设计有很多优点，主要表现在以下几个方面：

（1）表达形式相对固定，状态机由一种状态转到下一状态，每个状态固定，控制状态转移的信号也固定，结构上呈现出一段段的特点，结构分明。每一小段代表一个状态，容易阅读。即使仿真测试结果出错，也可以根据出错信号很容易定位到是哪个状态出错，因此易排错。

（2）采用灵活的顺序控制模型，克服了纯硬件数字系统顺序方式控制不灵活的缺点。此外，某些结构的状态机能够很好地解决竞争冒险现象，消除毛刺，性能稳定。

（3）能够利用 EDA 工具对状态机进行一定的优化，如综合器为状态选择合适的编码方式等。

（4）较 CPU 运行而言更加快速和可靠。

7.1.2　有限状态机基本概念

有限状态机简称状态机，它是表示有限多个状态及在这些状态之间转移和动作的数学模型。状态机由状态寄存器和组合逻辑电路构成，能够根据控制信号按照预先设定的状态进行状态转移，协调相关信号动作，完成特定操作的控制中心。按照信号的输出由什么条件所决定，状态机可以分为摩尔（Moore）状态机和米利（Mealy）状态机两大类。

1. Moore 状态机

Moore 状态机的输出仅由当前状态所决定，而与输入无关，即输出仅为当前状态的函数，其结构框图如图 7-3 所示。

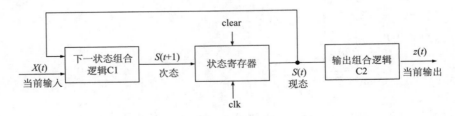

图 7-3　Moore 状态机结构框图

2. Mealy 状态机

Mealy 状态机的输出不仅和当前状态有关，而且和输入有关，即输出是当前状态和所有输入信号的函数。其结构框图如图 7-4 所示。

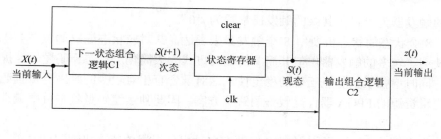

图 7-4　Mealy 状态机结构框图

7.2　有限状态机的编码

在状态机的设计中，用文字符号定义各状态元素的状态机称为符号化状态机，其状态元素，如 S_0、S_1 等的具体编码是由 Verilog HDL 状态机的综合器根据预设的约束来确定。状态机的状态编码方式有多种，采用哪种编码方式，要根据实际情况来决定。下面讨论状态机的几种常用编码方式。

7.2.1　顺序编码

顺序编码（sequential coding）方式在传统设计技术中是最常用的一种方式，也是最简单的。其特点是所用的触发器数量最少，剩余的非法状态也最少，容错技术最简单。例如，8个状态的有限状态机只需要 3 个触发器，表 7-1 列出了常用的状态机编码方式的编码比较。

表 7-1　各种状态机编码方式的比较

状态	顺序编码	独热编码	格雷编码	约翰逊编码
S_0	000	10000000	000	0000
S_1	001	01000000	001	0001
S_2	010	00100000	011	0011
S_3	011	00010000	010	0111
S_4	100	00001000	110	1111
S_5	101	00000100	111	1110
S_6	110	00000010	101	1100
S_7	111	00000001	100	1000

顺序编码方式尽管节省了触发器，却增加了从一种状态向另一种状态转换的译码组合逻辑较多的资源，而且耗费更长的转换时间，而且容易出现毛刺现象。这种编码方式对于触发器资源丰富而组合逻辑资源相对较少的 FPGA 器件来说，并不是最好的编码方式。

7.2.2　独热编码

独热编码（one-hot encoding，也译成一位热码编码）方式就是 n 个状态的状态机用 n 个触发器来实现。状态机中的每一个状态都由其中一个触发器的状态来表示，即当处于该状态时，对应的触发器为"1"，其余的触发器都置为"0"。

例如，8 个状态的状态机要用 8 个触发器来表达，其对应状态编码如表 7-1 所示。独热编码尽管使用了较多的触发器，但其简单的编码方式大大简化了状态译码逻辑，提高了状态转换速度，同时增强了状态机工作的稳定性。这对于含有相对较多的时序逻辑资源、相对较少的组合逻辑资源的 FPGA 器件是较好的解决方案。因此独热编码是状态机中最常用的一种编码方式。

现在，许多面向 FPGA 设计的综合器都有自动优化设置的状态机编码的功能。图 7-5 是 Vivado 软件中 Synthesis（综合器）FSM 的编码设置，可以通过选择开关来决定使用相应的编码方法。

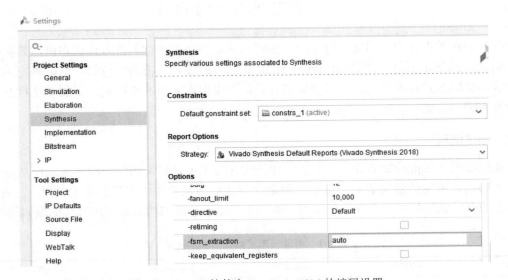

图 7-5　Vivado 软件中 Synthesis FSM 的编码设置

除了顺序编码、独热编码外，还有其他一些编码方式，如格雷编码、约翰逊编码。

7.2.3　格雷编码

格雷码（Gray code）又称循环码或反射码。其编码中，每 1 位代码从上到下的排列顺序都是以固定的周期进行循环的，其中右起第 1 位的循环周期是 0110，第 2 位的循环周期是 00111100，第 3 位的循环周期是 0000111111110000，依此类推。格雷码是使用最小数目的触发器来编码状态机，但形成的组合逻辑比较复杂。格雷码每个相邻的状态切换时，只有 1 个位的信号跳变。理论上说，格雷码状态机在状态跳转时可以减少产生毛刺和一些暂态的可能。但是实际上综合后的状态机是否还有这个优势也很难说。格雷码状态机设计中最大的问题是，当状态机中很复杂的状态跳转分支很多时，要合理地分配状态编码保证每个状态跳转都仅有 1 个位发生变化，这是很困难的事情，所以格雷码不适合有很多状态跳转的情况。

CPLD 提供了更多的组合逻辑资源，FPGA 提供了更多的触发器资源，因此，CPLD 多使用格雷编码。另外，对于小型设计，使用格雷编码和顺序编码更有效，而对于大型状态机，使用独热编码更有效。

7.2.4　约翰逊编码

约翰逊编码（Johnson coding），来源于约翰逊计数器（又称为扭环形计数器），其特点是 $D_0 = \overline{Q_{n-1}^n}$ 。它的状态变化仅为 1 个位的信号跳变，所以和格雷码一样，译码时不存在竞争冒险。但它的缺点是没有利用计数器的所有状态，在 n 位计数器中（当 $n \geqslant 3$ 时），有 2^n-2n 个状态没有用。相对于格雷码，约翰逊编码需要的资源更多一些。

7.3　有限状态机设计示例

7.3.1　Moore 有限状态机

设计一个串行数据检测器，该检测器有一个输入信号 X 是与时钟脉冲同步的串行数据，其时序关系如图 7-6 所示，输出信号为 Y。它的功能是：对输入信号进行检测，当输入序列为 "1101" 时，输出为 1，否则为 0。

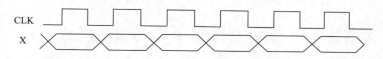

图 7-6　输入信号 X 与时钟信号 CLK 的关系

下面先用 Moore 状态机设计方法进行设计，图 7-7 所示为 Moore 状态机的状态转换图。假设 S_0 为初始状态，S_1 为收到一个 1 后的状态，S_2 为收到 11 后的状态，S_3 为收到 110 后的状态，S_4 为收到 1101 后的状态。X 为输入，Y 为输出。

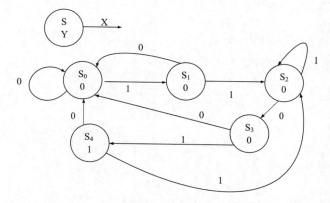

图 7-7　Moore 状态机检测 "1101" 状态转换图

【例 7-3】Moore 状态机设计 "1101" 序列检测器行为级建模。

```
module moore_seq_detect (clk, rst, x, y, currentState);
    input clk, rst;
    input x;
    output reg y;
```

```
    output reg [2:0] currentState;
    reg [2:0] nextState;
    parameter [2:0] s0 = 3'b000,
            s1 = 3'b001,
            s2 = 3'b010,
            s3 = 3'b011,
            s4 = 3'b100;
//第一个always块，描述当前状态的状态寄存器
always @(posedge clk or posedge rst)
    begin
        if (rst)
            currentState <= s0;
        else
            currentState <= nextState;
    end
// 第二个always块，描述状态转移，即下一状态的状态寄存器
always @(*)
    begin
        case(currentState)
            s0:if(x == 1)
                nextState <= s1;
                else
                nextState <= s0;
            s1:if(x == 1)
                nextState <= s2;
                else
                nextState <= s0;
            s2:if(x == 0)
                nextState <= s3;
                else
                nextState <= s2;
            s3:if(x == 1)
                 nextState <= s4;
                else
                nextState <= s0;
            s4:if(x == 1)
                nextState <= s2;
                else
                nextState <= s0;
```

```
            default: nextState <= s0;
        endcase
    end
// 第三个always块，组合逻辑描述输出
always @(*)
    begin
        if(currentState == s4)
            y = 1;
        else
            y = 0;
    end
endmodule
```

此段程序段采用三段式状态机设计方法。三段式状态机可以清晰完整地显示出状态机的结构，容易将状态图转换为 Verilog 代码，并且代码清晰，降低编写维护复杂度。在简单状态机（状态少，转移条件少等）的应用上，三段式代码量较一二段长些。

两段式状态机设计方法将描述状态转移和状态寄存器放在第一个 always 块中，组合逻辑描述输出放在第二个 always 块中，可以去除 nextState 变量，但对于综合或结构上是没有太大影响的，也可以使用。一段式状态机设计方法将状态跳转、状态寄存器和输出组合逻辑放在一个 always 块中，增加代码复杂度，给后期更改维护带来不便，因此不建议使用。

【例 7-4】Moore 状态机设计"1101"序列检测器的仿真测试模块。

```
module moore_seq_detect_sim();
    reg clk, rst;
    wire x;
    wire y;
    wire [2:0] currentState;
    reg [15:0] data;
    assign x = data[15];
    always #10 clk = ~clk;
    always @(posedge clk)
        data = {data[14:0], data[15]};
    moore_seq_detect u0 (clk, rst, x, y, currentState);
    initial
      begin
        clk = 0;
        rst = 1;
        #10;
        rst = 0;
        data = 16'b1110_1001_1010_1001;
        #500 $stop;
```

```
    end
endmodule
```

对 Moore 状态机设计"1101" 序列检测器进行仿真测试，其测试结果如图 7-8 所示。

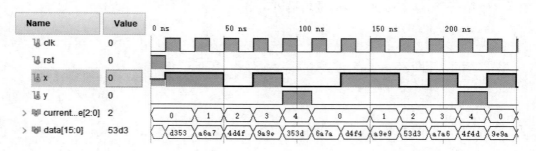

图 7-8　Moore 状态机设计"1101" 序列检测器仿真波形图

采用 Moore 状态机设计"1101"序列需要 5 个状态，所以需要用 3 位二进制对状态进行编码。根据当前状态来判断输出结果。在状态为 S_4 时，输出值为 1。

7.3.2　Mealy 有限状态机

采用 Mealy 状态机设计"1101"序列检测器，Mealy 状态机的状态转换图如图 7-9 所示。假设 S_0 为初始状态，S_1 为收到一个 1 后的状态，S_2 为收到 11 后的状态，S_3 为收到 110 后的状态。X 为输入，Y 为输出。

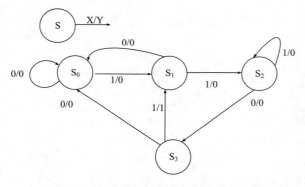

图 7-9　Mealy 状态机检测"1101"状态转换图

【例 7-5】Mealy 状态机设计"1101"序列检测器行为级建模。

```
module mealy_seq_detect (clk, rst, x, y, currentState);
    input clk, rst;
    input x;
    output reg y;
    output reg [1:0] currentState;
    reg [1:0] nextState;
    parameter[1:0] s0 = 2'b00,
```

```
                    s1 = 2'b01,
                    s2 = 2'b10,
                    s3 = 2'b11;
    always @(posedge clk or posedge rst)
        begin
            if (rst)
                currentState <= s0;
            else
                currentState <= nextState;
        end
    always @(*)
        begin
            case(currentState)
                s0:if(x == 1)
                    nextState <= s1;
                   else
                    nextState <= s0;
                s1:if(x == 1)
                    nextState <= s2;
                   else
                    nextState <= s0;
                s2:if(x == 0)
                    nextState <= s3;
                   else
                    nextState <= s2;
                s3:if(x == 1)
                    nextState <= s1;
                   else
                    nextState <= s0;
                default: nextState <= s0;
            endcase
        end

    always @(posedge clk or posedge rst)
        begin
            if(rst)
                y = 0;
            else
                if((currentState == s3) && (x == 1))
```

```
                            y = 1;
                    else
                            y = 0;
            end
endmodule
```

【例 7-6】Mealy 状态机设计"1101"序列检测器的仿真测试模块。

```
module mealy_seq_detect_sim();
    reg clk, rst;
    wire x;
    wire y;
    wire [1:0] currentState;
    reg [15:0] data;
    assign x = data[15];
    always #10 clk = ~clk;
    always @(posedge clk)
        data = {data[14:0], data[15]};
    mealy_seq_detect u0 (clk, rst, x, y, currentState);
    initial
      begin
      clk = 0;
      rst = 1;
      #10;
      rst = 0;
      data = 16'b1110_1001_1010_1001;
      #500 $stop;
    end
endmodule
```

对 Mealy 状态机设计"1101"序列检测器进行仿真测试，其测试结果如图 7-10 所示。

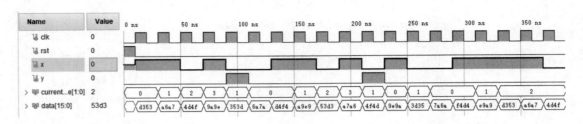

图 7-10　Mealy 状态机设计"1101"　序列检测器仿真波形图

采用 Mealy 状态机设计"1101"序列只需 4 个状态，所以只需要用 2 位二进制对状态进行编码。当处于状态 S_3 且输入变为 1 时，在下一个时钟上升沿到来时，状态转移到 S_1，输出值为 1 保持不变。

7.3.3 自动售货机

设计一个饮料自动售货机控制器，假设每瓶饮料价格均为 2.5 元，而售货机只接受一元硬币和五角硬币。饮料售货机控制器状态转换图如图 7-11 所示。投币变量为 YC，投入一元为 1，投入五角为 0；F、S 为输出变量；输出饮料，F 为 1；不输出饮料，F 为 0；找零，S 为 1；不找零，S 为 0。

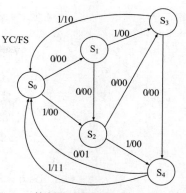

图 7-11 饮料售货机控制器状态转换图

【例 7-7】饮料售货机控制器行为级建模。

```verilog
module buyer (clk, yc, s, f, state);
    input wire clk;
    input wire yc;
    output reg f, s;
    output reg [2:0] state;
    parameter s0 = 3'b000,
            s1 = 3'b001,
            s2 = 3'b010,
            s3 = 3'b011,
            s4 = 3'b100;
    always @(posedge clk)
        case (state)
            s0: begin
                case ({yc})
                    1'b1: begin state <= s2; s <= 1'b0; f <= 0; end
                    1'b0: begin state <= s1; s <= 1'b0; f <= 0; end
                endcase
            end
            s1: begin
                case ({yc})
                    1'b1: begin state <= s3; s <= 1'b0; f <= 0; end
                    1'b0: begin state <= s2; s <= 1'b0; f <= 0; end
                endcase
            end
            s2: begin
                case ({yc})
                    1'b1: begin state <= s4; s <= 1'b0; f <= 0; end
                    1'b0: begin state <= s3; s <= 1'b0; f <= 0; end
```

```
            endcase
        end
        s3: begin
           case ({yc})
              1'b1: begin state <= s0; s <= 1'b1; f <= 0; end
              1'b0: begin state <= s4; s <= 1'b0; f <= 0; end
           endcase
        end
        s4: begin
           case ({yc})
              1'b1: begin state <= s0; s <= 1'b1; f <= 1; end
              1'b0: begin state <= s0; s <= 1'b1; f <= 0; end
           endcase
        end
        default: begin state <= s0; s <= 1'b0; f <= 0; end
     endcase
endmodule
```

【例 7-8】饮料售货机控制器的仿真测试模块。

```
module buyer_top();
   reg clk;
   wire yc;
   wire [2:0] state;
   wire s,f;
   reg [11:0] data;
   assign yc = data[11];
   always #5 clk = ~clk;
   buyer u0 (clk, yc, s, f, state);
   always @(posedge clk)
      data = {data[10:0], data[11]};
   initial
      begin
         clk = 0;
         data = 12'b0111_1000_0100;
         #260 $stop;
      end
endmodule
```

对饮料售货机控制器进行仿真测试，其测试结果如图 7-12 所示。

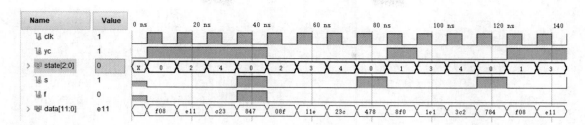

图 7-12　饮料售货机控制器仿真波形图

7.3.4　交通信号灯

为一个十字路口（南北和东西方向）的交通信号灯设计控制程序。其中南北和东西方向都有红、黄、绿三种颜色的信号灯。如表 7-2 所示为交通信号灯控制状态转换表。图 7-13 为交通信号灯控制状态转换图。如果用频率为 3Hz 的时钟来驱动该电路，则用 3 个时钟周期可以实现 1s 的延迟，同理用 15 个时钟周期可以完成 5s 的延迟。计数器用于延迟计数，在状态转移时计数器数值 count 将归零，并重新进行计数。

表 7-2　交通信息灯控制状态转换表

状态	东西方向	南北方向	延迟时间/s
S_0	红	绿	5
S_1	红	黄	1
S_2	红	红	1
S_3	绿	红	5
S_4	黄	红	1
S_5	红	红	1

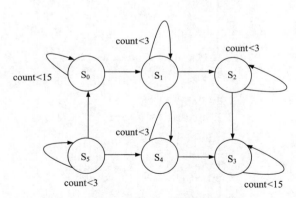

图 7-13　交通信号灯控制状态转换图

【例 7-9】交通信号灯控制行为级建模。

```
module traffic_light_sim (clk, clr, light);
    input wire clk;
```

```verilog
    input wire clr;
    output reg [5:0] light;
    reg[2:0] state;
    reg[3:0] count;
    parameter s0 = 3'b000, s1 = 3'b001, s2 = 3'b010, s3 = 3'b011,
s4 = 3'b100, s5 = 3'b101;
    parameter delay1s = 4'b0010, delay5s = 4'b1110;
    always@(posedge clk or posedge clr)
        begin
            if(clr == 1)
                begin
                    state <= s0;
                    count <= 0;
                end
            else
            case(state)
                s0: if(count < delay5s)
                    begin
                        state <= s0;
                        count <= count + 1;
                    end
                    else
                        begin
                            state <= s1;
                            count <= 0;
                        end
                s1: if(count < delay1s)
                    begin
                        state <= s1;
                        count <= count + 1;
                    end
                    else
                      begin
                        state <= s2;
                        count <= 0;
                      end
                s2: if(count < delay1s)
                    begin
                        state <= s2;
```

```
                    count <= count + 1;
            end
            else
              begin
                  state <= s3;
                  count <= 0;
              end
    s3: if(count < delay5s)
        begin
            state <= s3;
            count <= count + 1;
        end
        else
          begin
              state <= s4;
              count <= 0;
          end
    s4: if(count < delay1s)
        begin
          state <= s4;
          count <= count + 1;
        end
        else
          begin
              state <= s5;
              count <= 0;
          end
    s5: if(count < delay1s)
        begin
          state <= s5;
          count <= count + 1;
        end
        else
          begin
              state <= s0;
              count <= 0;
          end
    default: state <= s0;
  endcase
```

```
            end
    always @(*)
        begin
            case(state)
                s0: light = 6'b100001;
                s1: light = 6'b100010;
                s2: light = 6'b100100;
                s3: light = 6'b001100;
                s4: light = 6'b010100;
                s5: light = 6'b100100;
                default: light = 6'b100001;
            endcase
        end
endmodule
```

【例 7-10】交通信号灯控制的仿真测试模块。

```
module traffic_light_sim_top();
    reg clr;
    reg clk;
    wire [7:2] ld;
    always #10 clk = ~clk;
    traffic_light_sim u0 (.clk(clk), .clr(clr), .light(ld));
    initial
        begin
            clr = 1;
            clk = 0;
            #20;
            clr = 0;
            #600;
        end
endmodule
```

对交通信号灯控制进行仿真测试，其测试结果如图 7-14 所示。

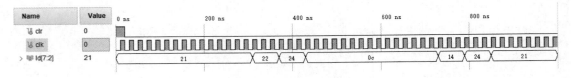

图 7-14　交通信号灯控制的仿真波形图

在 Nexys 4 DDR FPGA 板上对交通信号灯控制进行测试。

【例 7-11】顶层模块行为级建模。

```verilog
module traffic_light (clk, clr, light);
    input clk;
    wire clk;
    input clr;
    wire clr;
    output [5:0] light;
    reg [5:0] light;
    reg[2:0] state;
    reg[3:0] count;
    wire clk3Hz;
    parameter s0 = 3'b000, s1 = 3'b001, s2 = 3'b010, s3 = 3'b011,
s4 = 3'b100, s5 = 3'b101;
    parameter delay1s = 4'b0010, delay5s = 4'b1110;
    divider_clk divider (.clk(clk), .clr(clr), .clk3Hz(clk3Hz));//
分频器模块
    always @(posedge clk3Hz or posedge clr)
        begin
        if(clr == 1)
            begin
                state <= s0;
                count <= 0;
            end
        else
            case(state)
                s0: if(count < delay5s)
                    begin
                        state <= s0;
                        count <= count + 1;
                    end
                    else
                        begin
                            state <= s1;
                            count <= 0;
                        end
                s1: if(count < delay1s)
                    begin
                        state <= s1;
                        count <= count + 1;
```

```
            end
        else
            begin
                state <= s2;
                count <= 0;
            end
    s2: if(count < delay1s)
        begin
            state <= s2;
            count <= count + 1;
        end
        else
            begin
                state <= s3;
                count <= 0;
            end
    s3: if(count < delay5s)
        begin
            state <= s3;
            count <= count + 1;
        end
        else
            begin
                state <= s4;
                count <= 0;
            end
    s4: if(count < delay1s)
        begin
            state <= s4;
            count <= count + 1;
        end
        else
            begin
                state <= s5;
                count <= 0;
            end
    s5: if(count < delay1s)
        begin
            state <= s5;
```

```
                        count <= count + 1;
                    end
                else
                    begin
                        state <= s0;
                        count <= 0;
                    end
            default: state <= s0;
        endcase
    end
always @(*)
    begin
        case(state)
            s0: light = 6'b100001;
            s1: light = 6'b100010;
            s2: light = 6'b100100;
            s3: light = 6'b001100;
            s4: light = 6'b010100;
            s5: light = 6'b100100;
            default: light = 6'b100001;
        endcase
    end
endmodule
```

【例 7-12】分频模块行为级建模。

```
module divider_clk (clk, clr, clk3Hz);
    input clk;
    input clr; //启动程序
    output reg clk3Hz; // 分频后的时钟
    parameter N = 100_000_000;
    reg [31:0] counter; // 计数器变量，通过计数实现分频
    always @(posedge clk  or posedge clr)
        begin
            if (clr == 1) begin
                clk3Hz <= 1'b0;
                counter <= 32'h0;
            end
            else begin
                if(counter == N / 2) begin
                    clk3Hz <= ~clk3Hz;
```

```
                    counter <= 32'h0;
            end
            else begin
                counter <= counter + 1;
            end
        end
    end
endmodule
```

【例 7-13】约束文件 XDC。

```
set_property PACKAGE_PIN E3 [get_ports {clk}]
set_property IOSTANDARD LVCMOS33 [get_ports {clk}]

set_property PACKAGE_PIN P18 [get_ports {clr}]
set_property IOSTANDARD LVCMOS33 [get_ports {clr}]

set_property PACKAGE_PIN J13 [get_ports {light[0]}]
set_property IOSTANDARD LVCMOS33 [get_ports {light[0]}]
set_property PACKAGE_PIN N14 [get_ports {light[1]}]
set_property IOSTANDARD LVCMOS33 [get_ports {light[1]}]
set_property PACKAGE_PIN R18 [get_ports {light[2]}]
set_property IOSTANDARD LVCMOS33 [get_ports {light[2]}]
set_property PACKAGE_PIN V17 [get_ports {light[3]}]
set_property IOSTANDARD LVCMOS33 [get_ports {light[3]}]
set_property PACKAGE_PIN U17 [get_ports {light[4]}]
set_property IOSTANDARD LVCMOS33 [get_ports {light[4]}]
set_property PACKAGE_PIN U16 [get_ports {light[5]}]
set_property IOSTANDARD LVCMOS33 [get_ports {light[5]}]
```

在 Nexys 4 DDR FPGA 板上测试的状态转换如图 7-15 所示。

(a) 状态S_0(100001)　　　　　　(b) 状态S_1(100010)　　　　　(c) 状态S_2, S_5(100100)

(d) 状态S₃(001100)　　　　　　　　　(e) 状态S₄(010100)

图 7-15 FPGA 板上实现的状态转换图

7.4 实 验

7.4.1 状态机实验

一、实验目的

1. 掌握利用有限状态机的设计方法。
2. 实现一般时序逻辑分析的方法。

二、实验要求

1. 在 Vivado 环境中进行时序仿真。
2. 将设计的程序下载至实验板，观察其结果。

三、实验内容

1.如图 7-16 所示是一个七进制计数器的状态转换图，其中 Y 为输出，试用 Verilog HDL 实现仿真并下载到实验板进行验证。

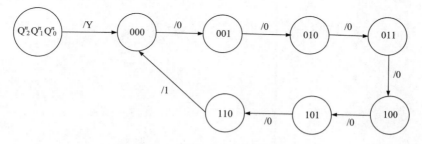

图 7-16 七进制计数器的状态转换图

2.设计一个串行序列检测器，要求是：输入连续 4 个或 4 个以上的 1，输出为 1；其他输入情况时，输出为 0。

四、实验思考

1. 什么是有限状态机？设计有限状态机的步骤是什么？

2. 简要说明 Mealy 状态机和 Moore 状态机的主要区别。

3. 在有限状态机中，非法状态是否需要处理？

4. 为什么在 Verilog HDL 设计时，不采用异步状态机？采用异步状态机有什么不好解决的问题？

第8章 存储逻辑电路

本章导言

根据冯·诺依曼体系结构，计算机是由运算器、控制器、存储器和输入/输出设备组成的。计算机必须预先把要运行的程序和数据调入内存，才能按照指定的次序逐条执行。存储器就是计算机中用来存储程序和数据的设备。在数字电路中，我们使用寄存器来存储数据。此外还有常用的随机存储器（random access memory，RAM）和只读存储器（read only memory，ROM）。本章主要介绍基本寄存器和寄存器堆、随机存储器和只读存储器等逻辑电路建模与验证。

8.1 基本寄存器和寄存器堆

寄存器在数字电路中被用来存放二进制数据或代码。寄存器是由具有存储功能的触发器组合起来构成的。一个触发器可以存储 1 位二进制代码，存放 n 位二进制代码的寄存器，需用 n 个触发器来构成。

按照规模的不同，可将寄存器分为基本寄存器和寄存器堆两大类。基本寄存器只能并行送入数据，需要时也只能并行输出。而寄存器堆是由多个寄存器组成的阵列，可以同时读取多个寄存器。

8.1.1 基本寄存器

1. 单拍工作方式基本寄存器

单拍工作方式是指只需一个接收脉冲就可以完成接收数据的工作方式。图 8-1 为 4 位单拍工作方式基本寄存器的逻辑结构图。

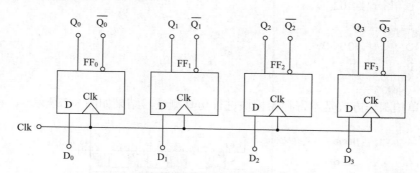

图 8-1 4 位单拍工作方式基本寄存器的逻辑结构图

无论寄存器中原来的内容是什么，只要送数控制时钟脉冲 CP 上升沿到来，加在并行数据输入端的数据 $D_0 \sim D_3$，就立即被送入寄存器中，即有

$$Q_3^{n+1}Q_2^{n+1}Q_1^{n+1}Q_0^{n+1} = D_3D_2D_1D_0 \tag{8-1}$$

【例 8-1】4 位单拍工作方式基本寄存器结构化建模。

```verilog
module SingleReg (
    input Clk,
    input [3:0] D,
    output [3:0] Q,
    output [3:0] Qn
    );
    Dff FF0 (Clk, D[0], Q[0], Qn[0]);
    Dff FF1 (Clk, D[1], Q[1], Qn[1]);
    Dff FF2 (Clk, D[2], Q[2], Qn[2]);
    Dff FF3 (Clk, D[3], Q[3], Qn[3]);
endmodule
```

【例 8-2】4 位单拍工作方式基本寄存器的仿真测试模块。

```verilog
`timescale 1ns / 1ps
module test_SingleReg();
    reg clk;
    reg [3:0] D;
    wire [3:0] Q, Qn;

    SingleReg s0 (clk, D, Q, Qn);

    always #5 clk = ~clk;

    initial begin
        clk = 0;
        D = 4'b0010;
        #10;
        D = 4'b0000;
    end
endmodule
```

对 4 位单拍工作方式基本寄存器模块进行仿真测试，结果如图 8-2 所示。

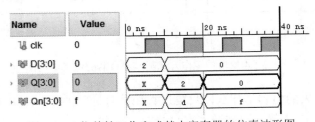

图 8-2　4 位单拍工作方式基本寄存器的仿真波形图

2. 双拍工作方式基本寄存器

双拍工作方式是指接收数据时，先清零，再接收数据。图 8-3 为 4 位双拍工作方式基本寄存器的逻辑结构图。

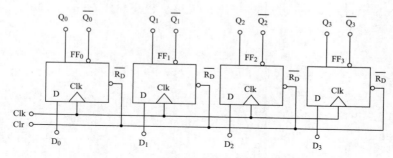

图 8-3　4 位双拍工作方式基本寄存器的逻辑结构图

在准备接收数据之前要清零，即 Clk = 0，异步清零。此时有

$$Q_3^n Q_2^n Q_1^n Q_0^n = 0000 \tag{8-2}$$

在清零之后就可以接受数据，Clk = 1，此时为时钟上升沿。即有

$$Q_3^{n+1} Q_2^{n+1} Q_1^{n+1} Q_0^{n+1} = D_3 D_2 D_1 D_0 \tag{8-3}$$

而在 Clr = 1、Clk 上升沿以外时间，寄存器处于"保持"状态。这里说的"保持"，是指 Clk 信号到达时触发器不随 D 端的输入信号而改变状态，保持原来的状态不变。

【例 8-3】4 位双拍工作方式基本寄存器结构化建模。

```verilog
module DoubleReg (
    input Clk,
    input Clr,
    input [3:0] D,
    output [3:0] Q,
    output [3:0] Qn
    );

    Dff_c FF0 (Clk, Clr, D[0], Q[0], Qn[0]);
    Dff_c FF1 (Clk, Clr, D[1], Q[1], Qn[1]);
    Dff_c FF2 (Clk, Clr, D[2], Q[2], Qn[2]);
    Dff_c FF3 (Clk, Clr, D[3], Q[3], Qn[3]);
endmodule

module Dff_c (
    input Clk,
    input Clr,
    input D,
```

```
    output reg Q,
    output reg Qn
    );

    always @(negedge Clk or posedge Clr) begin
        if (Clr == 1)
            Q <= 0;
        else begin
            Q <= D;
            Qn <= ~D;
        end
endmodule
```

【例 8-4】4 位双拍工作方式基本寄存器的仿真测试模块。

```
`timescale 1ns / 1ps
module test_DoubleReg();
    reg clk;
    reg clr;
    reg [3:0] D;
    wire [3:0] Q, Qn;

    DoubleReg s0 (clk, clr, D, Q, Qn);

    always #5 clk = ~clk;

    initial begin
        clk = 0;
        clr = 1;
        D = 4'b0010;
        #10;
        clr = 0;
        D = 4'b0010;
        #10;
        D = 4'b1000;
    end
endmodule
```

对 4 位双拍工作方式基本寄存器模块进行仿真测试，结果如图 8-4 所示。

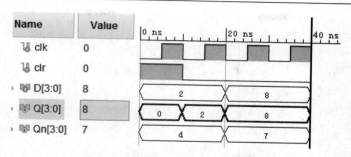

图 8-4　4 位双拍工作方式基本寄存器的仿真波形图

上述两种工作方式的寄存器，接收数据时各位数是同时输入的，而触发器的数据是并行出现在输出端的，因此称这种输入与输出方式为并入-并出方式。

3. 带复位、输入允许、输出允许的寄存器

为了增加使用的灵活性，在有些寄存器电路中还附加了控制电路，如图 8-5 所示，使寄存器具有复位、输入允许和输出允许的功能。

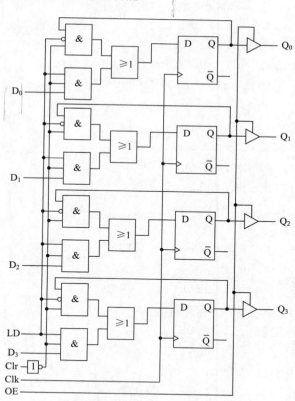

图 8-5　带复位、输入允许、输出允许的寄存器

【例 8-5】带复位、输入允许、输出允许的 4 位寄存器结构化建模。

```
module fourbitsReg (
    input Clk,
```

```verilog
    input Clr,
    input LD,
    input OE,
    input [3:0] D,
    output [3:0] Q
    );
    wire Clrn;
    wire q0, q1, q2, q3;
    wire q0n, q1n, q2n, q3n;
    wire d0, d1, d2, d3;
    wire a0out, a1out, a2out, a3out, a4out, a5out, a6out, a7out;


    not n0 (Clrn, Clr);


    and a0 (a0out, Clrn, ~LD, q0);
    and a1 (a1out, Clrn, LD, D[0]);
    or or0 (d0, a0out, a1out);
    Dff dff0 (Clk, d0, q0, q0n);
    bufif1 b0 (Q[0], q0, OE);


    and a2 (a2out, Clrn, ~LD, q1);
    and a3 (a3out, Clrn, LD, D[1]);
    or or1 (d1, a2out, a3out);
    Dff dff1 (Clk, d1, q1, q1n);
    bufif1 b1 (Q[1], q1, OE);


    and a4 (a4out, Clrn, ~LD, q2);
    and a5 (a5out, Clrn, LD, D[2]);
    or or2 (d2, a4out, a5out);
    Dff dff2 (Clk, d2, q2, q2n);
    bufif1 b2 (Q[2], q2, OE);


    and a6 (a6out, Clrn, ~LD, q3);
    and a7 (a7out, Clrn, LD, D[3]);
    or or3 (d3, a6out, a7out);
    Dff dff3 (Clk, d3, q3, q3n);
    bufif1 b3 (Q[3], q3, OE);
endmodule
```

```verilog
module Dff (
    input Clk,
    input D,
    output reg Q,
    output reg Qn
    );

    always @(*) begin
      if (Clk) begin
         Q <= D;
         Qn <= ~D;
      end
    end
endmodule
```

【例 8-6】带复位、输入允许、输出允许的 4 位寄存器的仿真测试模块。

```verilog
`timescale 1ns / 1ps
module test_fourbitsReg();
    reg clk, clr;
    reg LD, OE;
    reg [3:0] D;
    wire [3:0] Q;
    wire [3:0] Qn;

    fourbitsReg f0 (clk, clr, LD, OE, D, Q);

    always #5 clk = ~clk;
    initial begin
       clk = 0;
       clr = 1;
       LD = 0;
       OE = 1;
       D = 4'b0100;
       #10;
       clr = 0;
       LD = 1;
       OE = 1;
       D = 4'b0100;
    end
endmodule
```

对带复位、输入允许、输出允许的 4 位寄存器模块进行仿真测试，结果如图 8-6 所示。

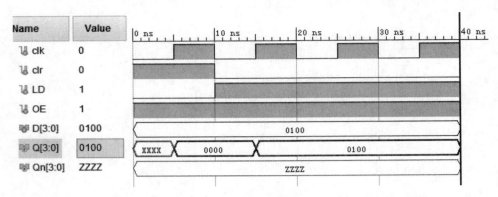

图 8-6　带复位、输入允许、输出允许的 4 位寄存器的仿真波形图

4. JK 触发器构建的数据寄存器

以上的例子都是使用 D 触发器构建的基本寄存器，这里我们采用 JK 触发器来构建数据寄存器。图 8-7 为 JK 触发器构建的 4 位数据寄存器的逻辑结构图。

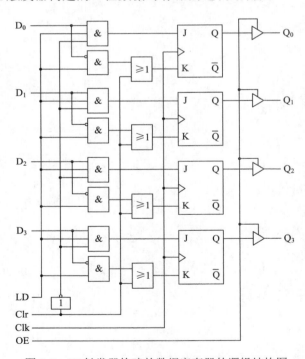

图 8-7　JK 触发器构建的数据寄存器的逻辑结构图

【例 8-7】JK 触发器构建的 4 位数据寄存器结构化建模。

```
module DataReg (
    input Clk,
```

```verilog
    input Clr,
    input LD,
    input OE,
    input [3:0] D,
    output [3:0] Q
    );
    wire Clrn;
    wire j0, k0, j1, k1, j2, k2, j3, k3;
    wire q0, q1, q2, q3;
    wire a1out, a3out, a5out, a7out;

    not n0 (Clr, Clrn);

    and a0 (j0, Clrn, LD, D[0]);
    and a1 (a1out, LD, ~D[0]);
    or or0 (k0, Clr, a1out);
    JK jk0 (~Clk, j0, k0, q0);
    bufif1 b0 (Q[0], q0, OE);

    and a2 (j1, Clrn, LD, D[1]);
    and a3 (a3out, LD, ~D[1]);
    or or1 (k1, Clr, a3out);
    JK jk1 (~Clk, j1, k1, q1);
    bufif1 b1 (Q[1], q1, OE);

    and a4 (j2, Clrn, LD, D[2]);
    and a5 (a5out, LD, ~D[2]);
    or or2 (k2, Clr, a5out);
    JK jk2 (~Clk, j2, k2, q2);
    bufif1 b2 (Q[2], q2, OE);

    and a6 (j3, Clrn, LD, D[3]);
    and a7 (a7out, LD, ~D[3]);
    or or3 (k3, Clr, a7out);
    JK jk3 (~Clk, j3, k3, q3);
    bufif1 b3 (Q[3], q3, OE);
endmodule

module JK (
```

```
    input clk,
    input J,
    input K,
    output reg Q,
    output reg Qn
    );

    always @(negedge clk) begin
        if (J ^ K == 1) begin//置0或置1
            Q <= J;
            Qn <= K;
        end
        else if (J && K == 1) begin//翻转
            Q <= Qn;
            Qn <= Q;
        end
    end
endmodule
```

【例 8-8】JK 触发器构建的 4 位数据寄存器的仿真测试模块。

```
`timescale 1ns / 1ps
module test_DataReg();
    reg clk, clr;
    reg LD, OE;
    reg [3:0] D;
    wire [3:0] Q;

    DataReg d0 (clk, clr, LD, OE, D, Q);

    always #5 clk = ~clk;

    initial begin
        clk = 0;
        clr = 1;
        LD = 1;
        OE = 0;
        #10;
        clr = 0;
        LD = 0;
        OE = 1;
```

```
        #10;
        LD = 1;
        OE = 0;
        D = 4'b0100;
        #10;
        LD = 0;
        OE = 1;
    end
endmodule
```

对 JK 触发器构建的 4 位数据寄存器模块进行仿真测试，结果如图 8-8 所示。

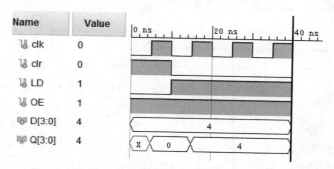

图 8-8　JK 触发器构建的 4 位数据寄存器的仿真波形图

8.1.2　寄存器堆

寄存器堆（register file，RF）是 CPU 中多个寄存器组成的阵列，通常由快速的静态随机存储器（static random access memory，SRAM）实现。这种 RAM 具有专门的读端口与写端口，可以多路并发访问不同的寄存器。寄存器堆（RF）的主要功能是保存寄存器文件，并支持对通用寄存器的访问。

1. RF 的结构化建模

图 8-9 为寄存器堆（RF）的逻辑结构图。其中 A1、A2、A3 均为 5 位的地址寄存器，分别用来存储需要读的寄存器 1 的地址、需要读的寄存器 2 的地址、需要写的寄存器的地址；WD 是需要写入寄存器的数据；RFWr 是寄存器写使能端；RD1 为需要读入寄存器 1 的数据；RD2 为需要读入寄存器 2 的数据。

寄存器堆的主要作用是根据输入的 A1、A2 域的值，输出相应通用寄存器所存储的数据，或者当 RF 写使能有效时，将待写入数据写入给定地址的通用寄存器中。

【例 8-9】寄存器堆（RF）结构化建模。

```
module RF (
    input Clk,
    input Clr,
    input [4:0] A1,
```

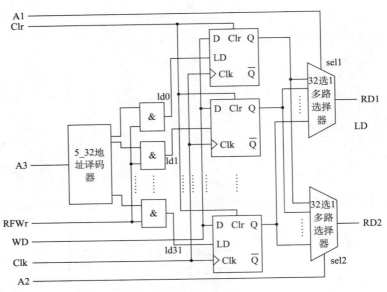

图 8-9 寄存器堆（RF）的逻辑结构图

```
input [4:0] A2,
input [4:0] A3,
input RFWr,
input [31:0] WD,
output [31:0] RD1,
output [31:0] RD2
);


wire ld0, ld1, ld2, ld3, ld4, ld5, ld6, ld7, ld8,
    ld9, ld10, ld11, ld12, ld13, ld14, ld15, ld16, ld17,
    ld18, ld19, ld20, ld21, ld22, ld23, ld24, ld25, ld26,
    ld27, ld28, ld29, ld30, ld31;
wire LD0, LD1, LD2, LD3, LD4, LD5, LD6, LD7, LD8,
    LD9, LD10, LD11, LD12, LD13, LD14, LD15, LD16, LD17,
    LD18, LD19, LD20, LD21, LD22, LD23, LD24, LD25, LD26,
    LD27, LD28, LD29, LD30, LD31;
wire [31:0] q0, q1, q2, q3, q4, q5, q6, q7, q8, q9, q10,
    q11, q12, q13, q14, q15, q16, q17, q18, q19, q20, q21, q22,
    q23, q24, q25, q26, q27, q28, q29, q30, q31;
wire [31:0] q0n, q1n, q2n, q3n, q4n, q5n, q6n, q7n, q8n,
    q9n, q10n, q11n, q12n, q13n, q14n, q15n, q16n, q17n, q18n,
    q19n, q20n, q21n, q22n, q23n, q24n, q25n, q26n, q27n,
    q28n, q29n, q30n, q31n;
```

```verilog
decoder5_32 d3 (A3, ld0, ld1, ld2, ld3, ld4, ld5, ld6, ld7,
    ld8, ld9, ld10, ld11, ld12, ld13, ld14, ld15, ld16, ld17, ld18,
    ld19, ld20, ld21, ld22, ld23, ld24, ld25, ld26, ld27, ld28, ld29,
        ld30, ld31);
mux32_1 m1 (q0, q1, q2, q3, q4, q5, q6, q7, q8, q9, q10, q11,
        q12, q13, q14, q15, q16, q17, q18, q19, q20, q21, q22, q23,
        q24, q25, q26, q27, q28, q29, q30, q31, A1, RD1);
mux32_1 m2 (q0, q1, q2, q3, q4, q5, q6, q7, q8, q9, q10, q11,
        q12, q13, q14, q15, q16, q17, q18, q19, q20, q21, q22, q23,
        q24, q25, q26, q27, q28, q29, q30, q31, A2, RD2);

assign LD0 = RFWr & ld0;
assign LD1 = RFWr & ld1;
assign LD2 = RFWr & ld2;
assign LD3 = RFWr & ld3;
assign LD4 = RFWr & ld4;
assign LD5 = RFWr & ld5;
assign LD6 = RFWr & ld6;
assign LD7 = RFWr & ld7;
assign LD8 = RFWr & ld8;
assign LD9 = RFWr & ld9;
assign LD10 = RFWr & ld10;
assign LD11 = RFWr & ld11;
assign LD12 = RFWr & ld12;
assign LD13 = RFWr & ld13;
assign LD14 = RFWr & ld14;
assign LD15 = RFWr & ld15;
assign LD16 = RFWr & ld16;
assign LD17 = RFWr & ld17;
assign LD18 = RFWr & ld18;
assign LD19 = RFWr & ld19;
assign LD20 = RFWr & ld20;
assign LD21 = RFWr & ld21;
assign LD22 = RFWr & ld22;
assign LD23 = RFWr & ld23;
assign LD24 = RFWr & ld24;
assign LD25 = RFWr & ld25;
assign LD26 = RFWr & ld26;
```

```
assign LD27 = RFWr & ld27;
assign LD28 = RFWr & ld28;
assign LD29 = RFWr & ld29;
assign LD30 = RFWr & ld30;
assign LD31 = RFWr & ld31;

//32个32位D触发器构成的寄存器组成了寄存器堆
Dff32 dff0  (Clk, Clr, LD0,  WD, q0,  q0n);
Dff32 dff1  (Clk, Clr, LD1,  WD, q1,  q1n);
Dff32 dff2  (Clk, Clr, LD2,  WD, q2,  q2n);
Dff32 dff3  (Clk, Clr, LD3,  WD, q3,  q3n);
Dff32 dff4  (Clk, Clr, LD4,  WD, q4,  q4n);
Dff32 dff5  (Clk, Clr, LD5,  WD, q5,  q5n);
Dff32 dff6  (Clk, Clr, LD6,  WD, q6,  q6n);
Dff32 dff7  (Clk, Clr, LD7,  WD, q7,  q7n);
Dff32 dff8  (Clk, Clr, LD8,  WD, q8,  q8n);
Dff32 dff9  (Clk, Clr, LD9,  WD, q9,  q9n);
Dff32 dff10 (Clk, Clr, LD10, WD, q10, q10n);
Dff32 dff11 (Clk, Clr, LD11, WD, q11, q11n);
Dff32 dff12 (Clk, Clr, LD12, WD, q12, q12n);
Dff32 dff13 (Clk, Clr, LD13, WD, q13, q13n);
Dff32 dff14 (Clk, Clr, LD14, WD, q14, q14n);
Dff32 dff15 (Clk, Clr, LD15, WD, q15, q15n);
Dff32 dff16 (Clk, Clr, LD16, WD, q16, q16n);
Dff32 dff17 (Clk, Clr, LD17, WD, q17, q17n);
Dff32 dff18 (Clk, Clr, LD18, WD, q18, q18n);
Dff32 dff19 (Clk, Clr, LD19, WD, q19, q19n);
Dff32 dff20 (Clk, Clr, LD20, WD, q20, q20n);
Dff32 dff21 (Clk, Clr, LD21, WD, q21, q21n);
Dff32 dff22 (Clk, Clr, LD22, WD, q22, q22n);
Dff32 dff23 (Clk, Clr, LD23, WD, q23, q23n);
Dff32 dff24 (Clk, Clr, LD24, WD, q24, q24n);
Dff32 dff25 (Clk, Clr, LD25, WD, q25, q25n);
Dff32 dff26 (Clk, Clr, LD26, WD, q26, q26n);
Dff32 dff27 (Clk, Clr, LD27, WD, q27, q27n);
Dff32 dff28 (Clk, Clr, LD28, WD, q28, q28n);
Dff32 dff29 (Clk, Clr, LD29, WD, q29, q29n);
Dff32 dff30 (Clk, Clr, LD30, WD, q30, q30n);
Dff32 dff31 (Clk, Clr, LD31, WD, q31, q31n);
```

```
endmodule

module decoder5_32 (
    input [4:0] in,
    output reg LD0, LD1, LD2, LD3, LD4, LD5, LD6, LD7, LD8,
        LD9, LD10, LD11, LD12, LD13, LD14, LD15, LD16, LD17,
        LD18, LD19, LD20, LD21, LD22, LD23, LD24, LD25, LD26,
        LD27, LD28, LD29, LD30, LD31
    );

    always @(*) begin
        case (in)
            5'b0_0000: LD0 <= 1;
            5'b0_0001: LD1 <= 1;
            5'b0_0010: LD2 <= 1;
            5'b0_0011: LD3 <= 1;
            5'b0_0100: LD4 <= 1;
            5'b0_0101: LD5 <= 1;
            5'b0_0110: LD6 <= 1;
            5'b0_0111: LD7 <= 1;
            5'b0_1000: LD8 <= 1;
            5'b0_1001: LD9 <= 1;
            5'b0_1010: LD10 <= 1;
            5'b0_1011: LD11 <= 1;
            5'b0_1100: LD12 <= 1;
            5'b0_1101: LD13 <= 1;
            5'b0_1110: LD14 <= 1;
            5'b0_1111: LD15 <= 1;
            5'b1_0000: LD16 <= 1;
            5'b1_0001: LD17 <= 1;
            5'b1_0010: LD18 <= 1;
            5'b1_0011: LD19 <= 1;
            5'b1_0100: LD20 <= 1;
            5'b1_0101: LD21 <= 1;
            5'b1_0110: LD22 <= 1;
            5'b1_0111: LD23 <= 1;
            5'b1_1000: LD24 <= 1;
            5'b1_1001: LD25 <= 1;
            5'b1_1010: LD26 <= 1;
```

```verilog
            5'b1_1011: LD27 <= 1;
            5'b1_1100: LD28 <= 1;
            5'b1_1101: LD29 <= 1;
            5'b1_1110: LD30 <= 1;
            5'b1_1111: LD31 <= 1;
            default: ;
        endcase
    end
endmodule

module mux32_1 (
    input [31:0] q0, q1, q2, q3, q4, q5, q6, q7, q8, q9,
        q10, q11, q12, q13, q14, q15, q16, q17, q18, q19,
        q20, q21, q22, q23, q24, q25, q26, q27, q28, q29,
        q30, q31,
    input [4:0] sel,
    output reg [31:0] out
    );
    always @(*) begin
        case (sel)
            5'b0_0000: out <= q0;
            5'b0_0001: out <= q1;
            5'b0_0010: out <= q2;
            5'b0_0011: out <= q3;
            5'b0_0100: out <= q4;
            5'b0_0101: out <= q5;
            5'b0_0110: out <= q6;
            5'b0_0111: out <= q7;
            5'b0_1000: out <= q8;
            5'b0_1001: out <= q9;
            5'b0_1010: out <= q10;
            5'b0_1011: out <= q11;
            5'b0_1100: out <= q12;
            5'b0_1101: out <= q13;
            5'b0_1110: out <= q14;
            5'b0_1111: out <= q15;
            5'b1_0000: out <= q16;
            5'b1_0001: out <= q17;
            5'b1_0010: out <= q18;
```

```
            5'b1_0011: out <= q19;
            5'b1_0100: out <= q20;
            5'b1_0101: out <= q21;
            5'b1_0110: out <= q22;
            5'b1_0111: out <= q23;
            5'b1_1000: out <= q24;
            5'b1_1001: out <= q25;
            5'b1_1010: out <= q26;
            5'b1_1011: out <= q27;
            5'b1_1100: out <= q28;
            5'b1_1101: out <= q29;
            5'b1_1110: out <= q30;
            5'b1_1111: out <= q31;
            default: out <= 32'bz;
        endcase
    end
endmodule

module Dff32 (
    input Clk,
    input Clr,
    input LD,
    input [31:0] D,
    output reg [31:0] Q,
    output reg [31:0] Qn
    );

    always @(posedge Clk) begin
        if (Clr)
            Q <= 32'b0;
        else if (LD) begin
            Q <= D;
            Qn <= ~D;
        end
    end
endmodule
```

2. RF 的行为级建模

RF 的基本框图如图 8-10 所示。

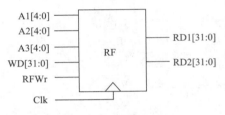

图 8-10　RF 的基本框图

【例 8-10】寄存器堆（RF）行为级建模。

```verilog
module RF (
    input clk,
    input [4:0] A1,
    input [4:0] A2,
    input [4:0] A3,
    input RFWr,
    input [31:0] WD,
    output [31:0] RD1,
    output [31:0] RD2
    );

    reg [31:0] rf[31:0];//寄存器堆
    ///*该段代码在逻辑综合时可注释掉
    integer i;
    initial begin
        for (i=0; i<32; i=i+1)
            rf[i] = 0;
    end
    //*/
    //寄存器写
    always @(posedge clk) begin
        if (RFWr)
            rf[A3] <= WD;
    end // end always
    //寄存器读
    assign RD1 = (A1 == 0) ? 32'd0 : rf[A1];
    assign RD2 = (A2 == 0) ? 32'd0 : rf[A2];
endmodule
```

【例 8-11】寄存器堆（RF）的仿真测试模块。

```verilog
`timescale 1ns / 1ps
module test_RF();
```

```
reg clk, RFWr;
reg [4:0] A1, A2, A3;
reg [31:0] WD;
wire [31:0] RD1, RD2;

RF u0 (clk, A1, A2, A3, RFWr, WD, RD1, RD2);

always #5 clk = ~clk;

initial begin
    clk = 1'b0;
    RFWr = 1'b0;
    #10;
    RFWr = 1'b0;
    A1 = 5'b00010;
    A2 = 5'b00011;
    A3 = 5'b00010;
    #10;
    RFWr = 1'b1;
    A1 = 5'b00010;
    A2 = 5'b00011;
    A3 = 5'b00010;
    WD = 32'b0000_0000_0000_0000_0000_0000_0000_1001;
end
endmodule
```

对 RF 模块进行仿真测试，结果如图 8-11 所示。

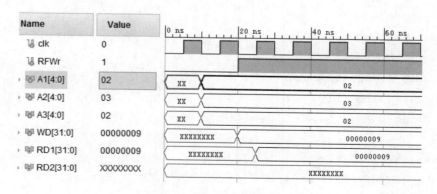

图 8-11　RF 模块的仿真波形图

8.2　随机存储器和只读存储器

8.2.1　随机存储器

随机存储器 RAM 是一种可读写存储器，它可以在任何时刻随机地访问任何一个存储单元，对其进行读或写操作，且存取速度与存储单元的位置无关。这种存储器在断电后将丢失其存储的内容，故常用于存放临时性数据和中间结果。

在计算机中，根据所采用的存储单元工作原理的不同，将随机存储器 RAM 分为静态随机存储器（static random access memory，SRAM）和动态随机存储器（dynamic random access memory，DRAM）两种。在这里我们只介绍静态随机存储器。

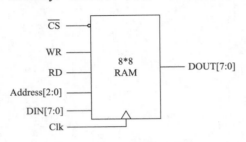

图 8-12　RAM 的基本结构

随机存储器 RAM 由锁存器阵列构成。RAM 的外部接口包括片选端口、读允许端口、写允许端口、地址端口、数据输出端口、数据输入端口。在读写数据时，RAM 根据地址信号，经由译码电路选择读写的相对应的存储单元。RAM 的基本结构如图 8-12 所示。

图 8-12 中所示的 $\overline{\text{CS}}$ 信号就是片选信号，RD 信号为读允许信号，WR 信号为写允许信号，Address 为地址线，DIN 为数据输入端口，DOUT 为数据输出端口，使用时钟信号进行同步，在时钟上升沿进行读写操作。

【例 8-12】RAM 行为级建模。

```verilog
module RAM_8_8 (clk, CS_n, RD, WR, Address, DIN, DOUT);
    parameter WORD_SIZE = 8;
    parameter WORD_NUMBER = 8;
    parameter Address_SIZE = 3;

    input clk;
    input CS_n;
    input RD, WR;
    input [Address_SIZE-1:0] Address;
    input [WORD_SIZE-1:0] DIN;
    output [WORD_SIZE-1:0] DOUT;

    reg [WORD_SIZE-1:0] DOUT;
    reg [WORD_SIZE-1:0] RAM [0:WORD_NUMBER-1];

    always @(posedge clk) begin
        if (WR == 1'b1) begin//写数据
```

```
                if ((CS_n == 1'b0) && (RD == 1'b0))
                    RAM[Address] <= DIN;
            end
            else if (RD == 1'b1) begin//读数据
                if ((CS_n == 1'b0) && (WR == 1'b0))
                    DOUT <= RAM[Address];
            end
        end
endmodule
```

【例 8-13】RAM 的仿真测试模块。

```
`timescale 1ns/100ps
module test_RAM();
    parameter WORD_SIZE = 8;
    parameter WORD_NUMBER = 8;
    parameter Address_SIZE = 3;

    reg clk, CS_n, RD, WR;
    reg [Address_SIZE-1:0] Address;
    reg [WORD_SIZE-1:0] DIN;
    wire [WORD_SIZE-1:0] DOUT;

    RAM_8_8 u0 (clk, CS_n, RD, WR, Address, DIN, DOUT);

    always #2 clk = ~clk;

    initial begin
        clk = 1'b0;
        CS_n = 1'b1; RD = 1'b0; WR = 1'b0;//禁用SRAM
        #10;
        CS_n = 1'b0;//选中SRAM
        #10;
        Address = 3'b000;//选中地址为000的单元
        #10;
        DIN = 8'b0000_0001;//数据0000_0001
        #10;
        RD = 1'b0; WR = 1'b1;//写入
        #10;
        RD = 1'b0; WR = 1'b0;//写完成
```

```
            #10;
            Address = 3'b001;//选中地址为001的单元
            #10;
            DIN = 8'b0000_0010;//数据0000_0010
            #10;
            RD = 1'b0; WR = 1'b1;//写入
            #10;
            RD = 1'b0; WR = 1'b0;//写完成

            #10;
            Address = 3'b010;//选中地址为000的单元
            #10;
            DIN = 8'b0000_0011;//数据0000_0001
            #10;
            RD = 1'b0; WR = 1'b1;//写入
            #10;
            RD = 1'b0; WR = 1'b0;//写完成

            #10;
            Address = 3'b001;//选中地址为001的单元
            #10;
            RD = 1'b1; WR = 1'b0;//读出
            #10;
            RD = 1'b0; WR = 1'b0;//读完成
        end
    endmodule
```

此 RAM 的仿真波形图如图 8-13 所示。从图中可以看出此 RAM 的工作过程：当 CS_n 有效时，选中 SRAM，在下一个时钟上升沿，依据地址 Address 选中相应的内存单元。当 WR 有效时，在一个时钟周期内将输入数据 DIN 写入内存中去。当 RD 有效时，依据地址 Address 读出相对应的数据。

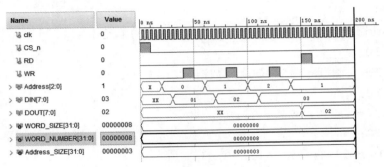

图 8-13   RAM 的仿真波形图

8.2.2　只读存储器

只读存储器 ROM 具有不易丢失性，即使电源被切断，ROM 的信息也不会丢失。在计算机中，ROM 只能对其存储的数据进行读取而不能写入，常用以存储不经常变更的程序或资料。只读存储器分为掩模型只读存储器（mask ROM，MROM）、可编程只读存储器（programmable ROM，PROM）、可擦可编程只读存储器（erasable programmable ROM，EPROM）、电擦除可编程只读存储器（electrically erasable programmable ROM，EEPROM）和闪速存储器（flash memory，FPROM）。闪速存储器又称为闪存，是一种电可擦除的非易失性只读存储器，允许在操作中被多次擦或写，是一种特殊的、以宏模块擦写的 EEPROM。

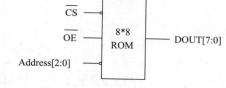

只读存储器 ROM 是一种具有地址输入、片选、输出使能和数据输出的逻辑电路。如图 8-14 所示。

图 8-14　ROM 的基本结构

图 8-14 中 $\overline{CS}$ 是片选信号，$\overline{OE}$ 是输出使能信号，Address 是待读取的地址，DOUT 是读出的数据。

【例 8-14】ROM 行为级建模。

```verilog
module ROM_8_8 (CS_n, OE_n, Address, DOUT);
    parameter WORD_SIZE = 8;
    parameter WORD_NUMBER = 8;
    parameter Address_SIZE = 3;

    input CS_n;
    input OE_n;
    input [Address_SIZE-1:0] Address;
    output [WORD_SIZE-1:0] DOUT;

    reg [WORD_SIZE-1:0] DOUT;
    reg [WORD_SIZE-1:0] ROM [0:WORD_NUMBER-1];

    always @(OE_n)
    begin
        if ((CS_n == 1'b0) && (OE_n == 1'b0))//读数据
            DOUT <= ROM[Address];
        else
            DOUT <= 8'bz;
    end
endmodule
```

【例 8-15】ROM 的仿真测试模块。

```verilog
module test_ROM();
    parameter WORD_SIZE = 8;
```

```
    parameter WORD_NUMBER = 8;
    parameter Address_SIZE = 3;

    reg CS_n, OE_n;
    reg [Address_SIZE-1:0] Address;
    wire [WORD_SIZE-1:0] DOUT;

    ROM_8_8 u0 (CS_n, OE_n, Address, DOUT);

    initial
    begin
       CS_n = 1'b1; OE_n = 1'b1;//禁止ROM
       $readmemh( "code.hex" , u0.ROM ); //从文件code.hex中装入ROM内容
       #50;
       Address = 3'b001;
       #50;
       CS_n = 1'b0; OE_n = 1'b0;//读ROM
    end
endmodule
```

其中文件 code.hex 内容如下：

```
0c
34
56
21
23
00
04
00
```

对 ROM 模块进行仿真测试，其结果如图 8-15 所示。

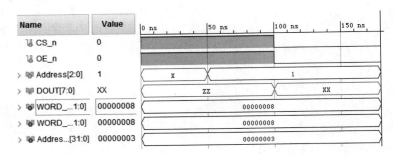

图 8-15　8*8 位 ROM 的仿真波形图

8.3 实 验

8.3.1 寄存器堆建模与验证

一、实验目的

1. 掌握 RF 结构化建模方法。
2. 掌握 RF 结构化建模验证技术。

二、实验要求

1. 利用 Verilog HDL 对 RF 进行结构化建模。
2. 利用 Verilog HDL 对 RF 结构化建模进行验证。

三、实验内容

1.RF 结构化建模。
2.设计 RF 的仿真测试模块 test_RF。
3.仿真 RF,查看波形图。
4.分析 RF,查看 RTL 原理图,填写分析表。
5.综合 RF,查看综合后电路原理图,填写功耗、资源消耗和延迟分析表。

四、实验思考

1. 寄存器堆与基本寄存器有何不同?
2. 比较分析 RF 的结构化建模和行为级建模的综合结果。

8.3.2 随机存储器建模与验证

一、实验目的

1. 掌握 RAM 容量扩充的建模方法。
2. 掌握 RAM 容量扩充的验证技术。

二、实验要求

1. 利用 Verilog HDL 对 RAM 容量扩充建模。
2. 利用 Verilog HDL 对 RAM 容量扩充验证。

三、实验内容

DM 是由 16 片 256*8 位的 RAM(图 8-16)和 1 个 3-8 译码器通过字位同时扩展方式构成的容量为 1k*32 位的存储器(图 8-17),主要功能是根据读写控制信号 DMWr,读写对应 addr 地址的 32 位数据。

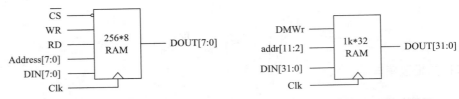

图 8-16　256*8 位的 RAM 基本结构　　　图 8-17　1k*32 位的 DM 基本结构

图 8-17 中 DMWr 为 DM 写使能信号，在时钟 Clk 处于上升沿，当 DMWr 为 0 时，输出地址所对应的数据；当写使能信号有效，即 DMWr 为 1 时，将待写数据写入对应地址。

1. RAM1K_32 结构化建模。

```verilog
module RAM1K_32 (clk, DMWr, addr, DIN, DOUT);
    parameter ON = 1'b0;
    input clk;
    input DMWr;
    input [11:2] addr;
    input [31:0] DIN;
    output [31:0] DOUT;

    wire RD, WR;
    wire [7:0] RAM1K_32_CS_n;
    wire [1:0] sel;//多路选择信号
    wire [2:0] a;
    wire [31:0] d0, d1, d2, d3;
    wire [7:0] h01, h02, h03, h04;
    wire [7:0] h11, h12, h13, h14;
    wire [7:0] h21, h22, h23, h24;
    wire [7:0] h31, h32, h33, h34;

    //获得读写信号
    assign RD = !DMWr;
    assign WR = DMWr;
    //获得编译器选择信号
    assign sel = addr[11:10];
    //获得多路器选择信号
    assign a = {1'b0, sel};
    //3-8译码器产生片选信号
    transfer3_8 u (.a(a), .y(RAM1K_32_CS_n));
    //第1组
```

```
        RAM256_8 u0_0 (.clk(clk), .CS_n(RAM1K_32_CS_n[0]), .RD(RD), .
WR(WR), .Address(addr[9:2]), .DIN(DIN[7:0]), .DOUT(h01));
        RAM256_8 u0_1 (.clk(clk), .CS_n(RAM1K_32_CS_n[0]), .RD(RD), .
WR(WR), .Address(addr[9:2]), .DIN(DIN[15:8]), .DOUT(h02));
        RAM256_8 u0_2 (.clk(clk), .CS_n(RAM1K_32_CS_n[0]), .RD(RD), .
WR(WR), .Address(addr[9:2]), .DIN(DIN[23:16]), .DOUT(h03));
        RAM256_8 u0_3 (.clk(clk), .CS_n(RAM1K_32_CS_n[0]), .RD(RD), .
WR(WR), .Address(addr[9:2]), .DIN(DIN[31:24]), .DOUT(h04));
        //第2组
        RAM256_8 u1_0 (.clk(clk), .CS_n(RAM1K_32_CS_n[1]), .RD(RD), .
WR(WR), .Address(addr[9:2]), .DIN(DIN[7:0]), .DOUT(h11));
        RAM256_8 u1_1 (.clk(clk), .CS_n(RAM1K_32_CS_n[1]), .RD(RD), .
WR(WR), .Address(addr[9:2]), .DIN(DIN[15:8]), .DOUT(h12));
        RAM256_8 u1_2 (.clk(clk), .CS_n(RAM1K_32_CS_n[1]), .RD(RD), .
WR(WR), .Address(addr[9:2]), .DIN(DIN[23:16]), .DOUT(h13));
        RAM256_8 u1_3 (.clk(clk), .CS_n(RAM1K_32_CS_n[1]), .RD(RD), .
WR(WR), .Address(addr[9:2]), .DIN(DIN[31:24]), .DOUT(h14));
        //第3组
        RAM256_8 u2_0 (.clk(clk), .CS_n(RAM1K_32_CS_n[2]), .RD(RD), .
WR(WR), .Address(addr[9:2]), .DIN(DIN[7:0]), .DOUT(h21));
        RAM256_8 u2_1 (.clk(clk), .CS_n(RAM1K_32_CS_n[2]), .RD(RD), .
WR(WR), .Address(addr[9:2]), .DIN(DIN[15:8]), .DOUT(h22));
        RAM256_8 u2_2 (.clk(clk), .CS_n(RAM1K_32_CS_n[2]), .RD(RD), .
WR(WR), .Address(addr[9:2]), .DIN(DIN[23:16]), .DOUT(h23));
        RAM256_8 u2_3 (.clk(clk), .CS_n(RAM1K_32_CS_n[2]), .RD(RD), .
WR(WR), .Address(addr[9:2]), .DIN(DIN[31:24]), .DOUT(h24));
        //第4组
        RAM256_8 u3_0 (.clk(clk), .CS_n(RAM1K_32_CS_n[3]), .RD(RD), .
WR(WR), .Address(addr[9:2]), .DIN(DIN[7:0]), .DOUT(h31));
        RAM256_8 u3_1 (.clk(clk), .CS_n(RAM1K_32_CS_n[3]), .RD(RD), .
WR(WR), .Address(addr[9:2]), .DIN(DIN[15:8]), .DOUT(h32));
        RAM256_8 u3_2 (.clk(clk), .CS_n(RAM1K_32_CS_n[3]), .RD(RD), .
WR(WR), .Address(addr[9:2]), .DIN(DIN[23:16]), .DOUT(h33));
        RAM256_8 u3_3 (.clk(clk), .CS_n(RAM1K_32_CS_n[3]), .RD(RD), .
WR(WR), .Address(addr[9:2]), .DIN(DIN[31:24]), .DOUT(h34));
        //拼接输出数据
        assign d0 = {h04, h03, h02, h01};
        assign d1 = {h14, h13, h12, h11};
        assign d2 = {h24, h23, h22, h21};
```

```
    assign d3 = {h34, h33, h32, h31};
    //多路选择输出
    mux4_1 mux4_1_u (d0, d1, d2, d3, sel, DOUT);
endmodule
```

其中所实例化的 256*8 位的 RAM、3-8 译码器和 4 选 1 的多路选择器的 Verilog 描述如下所示。

```
module RAM256_8 (clk, CS_n, RD, WR, Address, DIN, DOUT);
    parameter WORD_SIZE = 8;
    parameter WORD_NUMBER = 256;
    parameter Address_SIZE = 8;

    input clk;
    input CS_n;
    input RD, WR;
    input [Address_SIZE-1:0] Address;
    input [WORD_SIZE-1:0] DIN;
    output [WORD_SIZE-1:0] DOUT;

    reg [WORD_SIZE-1:0] DOUT;
    reg [WORD_SIZE-1:0] RAM [0:WORD_NUMBER-1];

    always @(posedge clk) begin
        if (WR == 1'b1) begin//写数据
            if ((CS_n == 1'b0) && (RD == 1'b0))
                RAM[Address] <= DIN;
        end
        else if (RD == 1'b1) begin//读数据
            if ((CS_n == 1'b0) && (WR == 1'b0))
                DOUT <= RAM[Address];
        end
    end
endmodule

module transfer3_8 (a, y);
    input [2:0] a;
    output reg [7:0] y;
    always @(a)
      case (a)
        3'b000: y <= 8'b1111_1110;
```

```verilog
            3'b001: y <= 8'b1111_1101;
            3'b010: y <= 8'b1111_1011;
            3'b011: y <= 8'b1111_0111;
            default: y <= 8'bz;
        endcase
    endmodule


module mux4_1 (d0, d1, d2, d3, sel, d);
    parameter data_width = 32;

    input [data_width-1:0] d0;
    input [data_width-1:0] d1;
    input [data_width-1:0] d2;
    input [data_width-1:0] d3;
    input [1:0] sel;
    output reg [data_width-1:0] d;

    always @(*)
        case (sel)
            3'b00: d <= d0;
            3'b01: d <= d1;
            3'b10: d <= d2;
            3'b11: d <= d3;
            default: d <= 32'bz;
        endcase
endmodule
```

采用 16 片 256*8 位的 RAM 进行字位同时扩展，构成了容量为 1k*32 位的 DM，通过 3-8 译码器产生片选信号，再利用 4 选 1 的多路选择器选择输出。注意 3-8 译码器的输入 a 最高位始终为 0。

2.设计 RAM1K_32 的仿真测试模块 test_RAM1K_32。

```verilog
`timescale 1ns/100ps
module test_RAM1K_32();
    reg DMWr,clk;
    reg [9:0] addr;
    reg [31:0] DIN;
    wire [31:0] DOUT;

    RAM1K_32 u0 (clk, DMWr, addr, DIN, DOUT);
```

```verilog
always #2 clk = ~clk;

initial begin
    clk=0;
    //分别对4块地址进行写入
    //第1块写入
    addr = 10'b00_0000_0000;//选中地址为00_0000_0000的单元
    #8;
    DIN = 32'h0000_0001;//数据32'h0000_0001
    #6;
    DMWr = 1'b1;//写入
    #6;
    DMWr = 1'bz;//写完成
    //第2块写入
    addr = 10'b01_0000_0000;//选中地址为01_0000_0000的单元
    #6;
    DIN = 32'h0000_0002;//数据0000_0002
    #6;
    DMWr = 1'b1;//写入
    #6;
    DMWr = 1'bz;//写完成
    //第3块写入
    addr = 10'b10_0000_0000;//选中地址为10_0000_0000的单元
    #6;
    DIN = 32'h0000_0003;//数据0000_0003
    #6;
    DMWr = 1'b1;//写入
    #6;
    DMWr = 1'bz;//写完成
    //第4块写入
    addr = 10'b11_0000_0000;//选中地址为11_0000_0000的单元
    #6;
    DIN = 32'h0000_0004;//数据0000_0004
    #6;
    DMWr = 1'b1;//写入
    #6;
    DMWr = 1'bz;//写完成
    #10;
    //分别对4块地址进行读出
```

```
                //第1块读出
                addr = 10'b00_0000_0000;//选中地址为000的单元
                #8;
                DMWr = 1'b0;//读出
                #8;
                DMWr = 1'bx;//读完成
                #6;
                //第2块读出
                addr = 10'b01_0000_0000;//选中地址为000的单元
                #8;
                DMWr = 1'b0;//读出
                #8;
                DMWr = 1'bx;//读完成
                #6;
                //第3块读出
                addr = 10'b10_0000_0000;//选中地址为000的单元
                #8;
                DMWr = 1'b0;//读出
                #8;
                DMWr = 1'bx;//读完成
                #6;
                //第4块读出
                addr = 10'b11_0000_0000;//选中地址为000的单元
                #8;
                DMWr = 1'b0;//读出
                #8;
                DMWr = 1'bx;//读完成
                #6;
        end
endmodule
```

当 DMWr 有效时,分别向 4 个单元写入数据;当 DMWr 为低电平时,分别从 4 个单元中取出数据。

3.仿真 RAM1K_32,查看波形图,如图 8-18 所示。

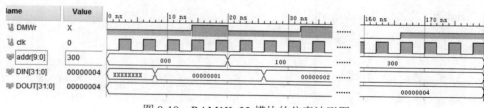

图 8-18 RAM1K_32 模块的仿真波形图

4.分析 RAM1K_32，查看 RTL 原理图，填写分析表。

5.综合 RAM1K_32，查看综合后电路原理图，填写功耗、资源消耗和延迟分析表。

四、实验思考

1. 用 64k*1 位的 RAM 芯片构成 256k*8 位的存储器，计算所需芯片数。

2. 有一个 16k*16 位的存储器，由 1k*4 位的 DRAM 芯片构成（芯片内是 64×64 结构），总共需要多少 DRAM 芯片？

8.3.3 只读存储器建模与验证

一、实验目的

1. 掌握 ROM 容量扩充的建模方法。

2. 掌握 ROM 容量扩充的验证技术。

二、实验要求

1. 利用 Verilog HDL 对 ROM 容量扩充建模。

2. 利用 Verilog HDL 对 ROM 容量扩充验证。

三、实验内容

IM 是由 16 片 256*8 位的 ROM（图 8-19）和一个 3-8 译码器通过字位同时扩展方式构成的容量为 1k*32 位的存储器（图 8-20），主要功能是根据输出控制信号 $\overline{OE}$，读出对应 addr 地址的 32 位数据。

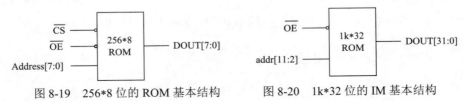

图 8-19　256*8 位的 ROM 基本结构　　　　图 8-20　1k*32 位的 IM 基本结构

IM 的功能是当输出使能有效时，根据对应地址将待读数据读出。

1.IM 结构化建模。

```
module IM (OE_n, addr, DOUT);
    parameter ON = 1'b0;


    input OE_n;
    input [11:2] addr;
    output [31:0] DOUT;


    wire [31:0] DOUT;
    wire [1:0] sel;
```

```verilog
    wire [2:0] a;
    wire [7:0] out8;
    wire [31:0] d0, d1, d2, d3;
    wire [7:0] h01, h02, h03, h04;
    wire [7:0] h11, h12, h13, h14;
    wire [7:0] h21, h22, h23, h24;
    wire [7:0] h31, h32, h33, h34;

    //片选
    transfer3_8 u (.a(a), .y(out8));
    //第0组
    ROM_256_8 u0_0 (.CS_n(out8[0]),.OE_n(OE_n),.Address(addr[9:2]),.
DOUT(h01));
    ROM_256_8 u0_1 (.CS_n(out8[0]),.OE_n(OE_n),.Address(addr[9:2]),.
DOUT(h02));
    ROM_256_8 u0_2 (.CS_n(out8[0]),.OE_n(OE_n), .Address(addr[9:2]),.
DOUT(h03));
    ROM_256_8 u0_3 (.CS_n(out8[0]),.OE_n(OE_n),.Address(addr[9:2]),.
DOUT(h04));
    //第1组
    ROM_256_8 u1_0 (.CS_n(out8[1]),.OE_n(OE_n),.Address(addr[9:2]),.
DOUT(h11));
    ROM_256_8 u1_1 (.CS_n(out8[1]),.OE_n(OE_n),.Address(addr[9:2]),.
DOUT(h12));
    ROM_256_8 u1_2 (.CS_n(out8[1]),.OE_n(OE_n),.Address(addr[9:2]), .
DOUT(h13));
    ROM_256_8 u1_3 (.CS_n(out8[1]),.OE_n(OE_n),.Address(addr[9:2]), .
DOUT(h14));
    //第2组
    ROM_256_8 u2_0 (.CS_n(out8[2]),.OE_n(OE_n),.Address(addr[9:2]),.
DOUT(h21));
    ROM_256_8 u2_1 (.CS_n(out8[2]),.OE_n(OE_n),.Address(addr[9:2]), .
DOUT(h22));
    ROM_256_8 u2_2 (.CS_n(out8[2]),.OE_n(OE_n),.Address(addr[9:2]), .
DOUT(h23));
    ROM_256_8 u2_3 (.CS_n(out8[2]),.OE_n(OE_n),.Address(addr[9:2]), .
DOUT(h24));
    //第3组
```

```
      ROM_256_8 u3_0 (.CS_n(out8[3]),.OE_n(OE_n),.Address(addr[9:2]),.
DOUT(h31));
      ROM_256_8 u3_1 (.CS_n(out8[3]),.OE_n(OE_n),.Address(addr[9:2]),.
DOUT(h32));
      ROM_256_8 u3_2 (.CS_n(out8[3]),.OE_n(OE_n),.Address(addr[9:2]),.
DOUT(h33));
      ROM_256_8 u3_3 (.CS_n(out8[3]),.OE_n(OE_n),.Address(addr[9:2]),.
DOUT(h34));

      //4选1，选择信号
      assign sel = addr[11:10];
      //3-8译码器输入信号
      assign a = {1'b0, sel};
      //拼接各组输出数据
      assign d0 = {h04, h03, h02, h01};
      assign d1 = {h14, h13, h12, h11};
      assign d2 = {h24, h23, h22, h21};
      assign d3 = {h34, h33, h32, h31};
      //选择输出
      mux4_1 mux4_1_u (d0, d1, d2, d3, sel, DOUT);
   endmodule
```

其中所实例化的 256*8 位的 ROM、3-8 译码器和 4 选 1 多路选择器的 Verilog 描述如下所示。

```
module ROM_256_8 (CS_n, OE_n, Address, DOUT);
   parameter WORD_SIZE = 8;
   parameter WORD_NUMBER = 256;
   parameter Address_SIZE = 8;

   input CS_n;
   input OE_n;
   input [Address_SIZE-1:0] Address;
   output [WORD_SIZE-1:0] DOUT;

   reg [WORD_SIZE-1:0] DOUT;
   reg [WORD_SIZE-1:0] ROM [0:WORD_NUMBER-1];

   always @(OE_n)
      if((CS_n == 1'b0) && (OE_n == 1'b0))//读数据
         DOUT <= ROM[Address];
```

```verilog
        else
            DOUT <= 8'bz;
    endmodule


module transfer3_8 (a, y);
    input [2:0] a;
    output reg [7:0] y;

    always @(a)
        case (a)
            3'b000: y <= 8'b1111_1110;
            3'b001: y <= 8'b1111_1101;
            3'b010: y <= 8'b1111_1011;
            3'b011: y <= 8'b1111_0111;
            default: y <= 8'bz;
        endcase
endmodule


module mux4_1 (d0, d1, d2, d3, sel, d);
    parameter data_width = 32;

    input [data_width-1:0] d0;
    input [data_width-1:0] d1;
    input [data_width-1:0] d2;
    input [data_width-1:0] d3;
    input [1:0] sel;
    output reg [data_width-1:0] d;

    always @(*)
        case (sel)
            2'b00: d <= d0;
            2'b01: d <= d1;
            2'b10: d <= d2;
            2'b11: d <= d3;
            default: d <= 32'bz;
        endcase
endmodule
```

若装入 ROM 的内容为:

341d000c

```
34021234
34033456
00432021
00643023
ac020000
ac030004
afa40004
8c050000
```

2.设计 IM 的仿真测试模块 test_IM。

```verilog
`timescale 1ns/10ps
module test_IM();
    parameter WORD_SIZE = 32;
    parameter Address_SIZE = 10;

    reg OE_n;
    reg [Address_SIZE-1:0] Address;
    wire [WORD_SIZE-1:0] DOUT;

    IM u0 (OE_n, Address, DOUT);

    initial begin
    OE_n = 1'b1;//禁止ROM
    {u0.u0_3.ROM[0], u0.u0_2.ROM[0], u0.u0_1.ROM[0], u0.u0_
0.ROM[0]} = 32'h00230010;// 第 0 组 首 地 址 10'b00_0000_0000 输 入 数 据
32'h00230010
    {u0.u1_3.ROM[0], u0.u1_2.ROM[0], u0.u1_1.ROM[0], u0.u1_
0.ROM[0]} = 32'h00230011;// 第 1 组 首 地 址 10'b01_0000_0000 输 入 数 据
32'h00230011
    {u0.u2_3.ROM[0], u0.u2_2.ROM[0], u0.u2_1.ROM[0], u0.u2_
0.ROM[0]} = 32'h00230012;// 第 2 组 首 地 址 10'b10_0000_0000 输 入 数 据
32'h00230012
    {u0.u3_3.ROM[0], u0.u3_2.ROM[0], u0.u3_1.ROM[0], u0.u3_
0.ROM[0]} = 32'h00230013;// 第 3 组 首 地 址 10'b11_0000_0000 输 入 数 据
32'h00230013
        #50;
        Address = 10'b00_0000_0000;
        #50;
        OE_n = 1'b0;//读ROM
        #100;
```

```
        OE_n = 1'b1;//禁止ROM
        Address = 10'b01_0000_0000;
        #50;
        OE_n = 1'b0;//读ROM
        #100;
        OE_n = 1'b1;//禁止ROM
        Address = 10'b10_0000_0000;
        #50;
        OE_n = 1'b0;//读ROM
        #100;
        OE_n = 1'b1;//禁止ROM
        Address = 10'b11_0000_0000;
        #50;
        OE_n = 1'b0;//读ROM
    end
endmodule
```

此扩展后的 ROM 在输出使能信号为高电平时，将要读取的地址写入；在输出使能信号为低电平时，输出该地址对应的内存单元的数据。

3.仿真 IM，查看波形图，如图 8-21 所示。

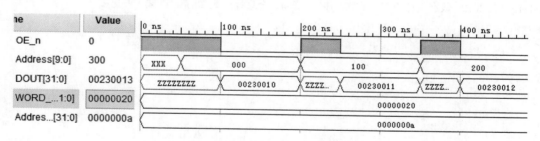

图 8-21　1k*32 位的 ROM 的仿真波形图

4.分析 IM，查看 RTL 原理图，填写分析表。

5.综合 IM，查看综合后电路原理图，填写功耗、资源消耗和延迟分析表。

四、实验思考

1. 某 16 位系统，扩展 8kB ROM 和 4kB RAM，ROM 用 2732（4k*8），RAM 用 6116（2k*8），使用地址为 0000～2FFFH，要求地址唯一，画出电路连接图。

2. 为某系统扩展 16kB ROM 和 8kB RAM，ROM 用 2764（8k*8），RAM 用 6264（8k*8），其地址范围为 FA000H～FFFFFH，用 74LS138 译码，要求地址唯一，且地址连续（设 CPU 系统提供 R/$\overline{\text{W}}$ 信号）。

参 考 文 献

姜咏江, 2014. 自己设计制作 CPU 与单片机. 北京: 人民邮电出版社.

李山山, 全成斌, 田淑珍, 等, 2014. 数字逻辑实践教程. 北京: 清华大学出版社.

李亚民, 2011. 计算机原理与设计——Verilog HDL 版. 北京: 清华大学出版社.

廉玉欣, 侯博雅, 王猛, 等, 2016. 基于 Xilinx Vivado 的数字逻辑实验教程. 北京: 电子工业出版社.

欧阳星明, 溪利亚, 2015. 数字电路逻辑设计. 2 版. 北京: 人民邮电出版社.

汤勇明, 张圣清, 陆佳华, 2017. 搭建你的数字积木——数字电路与逻辑设计(Verilog HDL&Vivado 版). 北京: 清华大学出版社.

解本巨, 马浩, 2017. 数字电路与逻辑设计. 北京: 人民邮电出版社.

余立功, 潘志兰, 王玲, 等, 2015. 计算机逻辑设计. 北京: 人民邮电出版社.

张冬冬, 王力生, 郭玉臣, 2018. 数字逻辑与组成原理实践教程. 北京: 清华大学出版社.

左冬红, 2014. 计算机组成原理与接口技术——基于 MIPS 架构实验教程. 北京: 清华大学出版社.

Golze U, 2005. 大型 RISC 处理器设计——用描述语言 Verilog 设计 VLSI 芯片. 田泽, 于敦山, 朱向东, 等译. 北京: 北京航空航天大学出版社.

Katz R H, Borriello G, 2006. 现代逻辑设计. 2 版. 罗嵘, 刘伟, 罗洪, 等译. 北京: 电子工业出版社.

Mano M M, Kime C R, Martin T, 2017. 逻辑与计算机设计基础. 邝继顺, 尤志强, 凌纯清, 等译. 北京: 机械工业出版社.

Wakerly J F, 2012. 数字设计原理与实践. 林生, 葛红, 金京林, 译. 北京: 机械工业出版社.